Jochen Krebs

Verfahren und Fehlertheorie für semi-diskrete inverse Probleme

Jochen Krebs

Verfahren und Fehlertheorie für semi-diskrete inverse Probleme

Eine Analyse numerischer Methoden für Integralgleichungen mit diskreten Daten

Südwestdeutscher Verlag für Hochschulschriften

Impressum/Imprint (nur für Deutschland/ only for Germany)
Bibliografische Information der Deutschen Nationalbibliothek: Die Deutsche Nationalbibliothek verzeichnet diese Publikation in der Deutschen Nationalbibliografie; detaillierte bibliografische Daten sind im Internet über http://dnb.d-nb.de abrufbar.

Alle in diesem Buch genannten Marken und Produktnamen unterliegen warenzeichen-, marken- oder patentrechtlichem Schutz bzw. sind Warenzeichen oder eingetragene Warenzeichen der jeweiligen Inhaber. Die Wiedergabe von Marken, Produktnamen, Gebrauchsnamen, Handelsnamen, Warenbezeichnungen u.s.w. in diesem Werk berechtigt auch ohne besondere Kennzeichnung nicht zu der Annahme, dass solche Namen im Sinne der Warenzeichen- und Markenschutzgesetzgebung als frei zu betrachten wären und daher von jedermann benutzt werden dürften.

Verlag: Südwestdeutscher Verlag für Hochschulschriften GmbH & Co. KG
Dudweiler Landstr. 99, 66123 Saarbrücken, Deutschland
Telefon +49 681 37 20 271-1, Telefax +49 681 37 20 271-0
Email: info@svh-verlag.de
Zugl.: Saarbrücken, Univ., Diss., 2010

Herstellung in Deutschland:
Schaltungsdienst Lange o.H.G., Berlin
Books on Demand GmbH, Norderstedt
Reha GmbH, Saarbrücken
Amazon Distribution GmbH, Leipzig
ISBN: 978-3-8381-2477-3

Imprint (only for USA, GB)
Bibliographic information published by the Deutsche Nationalbibliothek: The Deutsche Nationalbibliothek lists this publication in the Deutsche Nationalbibliografie; detailed bibliographic data are available in the Internet at http://dnb.d-nb.de.

Any brand names and product names mentioned in this book are subject to trademark, brand or patent protection and are trademarks or registered trademarks of their respective holders. The use of brand names, product names, common names, trade names, product descriptions etc. even without a particular marking in this works is in no way to be construed to mean that such names may be regarded as unrestricted in respect of trademark and brand protection legislation and could thus be used by anyone.

Publisher: Südwestdeutscher Verlag für Hochschulschriften GmbH & Co. KG
Dudweiler Landstr. 99, 66123 Saarbrücken, Germany
Phone +49 681 37 20 271-1, Fax +49 681 37 20 271-0
Email: info@svh-verlag.de

Printed in the U.S.A.
Printed in the U.K. by (see last page)
ISBN: 978-3-8381-2477-3

Copyright © 2011 by the author and Südwestdeutscher Verlag für Hochschulschriften GmbH & Co. KG and licensors
All rights reserved. Saarbrücken 2011

Danksagung

An dieser Stelle möchte ich mich bei allen bedanken, die zum Gelingen der Arbeit beigetragen haben. Allen voran danke ich meinem Doktorvater Prof. Dr. A.K. Louis für das interessante Thema und die großen Freiräume, die er mir bei der wissenschaftlichen Entfaltung einräumte. Wenn nötig wies Herr Louis mir mit hilfreichen Ratschlägen den richtigen Weg und vertraute dabei stets auf meine Fähigkeiten. Mein Dank gilt außerdem meinem zweiten Betreuer Prof. Dr. H. Wendland, der sich während meines Aufenthalts in Sussex viel Zeit genommen und mir neue Einblicke in das angrenzende Forschungsgebiet der Approximationstheorie vermittelt hat. Die Zusammenarbeit mit ihm hat viel Spaß gemacht und meine Arbeit bereichert. Desweiteren bedanke ich mich bei Prof. Dr. T. Schuster, der mich während meiner Diplomarbeit in Mathematik ermutigt hat, im Bereich Optimierung weiterzuarbeiten und ein Promotionsstudium zu beginnen.

Ein Dankeschön geht auch an meine Kollegen und Kolleginnen am Lehrstuhl für das sehr gute Arbeitsklima. Besonders bedanke ich mich bei Dr. Andreas Groh und Holger Kohr für die sorgfältige Korrektur der Dissertation und viele nützliche Hinweise während des Entstehungsprozesses. Zudem danke ich Dr. Aref Lakhal und Martin Riplinger für hilfreiche Diskussionen. Auch bin ich Dr. Christoph Barbian für Denkanstöße und motivierende Worte zum Dank verpflichtet.

Ein sehr großes Dankeschön widme ich meinen Eltern Rosemarie und Ulrich Krebs, die mich in der Fortsetzung meiner akademischen Laufbahn auf unzählige Weise unterstützt haben. Ebenso danke ich meiner Oma Maria Müller, meiner Schwester Annabel Krebs und besonders meiner Freundin Eva Lippmann, die mir in anstrengenden Phasen zur Seite gestanden und Mut gemacht haben.

Saarbrücken, Mai 2010   Jochen Krebs

Inhaltsverzeichnis

1 Einleitung   1

2 Grundlagen   7
2.1 L_p-Räume, Fouriertransformation und Faltung 7
2.2   RKHS, Sobolevräume und Sampling-Ungleichungen 10
2.3   Verallgemeinerte Interpolation in RKHS 16
2.4   Regularisierung schlecht gestellter Probleme 17

3 Semi-diskrete Tikhonov-Phillips-Regularisierung   23
3.1   Das Tikhonov-Phillips-Verfahren in RKHS 24
3.2   Standard-Fehlertheorie im semi-diskreten Modell 29
3.3 L_2-Fehlerabschätzungen und Parameterbestimmung 32
3.4   Auswirkungen unterschiedlicher Fehlerterme 40
3.5   Berücksichtigung von Randwerten 50
3.6   Zusammenfassung und Ausblick 52

4 Projektion und Support-Vektor-Regression   55
4.1   Projektion im TP-Verfahren 56
4.2   SVR zur Operatorinversion 62
4.3   SVR mit stückweise linearem Bildfehlerterm 64
4.4   SVR mit stückweise quadratischem Bildfehlerterm 66
4.5   Konvergenz und Parameterbestimmung 68
4.6   Numerische Stabilität bei den SVR-Verfahren 79
4.7   Numerische Beispiele 82

5 Verfahren mit Operatordiskretisierung   91
5.1   Operatordiskretisierung im TP-Verfahren 93
5.2   SVR mit stückw. lin. Fehlerterm und Diskretisierung 98
5.3   SVR mit stückw. quad. Fehlerterm und Diskretisierung 101
5.4   Numerische Beispiele 103

6 Datenglättung mittels Faltungsoperatoren   105
6.1   Approximative Einheiten und Faltung 105
6.2   Sobolev-Abschätzungen für Faltungsoperatoren 108

6.3	Fehlertheorie und Anpassung der Kernskalierung	112
6.4	Numerische Beispiele	117

7 Beschleunigung durch Zerlegung der Eins — 119
7.1	Überblick über bekannte Verfahren	119
7.2	Zerlegung der Eins	120
7.3	Numerische Beispiele	122

8 Semi-diskrete Approximative Inverse — 131
8.1	Approximative Inverse zur Regression	131
8.2	Approximative Inverse für Integralgleichungen	137
8.3	Diskussion der hergeleiteten Methode	141
8.4	Numerische Beispiele	142

9 Semi-diskrete iterative Verfahren — 149
9.1	Landweber-Verfahren	149
9.2	CG-Verfahren	154
9.3	Numerische Beispiele	158

10 Semi-diskrete Feature-Rekonstruktion — 161
10.1	Adaption der TP-Verfahren	162
10.2	Konvergenz und Saturation der TP-Verfahren	165
10.3	Approximative Inverse und Feature-Rekonstruktion	169
10.4	Numerische Beispiele	172

Fazit und Ausblick — 177

Abbildungsverzeichnis — 181

Algorithmenverzeichnis — 183

Literaturverzeichnis — 185

1 Einleitung

Das Ziel bei der numerischen Lösung von Regressionsproblemen und Operatorgleichungen besteht darin, eine Funktion bestmöglich aus (transformierten) diskreten Werten zu rekonstruieren. Dabei ist insbesondere die Situation gestörter Daten von Interesse, die dem Aspekt der Stabilisierung besondere Bedeutung zukommen lässt. Vom mathematischen Standpunkt aus betrachten wir Operatoren $A : \mathcal{X} \to \mathcal{Y}$ zwischen zwei Hilberträumen $\mathcal{X}$ und $\mathcal{Y}$, wobei stets vorausgesetzt wird, dass $\mathcal{X}$ einen reproduzierenden Kern besitzt. Ist die rechte Seite $g \in \mathcal{Y}$ gegeben, so interessieren wir uns für eine Lösung f^* der Gleichung

$$Af = g. \tag{1.1}$$

Typische Beispiele solcher Gleichungen erhält man für Differentialoperatoren und die in dieser Arbeit untersuchten kompakten Integraloperatoren der Form

$$Af(x) := \int_\Omega k(x,t)\, f(t)\, dt, \tag{1.2}$$

wobei $\Omega \subset \mathbb{R}^d$ ein gegebenes beschränktes Gebiet ist, und der Integralkern $k : \Omega \times \Omega \to \mathbb{R}$ bewirkt, dass das Bild von A unendlichdimensional ist. Das System (1.1) kann keine, genau eine oder mehrere Lösungen besitzen. Für kompakte Operatoren hängt die Lösung außerdem nicht stetig von den Daten ab. Ist $g \in R(A) \oplus R(A)^\perp$, so betrachtet man statt (1.1) das Ersatzproblem

$$\min_{f \in \mathcal{X}} \{\|Af - g\|_\mathcal{Y}\} \tag{1.3}$$

bzw. eine stabilisierte Version wie die Tikhonov-Phillips-Regularisierung

$$\min_{f \in \mathcal{X}} \{\|Af - g\|_\mathcal{Y}^2 + \gamma \|f\|_\mathcal{X}^2\}, \tag{1.4}$$

wobei $\gamma > 0$ ein Glättungsparameter ist, dessen angepasste Wahl für die Qualität der Methode entscheidend ist. Weitere Verfahren zur Stabilisierung des Rekonstruktionsprozesses sind die abgeschnittene Singulärwertzerlegung, iterative Prozeduren wie das Landweber- oder das CG-Verfahren, und das allgemeine Konzept der Approximativen Inversen [56]. Einen Überblick zu Regularisierungsverfahren kann man sich in der Monographie von Louis [52] verschaffen.

Bei der numerischen Lösung von (1.3) bzw. (1.4) sind naturgemäß Diskretisierungsaspekte zu beachten. So ist auch bei Rechnung mit dem kontinuierlichen Operator das Ergebnis geeignet zu diskretisieren [72]. Alternativ kann zu Beginn auf einen endlichdimensionalen Unterraum von $\mathcal{X}$ projiziert werden, wodurch sich üblicherweise ein schlecht konditioniertes Gleichungssystem ergibt. Die erste Möglichkeit ist insofern problematisch, als in Anwendungen oft nur diskrete Werte der rechten Seite zur Verfügung stehen. Eine elegante Alternative ist die direkte Einbeziehung des Diskretisierungsprozesses in die Modellierung und die Betrachtung der Aufgabenstellung als semi-diskretes inverses Problem.

Wir setzen in dieser Arbeit voraus, dass für eine Menge $X = \{x_1, \ldots, x_n\} \subset \Omega$ von n verschiedenen Datenpunkten nur die diskreten Funktionswerte $g_X = (g_1, \ldots, g_n)^T$ mit $g_j = g(x_j)$ bekannt sind. Unser Ziel ist die stabile Rekonstruktion der unbekannten Funktion $f^* \in \mathcal{X}$ aus diesen Punktauswertungen von g auf der Datenmenge X. Das (1.4) entsprechende Optimierungsproblem nimmt somit die Form

$$\min_{f \in \mathcal{X}} \left\{ \|(Af)_{|X} - g_X\|_{\ell_2}^2 + \gamma \|f\|_{\mathcal{X}}^2 \right\}. \tag{1.5}$$

an. Da die beobachtbaren Werte g_j verrauscht sein können, ist weiter

$$\min_{f \in \mathcal{X}} \left\{ \|(Af)_{|X} - g_X^\delta\|_{\ell_2}^2 + \gamma \|f\|_{\mathcal{X}}^2 \right\} \tag{1.6}$$

von Interesse, wobei $g_j^\delta \approx g(x_j)$ die tatsächlich gemessenen Datenwerte sind und der Index δ die Datenstörung quantifiziert. Zumeist werden wir von deterministischen Datenstörungen der Form $|g(x_j) - g_j^\delta| \leq \delta$ für $j = 1, \ldots, n$ ausgehen, in Kapitel 3 untersuchen wir jedoch auch die Auswirkung stochastischer Rauschterme. Für die Probleme (1.5) und (1.6) spielt der Kollokations-Operator

$$A_X : \mathcal{X} \to \mathbb{R}^n, \quad (A_X f)_j = Af(x_j), \quad j = 1, \ldots, n$$

eine entscheidende Rolle. Ein ähnlicher Operator wurde bereits in [10] und [11] betrachtet. Die Komponentenfunktionen wurden dort nicht als Punktauswertungen eines Integraloperators definiert, sondern als beliebige stetig lineare Funktionale auf einem Hilbertraum. Insbesondere wurde in diesen Arbeiten ein Lösungskonzept über die Singulärwertzerlegung angegeben, und die Übertragung bekannter Lösungsmethoden für inverse Probleme auf die semi-diskrete Situation wurde diskutiert. Allerdings wurden weder L_2-Fehlerabschätzungen noch eine zufriedenstellende a-priori-Strategie für den Regularisierungsparameter hergeleitet. Das Aufstellen solcher Fehlerschranken und verfahrensabhängiger Parameterwahlen ist ein zentrales Ziel dieser Arbeit.

Die Minimierungsprobleme (1.5) und (1.6) wurden außerdem im Kontext von *spline smoothing* betrachtet [17, 93, 94, 95, 104], was der speziellen Situation $A = \text{id}$ entspricht. In den meisten dieser Arbeiten ist $\mathcal{X}$ ein Hilbertraum mit reproduzierendem Kern (*reproducing kernel Hilbert space*, RKHS), wodurch man zu einer eleganten Lösungsprozedur gelangt. Solch ein Raum ist durch die Eigenschaft charakterisiert, dass Punktauswertungen stetig sind. Spezielle RKHS sind die Soboleväume $H^\tau(\Omega)$ mit $\tau > d/2$, wobei der Index τ ein Maß für die Glattheit der Funktionen ist.

Neben der Anwendung beim spline smoothing wurden RKHS erfolgreich zur Lösung partieller Differentialgleichungen eingesetzt. Eine Übersicht über die sogenannten verallgemeinerten Interpolationsmethoden (*generalized interpolation* bzw. *generalized recovery*) ist in [101, Kapitel 16] zu finden. Exemplarisch seien die Beiträge in [25, 28, 29] als Anwendungen für PDE's genannt.

Weiterhin werden RKHS im Bereich der *Lerntheorie* oder auch *machine learning* benutzt, wo die Synthese einer Funktion aus diskreten Daten $(x_1, y_1), \ldots, (x_n, y_n)$ in einem stochastischen Kontext im Fokus steht [62]. Eine notwendige Anforderung an eine gute Rekonstruktion ist einerseits ein gutes Approximationsverhalten auf den Trainingsdaten, die zur Bestimmung von f dienen, d.h. für diese Punkte sollte der Abstand $|f(x_i) - y_i|$ möglichst klein sein. Andererseits ist für f eine Generalisierungseigenschaft wünschenswert, damit auch im Vorfeld unbekannte Testdaten gut approximiert werden können. Die daraus resultierende Anforderung einer angepassten Komplexität wirft die zentralen Fragen auf, wie der Hypothesenraum zu wählen ist, in dem eine Approximation konstruiert wird, und wie die gegebenen Daten effizient eingesetzt werden können [18, 73].

Um maschinelles Lernen als inverses Problem aufzufassen, wurde der sogenannte Sampling-Operator $(S_X f)_j = f(x_j)$, $j = 1, \ldots, n$ eingeführt [20, 19, 6]. In diesen Artikeln wurde herausgearbeitet, dass machine learning genau wie spline smoothing als (stochastisches) Analogon des eingangs eingeführten semi-diskreten inversen Problems aufgefasst werden kann, wenn der Operator A gerade als Identität auf $\mathcal{X}$ gewählt wird. Im Kontext der so entstehenden Regressionsprobleme ist neben dem Tikhonov-Phillips-Funktional die sogenannte ϵ-intensive Abstandsfunktion

$$|x|_\epsilon = \begin{cases} 0 & , |x| \leq \epsilon \\ |x| - \epsilon & , |x| > \epsilon \end{cases}$$

von besonderem Interesse, da die Vernachlässigung kleiner Fehler einen zusätzlichen Stabilitätseffekt vermuten lässt. In diesem Fall betrachtet man Minimierungsprobleme der Form

$$\min_{f \in \mathcal{X}} \left\{ \sum_{i=1}^{n} |f(x_i) - g_i^\delta|_\epsilon + \gamma \|f\|_\mathcal{X}^2 \right\}$$

und bezeichnet die resultierenden Lösungsverfahren als Support-Vektor-Regressionsmethoden (*SVR-Methoden*) [91]. Für den Spezialfall der Klassifikation wurden SVR-Methoden Anfang der 90er Jahre von Boser, Guyon und Vapnik eingeführt [12] und im Folgenden konsequent erweitert [16, 90]. Einen Überblick zu SVR-Methoden kann man sich in [15, 81, 83] verschaffen, Fehlerabschätzungen und a-priori-Parameterwahlen sind in [77] zu finden. Zur Lösung von Integralgleichungen wurden entsprechende Verfahren bisher nicht eingehend untersucht. Vapnik verwendet zwar in [90] die ϵ-Abstandsfunktion in Verbindung mit einem Standard-Regularisierungsterm zur Inversion der Radon-Transformation, allerdings werden weder Fehlerabschätzungen noch eine geeignete Parameterstrategie angegeben.

Nachdem wir nun die Problemstellung eingeordnet haben, soll der in dieser Arbeit geleistete Beitrag skizziert werden. Nach Einführung der Grundlagen in Kapitel 2 wird in Kapitel

3 gezeigt, wie für das semi-diskrete Tikhonov-Phillips-Verfahren (TP-Verfahren) ein optimaler Kompromiss zwischen Approximationsgüte und Stabilität erzielt werden kann. Dazu ist erwartungsgemäß eine a-priori-Information über die Norm der gesuchten Funktion nötig. Desweiteren leiten wir bei Beschränkung auf Sobolevräume L_2-Abschätzungen her, die in Termen der Datendichte sowohl für exakte als auch für gestörte Daten explizite Fehlerbetrachtungen erlauben. Durch die Untersuchung deterministischer und stochastischer Rauschterme zeigen wir weiter, wie für absolute bzw. relative Datenstörungen sinnvolle Parameterwahlen abgeleitet werden können. Die zentralen Ergebnisse dieses Kapitels wurden bereits in [47] veröffentlicht.

In Kapitel 4 wird erläutert, wie die SVR-Methoden als Projektionsverfahren zur Lösung von Integralgleichungen adaptiert werden können. Nach Formulierung der Algorithmen mittels quadratischer Programme werden ausführliche Fehleruntersuchungen durchgeführt, die insbesondere gekoppelte Strategien für die Parameter γ und ϵ hervorbringen. Numerische Tests unterstreichen diese Resultate und zeigen außerdem, dass die SVR-Verfahren bessere Ergebnisse als das entsprechende Projektionsverfahren mit TP-Regularisierung liefern. Neben Stabilität im Funktionenraum verifizieren wir bei den SVR-Methoden auch numerische Stabilität, indem wir die Kondition der relevanten Systemmatrix unabhängig von den kleinen Singulärwerten des semi-diskreten Operators abschätzen.

Liegt die gesuchte Funktion nicht im Ansatzraum, so kann dieser Mangel durch geeignete Operatordiskretisierung behoben werden. Wir weisen dies in Kapitel 5 nach, indem wir die vorgestellten TP- und SVR-Verfahren anpassen und eine erweiterte Fehlertheorie entwickeln.

Bevor wir weitere Regularisierungsverfahren betrachten, wenden wir uns in Kapitel 6 der Datenvorglättung mittels Faltung zu. Wir zeigen, wie Faltungsoperatoren mit Sobolevkern optimal skaliert werden können, um eine möglichst gute Fehlerdämpfung für gegebene diskrete Daten zu gewährleisten.

In Kapitel 7 behandeln wir die in den Kontexten Interpolation und PDE's bekannte Methode der *Zerlegung der Eins*, welche zur Aufspaltung in lokale Probleme verwendet werden kann. Für beliebige Integralgleichungen ermöglicht dies die Reduktion der Berechnungsdimension auf die Größe der lokalen Probleme. Exemplarisch zeigen wir für Blurring-Operatoren, dass eine schwache Lokalisierungseigenschaft auch die Beschränkung auf lokale Daten und damit eine weitere Beschleunigung des Rekonstruktionsprozesses erlaubt. Außerdem leiten wir eine Abschätzung des resultierenden L_2-Fehlers durch die lokalen Approximationsfehler her.

In Kapitel 8 beschäftigen wir uns mit dem von Louis entwickelten Verfahren der *Approximativen Inversen* [53, 54]. Wir zeigen, wie dieses auf die betrachtete Situation der Kollokation in RKHS angepasst werden kann. Ein datenunabhängiger Rekonstruktionskern wird in zwei Stufen vorberechnet, um schließlich eine kontinuierliche Approximation der gesuchten Funktion durch einfache Matrix-Vektor-Multiplikation an die diskreten Daten erzeugen zu können. Dies ermöglicht eine effiziente Lösung von Operator-Inversionsproblemen. Auch für gestörte Daten stehen gemäß Kapitel 3 Parameterstrategien zur Verfügung. Neben Stabilität im Funktionenraum erreichen wir auch Stabilität hinsichtlich der Basisdarstellung. Die Anwendbarkeit der hergeleiteten Methode wird erneut am Beispiel von Blurring-Operatoren demonstriert.

Die beiden bekanntesten iterativen Verfahren zur Lösung inverser Probleme passen wir in Kapitel 9 an das semi-diskrete Modell an. Wir leiten her, wie das Verfahren der Approximativen Inversen im Landweber- bzw. CG-Verfahren sinnvoll integriert werden kann. Dabei stellt sich heraus, dass eine kontinuierliche Approximation erzeugt werden kann, obwohl in jedem Iterationsschritt lediglich Matrix-Vektor-Multiplikationen zu berechnen sind. Für die entsprechend modifizierte Landweber-Methode weisen wir außerdem Konvergenz nach.

Mit dem Problem der *Feature-Rekonstruktion* befassen wir uns in Kapitel 10. Wir zeigen, dass sich die hergeleiteten Verfahren nicht nur stabil zur Rekonstruktion der Lösung f^* von $Af = g$, sondern auch zur Bestimmung linearer Transformationen Lf^* verwenden lassen, wenn dieses Ziel im Rekonstruktionsprozess berücksichtigt wird. Für Differentialoperatoren L weisen wir bei Beschränkung auf Sobolevräume auch in dieser allgemeinen Situation Konvergenz nach und leiten ein Saturierungsresultat für gestörte Daten her. Auch die in Kapitel 8 eingeführte Methode der Approximativen Inversen adaptieren wir an die verallgemeinerte Aufgabenstellung. Schließlich wenden wir das resultierende Verfahren zur Kantendetektion in verwischten Bildern an. Die entsprechenden numerischen Experimente bestätigen die theoretischen Resultate und demonstrieren die Praxisrelevanz.

Abgeschlossen wird diese Arbeit mit einem Fazit und einem kurzen Ausblick auf zukünftige Forschungsschwerpunkte.

2 Grundlagen

In diesem Kapitel geben wir eine Einführung in die Themenbereiche Approximation in Hilberträumen und inverse Probleme, die für das Verständnis der Arbeit nötig sind. Wir beginnen mit einem kurzen Überblick über L_p-Räume, Eigenschaften der Fouriertransformation und Approximation durch Faltung. Danach führen wir die Sobolevräume ein, die als wichtiger Spezialfall der Hilberträume mit reproduzierendem Kern von besonderem Interesse sind. Im Anschluss gehen wir allgemein auf RKHS ein und stellen das verallgemeinerte Interpolationsproblem vor. Zum Schluss des Abschnitts erläutern wir Standardverfahren zur Lösung inverser Probleme.

2.1 L_p-Räume, Fouriertransformation und Faltung

Wir setzen in dieser Einführung grundlegende Begriffe der Integrationstheorie voraus, die in aller Ausführlichkeit in [37] nachgelesen werden können. Eine kurze und verständliche Einführung ist beispielsweise in [21] zu finden. In diesem Abschnitt sei $\Omega \subset \mathbb{R}^d$ stets ein Gebiet. Desweiteren bezeichnen wir mit μ das Lebesgue-Maß auf $\mathbb{R}^d$ und sprechen im Folgenden stets von Messbarkeit im Sinne des Lebesgue-Maßes. Man identifiziert nun auf Ω messbare Funktionen, die bis auf Nullmengen übereinstimmen, und erklärt für $1 \leq p < \infty$ den Raum $L_p(\Omega)$ als die Menge der auf Ω reell- oder komplexwertigen messbaren Funktionen, für die das Integral

$$\|f\|_{L_p(\Omega)} := \left(\int_\Omega |f(x)|^p \, dx \right)^{1/p}$$

existiert. Die auf diese Weise eingeführte Norm macht $L_p(\Omega)$ zu einem Banachraum, für $p = \infty$ ergibt sich mit der (wesentlichen) Supremumsnorm

$$\|f\|_{L_\infty(\Omega)} := \inf_{\mu(N)=0} \sup_{x \in \Omega \setminus N} |f(x)|$$

der Banachraum $L_\infty(\Omega)$. Lediglich $L_2(\Omega)$ ist, mit dem inneren Produkt

$$\langle f, g \rangle = \int_\Omega f(x) \overline{g(x)} \, dx$$

ausgestattet, ein Hilbertraum. Eine nützliche Vertauschbarkeitsaussage liefert der Satz von Lebesgue (Satz über die majorisierte Konvergenz).

Satz 2.1 ([21], Lemma 4.16). *Seien $U \subset \mathbb{R}^d$ messbar und $(f_k)_{k \in \mathbb{N}}$ eine punktweise konvergente Folge messbarer Funktionen. Existiert eine Funktion $g \in L_1(U)$ mit $|f_k(x)| \leq g(x)$ für alle $k \in \mathbb{N}$ und fast alle $x \in U$, so gilt*

$$\lim_{k \to \infty} \int_U f_k(x)\, dx = \int_U \lim_{k \to \infty} f_k(x)\, dx.$$

Ein in dieser Arbeit häufig gebrauchtes Hilfsmittel ist die Fouriertransformation.

Definition 2.2. *Für $f \in L_1(\mathbb{R}^d)$ bezeichnen wir die Fouriertransformierte mit*

$$\mathcal{F}f(\omega) := \widehat{f}(\omega) := (2\pi)^{-d/2} \int_{\mathbb{R}^d} f(x)\, e^{-ix^T \omega}\, dx$$

und die inverse Fouriertransformierte mit

$$\mathcal{F}^{-1}f(x) = (2\pi)^{-d/2} \int_{\mathbb{R}^d} f(\omega)\, e^{ix^T \omega}\, d\omega.$$

Für $f \in L_1(\mathbb{R}^d)$ ist die Fouriertransformierte stetig. Ist hingegen $f \in L_1(\mathbb{R}^d)$ stetig und $\widehat{f} \in L_1(\mathbb{R}^d)$, so gilt die Umkehrformel

$$f(x) = (2\pi)^{-d/2} \int_{\mathbb{R}^d} \widehat{f}(\omega)\, e^{ix^T \omega}\, d\omega.$$

In vielen Anwendungen ist im Zusammenhang mit Fouriertransformation die Faltung zweier Funktionen $f, g \in L_1(\mathbb{R}^d)$ von Bedeutung, die durch

$$(f * g)(x) := \int_{\mathbb{R}^d} f(x - t)\, g(t)\, dt$$

definiert wird. Die in dieser Arbeit relevanten Rechenregeln der Fouriertransformation werden im folgenden Satz aufgelistet, die entsprechenden Beweise können zum Beispiel in [84] nachgelesen werden.

Satz 2.3. *Seien $f, g \in L_1(\mathbb{R}^d)$.*

1. *Für $S_s f(x) := f(x/s)$, $s \neq 0$ gilt:*

$$\widehat{S_s f}(x) = |s|^d S_{1/s} \widehat{f}(x).$$

2. *Für $T_a f(x) := f(x - a)$, $a \in \mathbb{R}^d$ gilt:*

$$\widehat{T_a f}(x) = e^{-ix^T a} \widehat{f}(x).$$

3. *Die Fouriertransformation der Faltung zweier Funktionen ist bis auf eine Konstante die Multiplikation der einzelnen Fouriertransformierten (Faltungssatz):*

$$\widehat{f * g} = (2\pi)^{d/2}\, \widehat{f}\, \widehat{g}.$$

Wir schreiben $C^k(\Omega)$ für die Menge der k-mal stetig partiell differenzierbaren Funktionen auf Ω. Mit $C_0^k(\Omega)$ bezeichnen wir die Menge der Funktionen in $C^k(\Omega)$ mit kompaktem Träger. Der Schwartzraum $\mathcal{S}$ ist definiert als die Menge der Funktionen $\varphi \in C^\infty(\mathbb{R}^d)$, für die von x unabhängige Konstanten $C_{\alpha,\beta,\varphi}$ existieren mit

$$|x^\alpha D^\beta \varphi(x)| \leq C_{\alpha,\beta,\varphi} \quad \forall x \in \mathbb{R}^d$$

und für alle Multi-Indizes $\alpha, \beta \in \mathbb{N}_0^d$. $\mathcal{S}$ heißt auch Raum der schnell fallenden Funktionen bzw. Testfunktionen. Neben den Funktionen aus $C_0^\infty(\mathbb{R}^d)$ liegt auch die skalierte Gaußfunktion $\varphi_s(x) := e^{-s\|x\|_2^2}$ mit $s > 0$ in $\mathcal{S}$. Man kann die Fouriertransformation auch auf dem Raum $\mathcal{S}$ betrachten und zeigen, dass sie dort ein isometrischer Automorphismus ist, insbesondere also ein beschränkter linearer Operator. Die Dichtheit von $\mathcal{S}$ in $L_2(\mathbb{R}^d)$ liefert dann, dass eine eindeutige beschränkte Fortsetzung auf den Raum $L_2(\mathbb{R}^d)$ existiert, die man als Fourier-Plancherel-Transformation oder einfach wieder als Fouriertransformation bezeichnet. Zum Beweis dieser Sachverhalte kann als Hilfsmittel die Approximation von Funktionen durch Faltung herangezogen werden (siehe z.B. [101], Kapitel 5.2), ein abstrakterer Zugang über Distributionen ist in [21] nachzulesen. Wir geben zwei wichtige Approximationsresultate an, auf die wir in Kapitel 6 zurückgreifen.

Satz 2.4 ([101], Theorem 5.22). *Seien $h \in L_1(\mathbb{R}^d)$ eine nichtnegative, gerade Funktion mit $\int_{\mathbb{R}^d} h(x)\,dx = 1$ und $h_n(x) := n^d h(nx)$ für $n \in \mathbb{N}$.*

1. *Ist $f \in L_p(\mathbb{R}^d)$ für $1 \leq p < \infty$, so ist $f * h_n \in L_p(\mathbb{R}^d)$ und es gilt*

$$\|f - f * h_n\|_{L_p(\mathbb{R}^d)} \xrightarrow{n \to \infty} 0.$$

2. *Hat h zusätzlich kompakten Träger und ist $f \in C(\mathbb{R}^d)$, so konvergiert $f * h_n$ für $n \to \infty$ kompakt gleichmäßig gegen f.*

Die Funktion h_n ist also für große n eine approximative Einheit in $L_p(\mathbb{R}^d)$. Ein etwas schwächeres Approximationsresultat findet sich in [22], Kapitel 5. Für Gebiete $\Omega \subset \mathbb{R}^d$ lässt sich eine ähnliche Aussage herleiten.

Lemma 2.5 ([21], Lemma 4.22). *Sei $h \in C_0^k(\mathbb{R}^d)$ für ein $k \in \mathbb{N}_0$ eine nichtnegative Funktion mit $\mathrm{supp}(h) \subseteq B_1(0)$, $\int_{\mathbb{R}^d} h(x)\,dx = 1$ und $h_n(x) := n^d h(nx)$ für $n \in \mathbb{N}$. Weiter sei $f: \mathbb{R}^d \to \mathbb{R}$ mit $\mathrm{supp}(f) \subset \Omega$.*

1. *Für hinreichend große $n \in \mathbb{N}$ ist $h_n * f \in C_0^k(\Omega)$.*

2. *Ist $f \in L_p(\Omega)$ für $1 \leq p < \infty$, so ist $h_n * f \in L_p(\Omega)$ und es gilt*

$$\|f - f * h_n\|_{L_p(\Omega)} \xrightarrow{n \to \infty} 0.$$

3. *Ist $f \in C(\Omega)$, so konvergiert $f * h_n$ kompakt gleichmäßig auf Ω gegen f.*

2.2 RKHS, Sobolevräume und Sampling-Ungleichungen

In diesem Abschnitt führen wir in die Theorie über Hilberträume mit reproduzierendem Kern mit dem wichtigen Spezialfall der Sobolevräume ein. Für eine detaillierte Darstellung verweisen wir auf [101], Kapitel 10.

Definition 2.6. *Es sei H ein reeller Hilbertraum von Funktionen $f : \Omega \to \mathbb{R}$. H heißt Hilbertraum mit reproduzierendem Kern (RKHS), falls eine (Kern-)Funktion $\Phi : \Omega \times \Omega \to \mathbb{R}$ existiert, so dass*

1. *$\Phi(\cdot, x) \in H$ für alle $x \in \Omega$,*

2. *$f(x) = \langle f, \Phi(\cdot, x) \rangle_H$ für alle $x \in \Omega$ und alle $f \in H$.*

Für reelle Hilberträume H besagt der Satz von Riesz, dass zu jedem stetig linearen Funktional $\lambda : H \to \mathbb{R}$ ein eindeutiges Element $r_\lambda \in H$ existiert mit

$$\lambda(f) = \langle f, r_\lambda \rangle_H, \quad \|\lambda\|_{H^*} = \|r_\lambda\|_H,$$

wobei H^* den Dualraum zu H bezeichnet, und r_λ Riesz-Repräsentant von λ genannt wird. Besitzt H einen reproduzierenden Kern, so ist $\Phi(\cdot, x)$ offensichtlich der Riesz-Repräsentant der Punktauswertung δ_x, die durch $\delta_x(f) := f(x)$ erklärt ist. Daraus folgt, dass der Kern Φ eines RKHS H positiv definit ist im Sinne, dass alle Matrizen

$$(\Phi(x_i, x_j))_{i,j=1,\dots,n}$$

positiv definit sind, sofern Punktauswertungen linear unabhängig über H sind, was wiederum $H \subseteq C(\Omega)$ entspricht. Weiterhin ist leicht zu sehen, dass der Kern eines RKHS eindeutig bestimmt ist. Es gilt allerdings auch die nichttriviale Rückrichtung, d.h. jeder RKHS ist eindeutig durch den Kern bestimmt. Somit erzeugt jeder positiv definite Kern $\Phi : \Omega \times \Omega \to \mathbb{R}$ einen eindeutigen Hilbertraum $\mathcal{N}_\Phi(\Omega) \subset C(\Omega)$, den sogenannten *native space* zu Φ, und die Begriffe *positiv definite Funktion* und *reproduzierender Kern* eines Hilbertraums stetiger Funktionen koinzidieren. Zur Konstruktion von $\mathcal{N}_\Phi(\Omega)$ betrachtet man den $\mathbb{R}$-linearen Raum

$$F_\Phi(\Omega) := \text{span}\{\Phi(\cdot, x) \mid x \in \Omega\},$$

der mit dem Skalarprodukt

$$\left\langle \sum_{j=1}^N \alpha_j \Phi(\cdot, x_j), \sum_{k=1}^M \beta_k \Phi(\cdot, y_k) \right\rangle_\Phi := \sum_{j=1}^N \sum_{k=1}^M \alpha_j \beta_k \Phi(x_j, y_k)$$

zu einem Prä-Hilbertraum wird, und bildet dann den Abschluss bezüglich $\langle \cdot, \cdot \rangle_\Phi$. Die Elemente des resultierenden Hilbertraums $\mathcal{F}_\Phi(\Omega)$ sind jedoch abstrakte Elemente, also keine Funktionen mehr. Daher behilft man sich durch die injektive Abbildung

$$R : \mathcal{F}_\Phi(\Omega) \to C(\Omega), \quad Rf(x) := \langle f, \Phi(\cdot, x) \rangle_\Phi,$$

mittels der $\mathcal{N}_\Phi(\Omega) := R(\mathcal{F}_\Phi(\Omega))$ zusammen mit dem Skalarprodukt

$$\langle f_1, f_2 \rangle_{\mathcal{N}_\Phi(\Omega)} := \left\langle R^{-1} f_1, R^{-1} f_2 \right\rangle_\Phi$$

erklärt wird, und sich tatsächlich als Hilbertraum stetiger Funktionen herausstellt (siehe [101], Theorem 10.10 und 10.11).

Für positiv definite Kerne $\Phi \in C(\mathbb{R}^d) \cap L_1(\mathbb{R}^d)$ ist die Fouriertransformierte nichtnegativ (also insbesondere reell) und liegt in $L_1(\mathbb{R}^d)$ ([101], Korollar 6.12). Ist Φ zusätzlich radial, d.h. von der Form $\Phi(x,y) = \phi(\|x-y\|_2)$, wobei $\|\cdot\|_2$ die euklidische Norm auf $\mathbb{R}^d$ bezeichnet, so kann man den von Φ erzeugten Raum mittels Fouriertransformation charakterisieren. Gemäß [101], Theorem 10.12 hat der RKHS zu Φ in diesem Fall die Gestalt

$$\mathcal{N}_\Phi(\mathbb{R}^d) = \left\{ f \in L_2(\mathbb{R}^d) \cap C(\mathbb{R}^d) \;\middle|\; \frac{\widehat{f}}{\sqrt{\widehat{\Phi}}} \in L_2(\mathbb{R}^d) \right\},$$

ausgestattet mit dem Skalarprodukt

$$\langle f_1, f_2 \rangle_{\mathcal{N}_\Phi(\mathbb{R}^d)} = (2\pi)^{-d/2} \int_{\mathbb{R}^d} \frac{\widehat{f_1}(\omega) \overline{\widehat{f_2}(\omega)}}{\widehat{\Phi}(\omega)} \, d\omega.$$

Eine für uns wichtige Tatsache ist, dass zwei verschiedene Kerne denselben Hilbertraum H von Funktionen erzeugen können, jedoch mit unterschiedlichen, zueinander äquivalenten Skalarprodukten ausgestattet. Daher relaxiert man die Definition von RKHS und bezeichnet in dieser Situation beide Kerne als reproduzierend für H. Wir bemerken weiter, dass es nützlich sein kann, Kerne auf ganz $\mathbb{R}^d$ statt lediglich auf $\Omega \subseteq \mathbb{R}^d$ zu untersuchen. Solche Kerne sind oft translationsinvariant, d.h. $\Phi(x,y) = \phi(x-y)$, und oft sogar radial. Dies ist beispielsweise in dem wichtigen Spezialfall nützlich, dass der RKHS H ein Sobolevraum ist.

Für $k \in \mathbb{N}_0$ und $1 \leq p < \infty$ bezeichnet der *Sobolevraum* $W_p^k(\Omega)$ die Menge aller Funktionen $u \in L_p(\Omega)$ mit schwachen Ableitungen $D^\alpha u \in L_p(\Omega)$, $|\alpha| \leq k$. Dieser Raum ist ausgestattet mit der Norm

$$\|u\|_{W_p^k(\Omega)} = \left(\sum_{|\alpha| \leq k} \|D^\alpha u\|_{L_p(\Omega)}^p \right)^{1/p}. \tag{2.1}$$

Da wir uns in der vorliegenden Arbeit stets mit Hilberträumen beschäftigen, beschränken wir uns von nun an auf die Räume $H^k(\Omega) := W_2^k(\Omega)$. Für $\Omega = \mathbb{R}^d$ kann dann eine alternative Norm mittels Fouriertransformation erklärt werden, und die Sobolevräume lassen sich durch

$$H^k(\mathbb{R}^d) = \left\{ f \in L_2(\mathbb{R}^d) \;\middle|\; \widehat{f}(\cdot)(1 + \|\cdot\|_2^2)^{k/2} \in L_2(\mathbb{R}^d) \right\} \tag{2.2}$$

definieren. Es zeigt sich, dass die in (2.1) eingeführte Norm äquivalent ist zu

$$\|f\|_{H^k(\mathbb{R}^d)} := \left(\int_{\mathbb{R}^d} |\widehat{f}(\omega)|^2 (1 + \|\omega\|_2^2)^k \, d\omega \right)^{1/2}. \tag{2.3}$$

Mit dieser Darstellung lässt sich eine weitere Charakterisierung ableiten.

Lemma 2.7. *Für $f \in L_2(\mathbb{R}^d)$ und $k \in \mathbb{N}$ gelten die folgenden Aussagen:*

1. *Existieren Konstanten $\epsilon > 0$ und $c = c(k,d) > 0$ mit*

$$|\widehat{f}(\omega)|^2 \leq c\,(1 + \|\omega\|_2^2)^{-(k+\frac{d}{2}+\epsilon)} \quad \forall \omega \in \mathbb{R}^d, \tag{2.4}$$

so liegt f in $H^k(\mathbb{R}^d)$.

2. *Ist umgekehrt $f \in H^k(\mathbb{R}^d)$, so gilt die Abschätzung*

$$|\widehat{f}(\omega)|^2 \leq \varphi(\omega)\,(1 + \|\omega\|_2^2)^{-(k+\frac{d}{2})} \quad \forall \omega \in \mathbb{R}^d,$$

wobei $\varphi : \mathbb{R}^d \to \mathbb{R}^+$ eine Funktion mit $\varphi(\omega) \to 0$ für $\|\omega\| \to \infty$ ist.

Beweis.

1. Zunächst bemerken wir, dass nach [26], Kapitel 9 folgende Äquivalenzen gelten:

$$\int_{\mathbb{R}^d}(1+\|\omega\|_2^2)^l\,d\omega < \infty \iff \int_{\|\omega\|_2>1}\|\omega\|_2^{2l}\,d\omega < \infty \iff l < -\frac{d}{2}.$$

Die Bedingung (2.4) liefert somit unmittelbar, dass $f \in H^k(\mathbb{R}^d)$ liegt:

$$\|f\|_{H^k(\mathbb{R}^d)}^2 = \int_{\mathbb{R}^d}|\widehat{f}(\omega)|^2\,(1+\|\omega\|_2^2)^k\,d\omega \leq \int_{\mathbb{R}^d}(1+\|\omega\|_2^2)^{-(\frac{d}{2}+\epsilon)}\,d\omega < \infty.$$

2. Sei nun $f \in H^k(\mathbb{R}^d)$. Wir nehmen zunächst das asymptotische Verhalten

$$|\widehat{f}(\omega)|^2 \simeq (1+\|\omega\|_2^2)^{-k+l}$$

mit einem Index $l \geq -\frac{d}{2}$ an. Dann folgt jedoch

$$\|f\|_{H^k(\mathbb{R}^d)}^2 = \int_{\mathbb{R}^d}|\widehat{f}(\omega)|^2\,(1+\|\omega\|_2^2)^k\,d\omega \simeq \int_{\mathbb{R}^d}(1+\|\omega\|_2^2)^l\,d\omega$$

im Widerspruch zu $f \in H^k(\mathbb{R}^d)$, da obiges Integral gemäß dem ersten Teil nicht existiert. Auch für

$$|\widehat{f}(\omega)|^2 \simeq \varphi(\omega)(1+\|\omega\|_2^2)^{-(k+\frac{d}{2})}$$

mit einer nach unten beschränkten Funktion $\varphi : \mathbb{R}^d \to \mathbb{R}^+$ erhält man analog einen Widerspruch, woraus die Behauptung folgt.

$\square$

Die Darstellung (2.3) kann außerdem verwendet werden, um fraktionale Sobolevräume auf $\mathbb{R}^d$ einzuführen, da man das Integral für alle $k = \tau \geq 0$ betrachten kann (sogar für $k = \tau \in \mathbb{R}$). Es gibt unterschiedliche Wege, fraktionale Sobolevräume auch für beschränkte Gebiete zu definieren [1, 13, 89]. Üblicherweise erklärt man den Raum $H^\tau(\Omega)$ für $\tau = k + s$ mit $0 < s < 1$ durch Einführung der Halbnorm

$$|u|_{H^{k+s}(\Omega)} := \left(\sum_{|\alpha|=k}\int_\Omega\int_\Omega\frac{|D^\alpha u(x) - D^\alpha u(y)|^2}{\|x-y\|_2^{d+2s}}\,dx\,dy\right)^{1/2}$$

und der Norm
$$\|u\|_{H^{k+s}(\Omega)} := \left(\|u\|_{H^k(\Omega)}^2 + |u|_{H^{k+s}(\Omega)}^2 \right)^{1/2}.$$

Der Sobolev'sche Einbettungssatz besagt, dass $H^\tau(\Omega)$ als Teilraum von $C(\Omega)$ aufgefasst werden kann, falls $\tau > d/2$ gilt (siehe [105], Kapitel V.2). In diesem Fall ist $H^\tau(\Omega)$ also ein RKHS, allerdings ist der reproduzierende Kern schwierig zu bestimmen und von komplizierter Gestalt. Die Relaxierung der Definition von Hilberträumen mit reproduzierendem Kern durch die Identifikation zueinander äquivalenter Normen führt jedoch dazu, dass eine Reihe von Kernen zur Verfügung steht. Auf ganz $\mathbb{R}^d$ ist folgende Charakterisierung hilfreich.

Lemma 2.8 ([101], Korollar 10.13). *Sei $\tau > d/2$. Erfüllt die Fouriertransformation einer integrierbaren Funktion $\Phi : \mathbb{R}^d \to \mathbb{R}$*

$$c_1 (1 + \|\omega\|_2^2)^{-\tau} \leq \widehat{\Phi}(\omega) \leq c_2 (1 + \|\omega\|_2^2)^{-\tau}, \quad \omega \in \mathbb{R}^d \tag{2.5}$$

mit Konstanten $c_2 \geq c_1 > 0$, so ist Φ ein reproduzierender Kern von $H^\tau(\mathbb{R}^d)$ und das durch

$$\langle f_1, f_2 \rangle := \int_{\mathbb{R}^d} \frac{\widehat{f_1}(\omega) \overline{\widehat{f_2}(\omega)}}{\widehat{\Phi}(\omega)} d\omega$$

definierte Skalarprodukt ist äquivalent zum Standard-Skalarprodukt auf $H^\tau(\mathbb{R}^d)$.

Ein Vergleich von Lemma 2.8 mit Lemma 2.7 zeigt, dass das Quadrat der Fouriertransformierten einer Funktion $f \in H^\tau(\mathbb{R}^d)$ um bis zu $\tau - \frac{d}{2}$ schwächer abklingt als dasjenige eines reproduzierenden Kerns von $H^\tau(\mathbb{R}^d)$. Umgekehrt sieht man, dass ein reproduzierender Kern von $H^\tau(\mathbb{R}^d)$ in einem Sobolevraum höherer Ordnung liegt, nämlich in $H^{2\tau - (\frac{d}{2}+\epsilon)}$.

Der sogenannte Maternkern erfüllt (2.5) mit $c_1 = c_2 = 1$ und ist für $\tau > \frac{d}{2}$ durch

$$\Phi^\tau(x) = \frac{2^{1-\tau}}{\Gamma(\tau)} \|x\|_2^{\tau - \frac{d}{2}} \mathcal{K}_{\frac{d}{2}-\tau}(\|x\|_2) \tag{2.6}$$

erklärt, wobei Γ die Gammafunktion und $\mathcal{K}_\nu$ die modifizierten Besselfunktionen dritter Art bezeichnen (siehe [101], Kapitel 5.1). Weitere Beispiele für Kerne, die (2.5) erfüllen, sind die Wendlandfunktionen [98, 99]. Diese sind radiale, auf $\mathbb{R}^d$ positiv definite Funktionen, die einen kompakten Träger besitzen, auf dem sie durch univariate Polynome dargestellt werden können. Sie erfüllen weiterhin (2.5) mit $\tau = k + (d+1)/2$, wobei k ein Glattheitsindex ist. Genauer gehören sie zu $C^{2k}(\mathbb{R}^d)$ und generieren für ungerade Raumdimension Sobolevräume ganzzahliger Ordnung, für gerade Raumdimension ist ihre Ordnung "ganzzahlig plus einhalb". Eine Übersicht über die wichtigsten Wendlandfunktionen ist in Tabelle 2.1 gegeben. Auf Grund ihrer einfachen Gestalt und der Eigenschaft des kompakten Trägers sind diese Funktionen wesentlich besser zu handhaben als der Maternkern aus (2.6).

Existiert für $\Omega \subset \mathbb{R}^d$ ein stetiger Extensionsoperator $E_\Omega : \Omega \to \mathbb{R}^d$, so überträgt sich die Reproduktionseigenschaft eines Kerns von $\mathbb{R}^d$ auf Ω. Insbesondere für Mengen Ω mit Lipschitzrand

Raumdimension	Funktion	Glattheit
	$\phi_{1,0}(r) = (1-r)_+$	C^0
$d \leq 1$	$\phi_{1,1}(r) = (1-r)_+^3(3r+1)$	C^2
	$\phi_{1,2}(r) = (1-r)_+^5(8r^2+5r+1)$	C^4
	$\phi_{3,0}(r) = (1-r)_+^2$	C^0
$d \leq 3$	$\phi_{3,1}(r) = (1-r)_+^4(4r+1)$	C^2
	$\phi_{3,2}(r) = (1-r)_+^6(35r^2+18r+3)$	C^4
	$\phi_{3,3}(r) = (1-r)_+^8(32r^3+25r^2+8r+1)$	C^6

Tabelle 2.1: Wendland-Funktionen $\phi_{d,k}$.

ist diese Bedingung erfüllt. Grob gesprochen lässt sich der Rand einer solchen Menge lokal als Graph einer Lipschitz-stetigen Funktion schreiben, wobei Ω komplett auf einer Seite des Graphen liegt [13].

Lemma 2.9 ([101], Korollar 10.48). *Es sei $\tau > d/2$ und $\Omega \subset \mathbb{R}^d$ eine Menge mit Lipschitzrand. Besitzt die Fouriertransformation einer Funktion $\Phi \in L_1(\mathbb{R}^d)$ das Abklingverhalten (2.5), so ist der durch $\Phi : \Omega \to \mathbb{R}$ erzeugte RKHS bis auf Äquivalenz der Skalarprodukte gleich $H^\tau(\Omega)$.*

Da die Wendlandkerne kompakten Träger besitzen, erzeugen sie somit für Gebiete mit Lipschitzrand die Sobolevräume $H^\tau(\Omega)$. Obwohl die meisten bekannten Kerne, die Sobolevräume generieren, radial sind, gibt es auch erzeugende Kerne, die nicht einmal translationsinvariant sind [69, 70]. Die Wahl eines solchen Kerns wirkt sich zwar auf die in den nächsten Kapiteln vorgestellten Resultate nicht direkt aus, kann jedoch die numerische Umsetzung erschweren.

Wir führen nun Abschätzungen ein, auf denen die meisten der in den folgenden Kapiteln vorgestellten Konvergenz- und Saturierungsresultate basieren. Diese sogenannten Sampling-Ungleichungen machen Aussagen darüber, wie stark die Sobolevnorm $\|f\|_{H^\theta(\Omega)}$ einer Funktion $f \in H^\theta(\Omega)$ zusammen mit ihren Werten auf einer diskreten Menge die Norm $\|f\|_{H^\sigma(\Omega)}$ für Glattheitsindizes $\sigma < \theta$ beeinflusst. Dies ist nur bei hinreichender Regularität des Gebiets Ω möglich, beispielsweise wenn Ω einen Lipschitzrand besitzt. Die zu Grunde liegende Idee ist, dass eine Funktion auf einem Gebiet nur kleine Werte annimmt, sofern dies auf einer geeigneten diskreten Menge gilt und hinreichend viele Ableitungen beschränkt sind. Als entscheidende Größe erweist sich die Dichtheit der Daten aus X in Ω, die durch den Füllabstand

$$h_{X,\Omega} := \sup_{x \in \Omega} \min_{x_j \in X} \|x - x_j\|_{\ell_2(\mathbb{R}^d)}$$

gemessen wird. Die folgenden Sampling-Ungleichungen basieren auf einem in [66] hergeleiteten Konvergenzresultat. Wir zitieren zwei verbesserte Versionen, die allgemeinere Aussagen machen, da sie neben der Sobolev-Glattheit auch diskrete Werte der betrachteten Funktion einbeziehen. Der folgende Satz wurde in [104] für beliebige W_p-Räume hergeleitet, wir beschränken uns erneut auf den Hilbertraumfall.

Satz 2.10. *Sei $\Omega \subset \mathbb{R}^d$ ein beschränktes Gebiet, das eine innere Kegelbedingung erfüllt. Dann gibt es für jede diskrete Menge $X \subseteq \Omega$ mit hinreichend kleinem Füllabstand $h = h_{X,\Omega}$ eine von X unabhängige Konstante $C = C(\sigma, d, \Omega) > 0$, so dass für alle $f \in H^\theta(\Omega)$ mit $\theta > \sigma + \frac{d}{2}$ gilt:*

$$\|f\|_{H^\sigma(\Omega)} \leq C \left(h^{\theta-\sigma} \|f\|_{H^\theta(\Omega)} + h^{-\sigma} \|f\|_{\ell_\infty(X)} \right).$$

Es sei bemerkt, dass ein beschränktes Gebiet mit Lipschitz-stetigem Rand stets eine innere Kegelbedingung erfüllt. Neben diesem Resultat, das die Kenntnis des maximalen Wertes von f auf X voraussetzt, ist auch eine entsprechende Aussage unter der Information $\|f\|_{\ell_2(X)}$ statt $\|f\|_{\ell_\infty(X)}$ von Interesse. Bei trivialer Abschätzung kommt der unerwünschte Faktor $\sqrt{n}$ ins Spiel, der für uniforme Daten $h^{-d/2}$ entspricht. Die in [2] bewiesene Sampling-Ungleichung, die bereits in den Bemerkungen aus [67] vorweggenommen wurde, zeigt jedoch, dass dieser Effekt durch die stärkere Information vermieden werden kann. Wie oben betrachten wir nur den Hilbertraumfall, verallgemeinern die Aussage in dieser Situation jedoch geringfügig.

Satz 2.11. *Sei $\Omega \subset \mathbb{R}^d$ ein beschränktes Gebiet mit Lipschitz-stetigem Rand und sei $\theta > d/2$. Dann gibt es für jede diskrete Menge $X \subseteq \Omega$ mit hinreichend kleinem Füllabstand $h = h_{X,\Omega}$ eine von X unabhängige Konstante $C = C(\sigma, d, \Omega) > 0$, so dass für alle $f \in H^\theta(\Omega)$ und $\sigma \in [0, \lfloor \theta \rfloor]$ gilt:*

$$\|f\|_{H^\sigma(\Omega)} \leq C \left(h^{\theta-\sigma} \|f\|_{H^\theta(\Omega)} + h^{d/2-\sigma} \|f\|_{\ell_2(X)} \right).$$

Beweis. Die Sampling-Ungleichung ist ein Spezialfall derjenigen aus [2], jedoch für $\sigma \in [0, \lfloor \theta \rfloor]$ statt $\sigma = 0, \ldots, \lfloor \theta \rfloor$. Die leichte Verallgemeinerung kann durch Interpolation in Sobolevräumen erreicht werden. Genauer gesagt nutzen wir die Abschätzung

$$\|f\|_{H^\gamma(\Omega)} \leq \|f\|_{H^\alpha(\Omega)}^{(\beta-\gamma)/(\beta-\alpha)} \|f\|_{H^\beta(\Omega)}^{(\gamma-\alpha)/(\beta-\alpha)}$$

aus, die für $\alpha \leq \gamma \leq \beta$ gilt (siehe [68], VII.4). Verwenden wir $\alpha = m$, $\beta = m+1$ und $\sigma = \gamma$ für ein $m \in \mathbb{N}_0$ mit $m+1 \leq \theta$ und nehmen wir an, dass die Aussage für m und $m+1$ gilt, dann können wir schließen:

$$\begin{aligned}
\|f\|_{H^\sigma(\Omega)} &\leq \|f\|_{H^m(\Omega)}^{m+1-\sigma} \|f\|_{H^{m+1}(\Omega)}^{\sigma-m} \\
&\leq C \left[h^{\theta-m} \|f\|_{H^\theta(\Omega)} + h^{d/2-m} \|f\|_{\ell_2(X)} \right]^{m+1-\sigma} \\
&\quad \times \left[h^{\theta-(m+1)} \|f\|_{H^\theta(\Omega)} + h^{d/2-(m+1)} \|f\|_{\ell_2(X)} \right]^{\sigma-m} \\
&= C h^{m-\sigma} \left[h^{\theta-m} \|f\|_{H^\theta(\Omega)} + h^{d/2-m} \|f\|_{\ell_2(X)} \right]^{m+1-\sigma} \\
&\quad \times \left[h^{\theta-m} \|f\|_{H^\theta(\Omega)} + h^{d/2-m} \|f\|_{\ell_2(X)} \right]^{\sigma-m} \\
&= C h^{m-\sigma} \left[h^{\theta-m} \|f\|_{H^\theta(\Omega)} + h^{d/2-m} \|f\|_{\ell_2(X)} \right] \\
&= C \left[h^{\theta-\sigma} \|f\|_{H^\theta(\Omega)} + h^{d/2-\sigma} \|f\|_{\ell_2(X)} \right].
\end{aligned}$$

□

2.3 Verallgemeinerte Interpolation in RKHS

Es seien $\Omega \subseteq \mathbb{R}^d$ und $H \subseteq C(\Omega)$ ein Hilbertraum stetiger Funktionen $f : \Omega \to \mathbb{R}$. Das verallgemeinerte Interpolationsproblem ist wie folgt definiert.

Definition 2.12. *Gegeben sind n linear unabhängige Funktionale $\lambda_1, \ldots, \lambda_n \in H^*$ und ein Datenvektor $\bar{g} = (g_1, \ldots, g_n)^T \in \mathbb{R}^n$. Ein verallgemeinerter Interpolant ist eine Funktion $f \in H$, die $\lambda_j(f) = g_j$, $j = 1, \ldots, n$ erfüllt. Der Interpolant f^+ minimaler Norm, auch optimal recovery function genannt, ist definiert als die Lösung von*

$$\min_{f \in H}\{\|f\|_H \mid \lambda_j(f) = g_j, \, j = 1, \ldots, n\}. \tag{2.7}$$

Es ist bekannt, dass der normminimale verallgemeinerte Interpolant eine Linearkombination der Riesz-Repräsentanten der Funktionale ist, und dass der Koeffizientenvektor in dieser Darstellung durch Lösung eines linearen Gleichungssystems ermittelt werden kann. Dies wurde bereits in [10] durch Betrachtung der Aufgabe als semi-diskretes inverses Problem gezeigt. Das Minimierungsproblem (2.7) lässt sich am besten lösen, wenn H stetig in $C(\Omega)$ eingebettet ist, da die Riesz-Repräsentanten dann explizit gegeben sind. In dieser Situation ist H ein Hilbertraum mit reproduzierendem Kern, und der Riesz-Repräsentant r_λ eines Funktionals $\lambda \in H^*$ ist durch Anwendung auf ein Argument des Kerns gegeben, d.h. es gilt $r_\lambda = \lambda^y \Phi(\cdot, y)$. Hier und im Folgenden gibt der Index y bei λ das Argument an, auf welches das Funktional angewendet wird. Wir zitieren nun [101, Theorem 16.1].

Lemma 2.13. *Es seien H ein RKHS mit Kern Φ und $\lambda_1, \ldots, \lambda_n \in H^*$ linear unabhängige Funktionale. Dann ist die Lösung f^+ von (2.7) gegeben durch*

$$f^+ = \sum_{j=1}^n \alpha_j \lambda_j^y \Phi(\cdot, y),$$

wobei $\alpha \in \mathbb{R}^n$ die Lösung des linearen Gleichungssystems $M_{\Lambda,\Phi}\, \alpha = \bar{g}$ mit

$$(M_{\Lambda,\Phi})_{ij} = \lambda_i^x \lambda_j^y \Phi(x, y), \quad i, j = 1 \ldots, n$$

ist.

Die Matrix $M_{\Lambda,\Phi}$, die in der Literatur als Interpolationsmatrix oder symmetrische Kollokationsmatrix bezeichnet wird, ist eine Gram-Matrix, da

$$(M_{\Lambda,\Phi})_{ij} = \lambda_i^x \lambda_j^y \Phi(x, y) = \langle \lambda_i^x \Phi(\cdot, x), \lambda_j^y \Phi(\cdot, y) \rangle_H = \langle \lambda_i, \lambda_j \rangle_{H^*}$$

gilt, und somit positiv semidefinit. Da die Funktionale als linear unabhängig vorausgesetzt wurden, ist $M_{\Lambda,\Phi}$ sogar positiv definit. Wir wenden diese Theorie später auf die Funktionale $\lambda_j(f) = Af(x_j)$, $j = 1, \ldots, n$ an und werden sehen, dass diese unter Standardannahmen an den Integraloperator tatsächlich in H^* liegen.

Neben dem Operator spielt auch die Verteilung der Datenpunkte x_j eine wichtige Rolle, die wir in Kapitel 3 untersuchen werden. Insbesondere sollte gemäß Lemma 2.13 die lineare Unabhängigkeit der Funktionale sichergestellt werden. Ist A jedoch ein Integraloperator der Form (1.2) und existiert ein Punkt $x_j \in \Omega$ mit $k(x_j, x) = 0$ für alle $x \in \Omega$, dann folgt

$$\lambda_j(f) = Af(x_j) = \int_\Omega k(x_j, x) f(x)\, dx = 0, \quad f \in H.$$

In Kapitel 3 geben wir einen Beweis für eine allgemeinere Version von Lemma 2.13 an, indem wir die Interpolationsaufgabe als semi-diskretes inverses Problem auffassen. Dies erlaubt insbesondere eine Darstellung des Approximanten über die Singulärwertzerlegung des semi-diskreten Operators bzw. der Interpolationsmatrix $M_{\Lambda,\Phi}$. Desweiteren wird dort gezeigt, dass auf die Forderung der linearen Unabhängigkeit der Funktionale verzichtet werden darf, allerdings kann dies numerische Schwierigkeiten aufwerfen.

2.4 Regularisierung schlecht gestellter Probleme

In diesem Abschnitt führen wir die Grundzüge der Regularisierung inverser Probleme ein. Wir beschränken uns bei der Darstellung auf den Spezialfall linearer, beschränkter Operatoren zwischen Hilberträumen. In größerer Ausführlichkeit kann dieses Thema beispielsweise in den Standardwerken von Louis [52], Engl, Hanke und Neubauer [24], Rieder [75], Hofmann [40] und Tarantola [85] nachgelesen werden.

Es seien also $\mathcal{X}, \mathcal{Y}$ Hilberträume und $A: \mathcal{X} \to \mathcal{Y}$ linear und stetig. Im Folgenden bezeichnen wir die Menge der stetigen, linearen Operatoren von $\mathcal{X}$ nach $\mathcal{Y}$ mit $\mathcal{L}(\mathcal{X}, \mathcal{Y})$, im Fall $\mathcal{X} = \mathcal{Y}$ schreiben wir $\mathcal{L}(\mathcal{X})$. Für lineare Operatoren $A: \mathcal{X} \to \mathcal{Y}$ ist bekanntermaßen Stetigkeit äquivalent zu Beschränktheit.

Für gegebene Daten $g \in \mathcal{Y}$ ist das Ziel die stabile Lösung der in (1.1) eingeführten Gleichung $Af = g$. Existiert der inverse Operator A^{-1} und ist dieser ebenfalls beschränkt, so gilt $f = A^{-1}g$. In dieser Situation ist die Inversion von A also unproblematisch, weshalb das Problem gemäß Hadamard als gut gestellt bezeichnet wird. In vielen Anwendungen existiert jedoch entweder A^{-1} nicht oder ist im Falle der Existenz nicht stetig. Man nennt das vom Operator und den Räumen abhängige Problem dann (etwas irreführend) schlecht gestellt [36]. Das prominenteste Beispiel für solche nicht stetig invertierbare Abbildungen sind kompakte Operatoren zwischen Hilberträumen mit unendlichdimensionalem Bild.

Falls A^{-1} nicht existiert, benötigt man zudem einen erweiterten Lösungsbegriff, da die Gleichung $Af = g$ nicht lösbar ist, wenn g nicht im Bildbereich $R(A)$ des Operators liegt. Man geht daher zum verallgemeinerten Problem der Minimierung des Defektes $J(f) := \|Af - g\|_\mathcal{Y}$ über. Dieser wird auf Grund der Hilbertraumstruktur genau dann minimal, wenn $Af = \mathcal{P}_{\overline{R(A)}} g$ gilt, wobei $\mathcal{P}_{\overline{R(A)}}$ die Orthogonalprojektion auf $\overline{R(A)}$ bezeichnet. Allerdings besitzt das Defektfunktional kein eindeutiges Minimum in $\mathcal{X}$, weshalb man Eindeutigkeit durch die Auswahl desjenigen Minimums mit minimaler Norm in $\mathcal{X}$ erzwingt. Diese Zusatzforderung ist äquivalent zur Auswahl der verallgemeinerten Lösung im orthogonalen Komplement des Nullraums von A. Unglücklicherweise ist die Lösbarkeit dieses verallgemeinerten Problems nur genau dann garantiert, wenn g in $R(A) \oplus R(A)^\perp$ liegt. Da $R(A)$ im unendlichdimensionalen Bildraum $\mathcal{Y}$ nicht abgeschlossen sein muss, gilt im Allgemeinen $R(A) \oplus R(A)^\perp \subsetneq \mathcal{Y}$.

Definition 2.14. *Die Abbildung $A^+ : D(A^+) := R(A) \oplus R(A)^\perp \to X$, die jedem Element $g \in R(A) \oplus R(A)^\perp$ das eindeutige Minimum des Defektes $\|Af - g\|_\mathcal{Y}$ in $N(A)^\perp$ zuordnet, heißt Verallgemeinerte Inverse (Moore-Penrose Inverse) zu A. $f^+ := A^+ g$ wird als Minimum-Norm-Lösung bezeichnet.*

Die Verbindung von f^+ mit der verallgemeinerten Lösung aus Definition 2.12 werden wir in Kapitel 3 herstellen. Ist A injektiv, so fällt A^+ offensichtlich auf $R(A)$ mit der dort wohldefinierten inversen Abbildung A^{-1} zusammen. Die Hilbertraumstruktur erlaubt desweiteren eine Darstellung über die Normalgleichung zum Ausgangsproblem (1.1).

Lemma 2.15. *Seien $A \in \mathcal{L}(\mathcal{X}, \mathcal{Y})$ und $g \in D(A^+) := R(A) \oplus R(A)^\perp$. Dann gilt:*

1. *A^+ ist linear.*

2. *$f^+ := A^+ g$ ist die eindeutige Lösung der Normalgleichung*

$$A^* A f = A^* g \tag{2.8}$$

   in $N(A)^\perp$.

3. *$N(A^+) = R(A)^\perp$, $R(A^+) = N(A)^\perp$.*

4. *A^+ ist genau dann stetig, wenn $R(A)$ abgeschlossen ist.*

Man beachte, dass $D(A^+) := R(A) \oplus R(A)^\perp$ zwar in $\mathcal{Y}$ dicht liegt, jedoch A^+ genau dann unstetig ist, wenn $R(A)$ nicht abgeschlossen ist. In Anwendungen liegt nun die rechte Seite g zumeist verrauscht vor, d.h. es steht lediglich ein $g^\delta \in \mathcal{Y}$ mit $\|g^\delta - g\|_\mathcal{Y} \leq \delta$ zur Verfügung. Bei Unstetigkeit von A^+ kann dann $f^\delta := A^+ g^\delta$, sofern dies überhaupt wohldefiniert ist, weit entfernt von der verallgemeinerten Lösung $f^+ = A^+ g$ liegen. Kleine Fehler in den Daten können sich also äußerst negativ auf das Rekonstruktionsergebnis auswirken. Um die Schwierigkeit der Fehlerverstärkung zu umgehen, approximiert man A^+ punktweise durch eine Folge beschränkter Operatoren, wodurch sich das Konzept der Regularisierung ergibt, das 1963 von Tikhonov eingeführt wurde [87] (siehe auch [88]).

Definition 2.16. *Eine Regularisierung der Verallgemeinerten Inversen A^+ ist eine Familie $(T^\gamma)_{\gamma > 0}$ von Operatoren $T^\gamma : Y \to X$, für die eine Parameter-Auswahlregel $\gamma = \gamma(\delta, g^\delta)$ existiert mit*

$$\lim_{\delta \to 0} \sup \left\{ \gamma(\delta, g^\delta) \mid g^\delta \in \mathcal{Y}, \|g^\delta - g\|_\mathcal{Y} \leq \delta \right\} = 0,$$

so dass gilt:

$$\lim_{\delta \to 0} \sup \left\{ \|T^{\gamma(\delta, g^\delta)} g - A^+ g\|_{\mathcal{X}} \mid g^\delta \in \mathcal{Y}, \ \|g^\delta - g\|_{\mathcal{Y}} \leq \delta \right\} = 0.$$

Der Parameter γ wird als Regularisierungsparameter bezeichnet. Hängt γ von g^δ ab, so sprechen wir von einer a-posteriori-Parameterwahl, andernfalls von einer a-priori-Parameterwahl.

Man beachte, dass an die Familie $(T^\gamma)_{\gamma > 0}$ nicht die Forderung der Linearität gestellt wird. Ist diese zusätzlich erfüllt, spricht man von einer linearen Regularisierung. Desweiteren fordert man keine gleichmäßige Konvergenz gegen die verallgemeinerte Inverse, da der Satz von Banach-Steinhaus die Beschränktheit von A^+ implizieren würde, die im Allgemeinen gerade nicht gegeben ist. Folglich muss für den Grenzwert der Operatornorm $\lim_{\gamma \to 0} \|T^\gamma\|_{\mathcal{Y} \to \mathcal{X}} = \infty$ gelten. Schließlich sei bemerkt, dass die Regularisierungsoperatoren T^γ auf ganz $\mathcal{Y}$ definiert sind, und somit die Anwendbarkeit auf gestörte Daten im Gegensatz zu A^+ stets möglich ist.

Beispiele für Regularisierungen lassen sich besonders leicht für kompakte Operatoren angeben, da diese eine Singulärwertzerlegung (SWZ) besitzen. Dies wird im Folgenden präzisiert.

Definition 2.17. *Ein linearer Operator $A : \mathcal{X} \to \mathcal{Y}$ heißt kompakt, wenn jede beschränkte Teilmenge U von $\mathcal{X}$ relativ kompaktes Bild unter A hat. Die Menge der kompakten Operatoren von $\mathcal{X}$ nach $\mathcal{Y}$ bezeichnen wir mit $\mathcal{K}(\mathcal{X}, \mathcal{Y})$, im Fall $\mathcal{X} = \mathcal{Y}$ schreiben wir $\mathcal{K}(\mathcal{X})$.*

Die Kompaktheit eines Operators A ist äquivalent dazu, dass für jede beschränkte Folge $(f_j)_{j \in \mathbb{N}}$ in $\mathcal{X}$ die Bildfolge $(Af_j)_{j \in \mathbb{N}}$ einen Häufungspunkt in $\mathcal{Y}$ besitzt. Außerdem gilt $\mathcal{K}(\mathcal{X}, \mathcal{Y}) \subset \mathcal{L}(\mathcal{X}, \mathcal{Y})$, d.h. die Kompaktheit eines Operators impliziert seine Beschränktheit. Insbesondere die in (1.2) eingeführten Integraloperatoren

$$Af(x) := \int_\Omega k(x,t) \, f(t) \, dt$$

sind für kompakte Mengen $\Omega \subset \mathbb{R}^d$ und Kernfunktionen $k \in L_2(\Omega \times \Omega)$ auf $L_2(\Omega)$ kompakt, d.h. es gilt $A \in \mathcal{K}(L_2(\Omega))$ (siehe [39], Abschnitt 87).

Kompakte Operatoren auf Hilberträumen führen genau dann auf schlecht gestellte Probleme, wenn das Bild von A unendlichdimensional ist. Nach [40], Satz 3.4 gilt nämlich für $A \in \mathcal{K}(\mathcal{X}, \mathcal{Y})$ genau dann $R(A) \neq \overline{R(A)}$, wenn $\dim(R(A)) = \infty$ ist. In diesem Fall ist also nach Lemma 2.15 die Verallgemeinerte Inverse unstetig. Ein weiteres wichtiges Resultat liefert der folgende Satz.

Satz 2.18. *(Spektralsatz für selbstadjungierte kompakte Operatoren)*
Sei $A \in \mathcal{K}(\mathcal{X})$ selbstadjungiert. Dann existiert eine orthonormale Folge $(v_j)_{j \in \mathbb{N}}$ in $\mathcal{X}$ und eine Folge $(\mu_j)_{j \in \mathbb{N}}$ in $\mathbb{R}$ mit $|\mu_1| \geq |\mu_2| \geq \ldots > 0$, so dass

$$Af = \sum_{j=1}^{\infty} \mu_j \langle f, v_j \rangle_{\mathcal{X}} v_j$$

ist. Die Folge $(\mu_j)_{j \in \mathbb{N}}$ bricht entweder ab oder konvergiert gegen 0. Außerdem sind die Werte μ_j gerade die Eigenwerte von A, die Funktionen v_j sind die zugehörigen Eigenfunktionen.

Ist nun $A \in \mathcal{K}(\mathcal{X}, \mathcal{Y})$ mit Adjungiertem A^*, so ist $A^*A : \mathcal{X} \to \mathcal{X}$ kompakt, selbstadjungiert und positiv semidefinit. Wir bezeichnen die gemäß Satz 2.18 existierenden absteigend geordneten positiven Eigenwerte von A^*A mit $(\mu_j)_{j \in \mathbb{N}}$ und die zugehörigen orthonormalen Eigenvektoren mit $(v_j)_{j \in \mathbb{N}}$. Weiter seien $\sigma_j := \sqrt{\mu_j}$ und $u_j := \frac{1}{\sigma_j} A v_j$. Die Werte σ_j heißen Singulärwerte und $(v_j, u_j, \sigma_j)_{j \in \mathbb{N}}$ wird als *singuläres System* oder *Singulärwertzerlegung* (SWZ) von A bezeichnet. Nach Definition gelten dann die Gleichungen

$$A v_j = \sigma_j u_j, \quad A^* u_j = \sigma_j v_j. \tag{2.9}$$

Die SWZ kompakter Operatoren liefert ein einfaches Kriterium zur Charakterisierung des Definitionsbereichs $D(A^+)$. Eine Funktion $g \in \overline{R(A)}$ liegt nämlich gemäß der Picard-Bedingung genau dann in $R(A)$, wenn die Reihe

$$\sum_{j=1}^{\infty} \frac{|\langle g, u_j \rangle_{\mathcal{Y}}|^2}{\sigma_j^2} \tag{2.10}$$

konvergiert. Weiterhin kann die Minimum-Norm-Lösung $f^+ = A^+ g$ über die SWZ wie folgt geschrieben werden:

$$A^+ g = \sum_{\sigma_j > 0} \sigma_j^{-1} \langle g, u_j \rangle_{\mathcal{Y}} v_j, \quad g \in D(A^+).$$

An dieser Darstellung wird deutlich, dass die Kehrwerte der gegen 0 gehenden Singulärwerte für numerische Instabilität sorgen. Der Rauschanteil in den Daten in Richtung einer singulären Funktion u_j zu einem kleinen Singulärwert wird im Rekonstruktionsprozess mit dem Faktor σ_j^{-1} verstärkt. Durch Regularisierung kann dieses Problem jedoch kontrolliert werden.

Beispiel 2.19.

1. *Die abgeschnittene Singulärwertzerlegung erhält man durch Vernachlässigung der zu den kleinen Singulärwerten von A gehörigen Anteile. Sie ist definiert als*

$$T^\gamma g = \sum_{\sigma_j \geq \gamma} \sigma_j^{-1} \langle g, u_j \rangle_{\mathcal{Y}} v_j, \quad g \in \mathcal{Y}. \tag{2.11}$$

2. *Die Tikhonov-Phillips-Regularisierung ist definiert als*

$$T^\gamma g = (A^*A + \gamma id_{\mathcal{X}})^{-1} A^* g, \quad g \in \mathcal{Y}.$$

   $T^\gamma g$ kann alternativ als eindeutige Lösung des Minimierungsproblems

$$\min_{f \in \mathcal{X}} \left\{ \|Af - g\|_{\mathcal{Y}}^2 + \gamma \|f\|_{\mathcal{X}}^2 \right\}$$

   charakterisiert werden. Mittels der SWZ von A ergibt sich die Darstellung

$$T^\gamma g = \sum_{j \in \mathbb{N}} \frac{\sigma_j}{\sigma_j^2 + \gamma} \langle g, u_j \rangle_{\mathcal{Y}} v_j. \tag{2.12}$$

Auch iterative Verfahren wie die Landweber- und die CG-Methode, auf die wir in Kapitel 9 zu sprechen kommen, können als Regularisierungsverfahren aufgefasst werden. Dort entspricht die Anzahl der Iterationen dem Kehrwert des Regularisierungsparameters. Alle vorgestellten Regularisierungsverfahren gehören sogar zur Klasse der sogenannten Filtermethoden. In den Darstellungen (2.11) und (2.12) ist abzulesen, dass die Stabilisierung durch eine Umgewichtung bzw. Filterung der Singulärwerte erreicht wird. Das Regularisierungsverfahren kann in diesen Fällen mittels eines Filters F^γ in der Form

$$T^\gamma g = \sum_{\sigma_j > 0} \sigma_j^{-1} F^\gamma(\sigma_j, g) \langle g, u_j \rangle_\mathcal{Y} v_j \qquad (2.13)$$

geschrieben werden. Offenbar ist T^γ genau dann linear, wenn F^γ nicht von g abhängt. Von den beschriebenen Methoden ist lediglich das CG-Verfahren nichtlinear. Für weitere Details verweisen wir auf das Buch von Louis [52].

Bei starker Dämpfung der zu kleinen Singulärwerten gehörigen Anteile, d.h. für große Regularisierungsparameter γ, wird die numerische Instabilität offensichtlich behoben, allerdings verschlechtert die stärkere Regularisierung auch das Approximationsverhalten. Eine Aufspaltung in Approximations- und Datenfehler gemäß

$$\|A^+ g - T^\gamma g^\delta\|_\mathcal{X} \leq \underbrace{\|A^+ g - T^\gamma g\|_\mathcal{X}}_{\text{Approximationsfehler}} + \underbrace{\|T^\gamma g - T^\gamma g^\delta\|_\mathcal{X}}_{\text{Datenfehler}}$$

veranschaulicht diesen Sachverhalt. Für kleines γ ist der Approximationsfehler im Vergleich zum Datenfehler gering, für großes γ wird der Approximationsfehler dominant, da T^γ keine gute Näherung mehr für A^+ ist. Folglich ist ein guter Kompromiss zwischen Approximations- und Datenfehler durch geeignete Wahl des Regularisierungsparameters entscheidend für die Rekonstruktionsgüte.

Abschließend stellen wir das von Louis in [53] und [54] entwickelte Verfahren der Approximativen Inversen vor, welches eine Verallgemeinerung der Backus-Gilbert-Methode aus [5] ist. Es wurde bereits in vielen Anwendungen erfolgreich eingesetzt und basiert auf dem Grundgedanken, dass statt der gesuchten Funktion f^* eine geglättete Version $\langle f^*, e^\gamma \rangle_\mathcal{X}$ berechnet wird. Dabei bezeichnet e^γ eine Approximation der δ-Distribution bzw. einen Mollifier. Mittels eines inversen Problems zum adjungierten Operator A^* wird zunächst ein Rekonstruktionskern ψ^γ zum gewählten Mollifier e^γ ermittelt. Löst ψ^γ die Gleichungen

$$A^* \psi^\gamma(\cdot, x) = e^\gamma(\cdot, x), \quad x \in \Omega, \qquad (2.14)$$

so ist eine Approximation der Lösung f^* von $Af = g$ durch

$$f^\gamma(x) := \langle \psi^\gamma(\cdot, x), g \rangle_\mathcal{Y} \qquad (2.15)$$

gegeben, denn mit (2.14) folgt:

$$f^\gamma(x) \;=\; \langle e^\gamma(\cdot, x), f^* \rangle_\mathcal{X} = \langle A^* \psi^\gamma(\cdot, x), f^* \rangle_\mathcal{X} = \langle \psi^\gamma(\cdot, x), Af^* \rangle_\mathcal{Y} = \langle \psi^\gamma(\cdot, x), g \rangle_\mathcal{Y}.$$

Diese Vorgehensweise erzeugt nicht nur Stabilität, sondern erlaubt auch die Auslagerung des Rekonstruktionsschrittes auf Hilfsfunktionen. Nach einem Vorberechnungsschritt kann so für gegebene Daten schnell und ohne erneute Inversion eine Approximation der gesuchten Funktion ermittelt werden.

Ist (2.14) nicht lösbar, so kann man zu den Normalengleichungen

$$AA^*\psi^\gamma(\cdot,x) = Ae^\gamma(\cdot,x), \quad x \in \Omega, \tag{2.16}$$

übergehen. In [54] wurde gezeigt, dass sich lineare Filterverfahren stets als Spezialfall der Approximativen Inversen auffassen lassen. Hat nämlich der Regularisierungsoperator T^γ die Gestalt (2.13) mit einem Filter $F^\gamma(\sigma)$, so liefert der für den Mollifier

$$e^\gamma(x,y) := \sum_{\sigma_j > 0} F^\gamma(\sigma_j) v_j(x) v_j(y)$$

durch Lösen von (2.16) bestimmte Rekonstruktionskern ψ^γ genau die Näherung

$$f^\gamma(x) = \langle \psi^\gamma(\cdot,x), g \rangle_\mathcal{Y} = T^\gamma g(x).$$

Erfüllt der Operator A zusätzlich Invarianzen, so lässt sich der Aufwand zur Bestimmung des Rekonstruktionskerns stark reduzieren.

Satz 2.20 ([54], Theorem 6). *Existieren Operatoren T_1^x auf $\mathcal{X}$ sowie T_2^x, T_3^x auf $\mathcal{Y}$ mit*

$$AT_1^x = T_2^x A, \quad T_2^x AA^* = AA^* T_3^x,$$

und löst der Rekonstruktionskern Ψ^γ die Normalgleichungen

$$AA^*\Psi^\gamma = AE^\gamma,$$

so ist die Lösung von

$$AA^*\psi^\gamma(x) = AT_1^x E^\gamma$$

durch $\psi^\gamma(x) = T_3^x \Psi^\gamma$ gegeben.

Beispielsweise für Operatoren vom Faltungstyp sowie für die Radon-Transformation lassen sich die in Satz 2.20 benötigten Operatoren angeben, wodurch eine erhebliche Erparnis an Speicherbedarf erzielt werden kann. Nachzulesen ist dies u.a. in der Monographie von Schuster [82], wo die Anwendbarkeit der Approximativen Inversen auf zahlreiche Probleme der Computer-Tomographie demonstriert wird.

3 Semi-diskrete Tikhonov-Phillips-Regularisierung

Wir wenden in diesem Kapitel das Tikhonov-Phillips-Verfahren auf das semi-diskrete Rekonstruktionsproblem

$$Af(x_i) = g(x_i), \quad i = 1, \ldots, n \tag{3.1}$$

an und setzen voraus, dass A ein kompakter Integraloperator der Form (1.2) ist. Wie in der Einleitung erwähnt, wurde ein ähnliches Problem von Bertero, De Mol und Pike in [10] und [11] betrachtet. Dort wurde für stetige lineare Funktionale $\lambda_1, \ldots, \lambda_n$ auf einem Hilbertraum H der Operator

$$L_\Lambda : H \to \mathbb{R}^n, \quad (L_\Lambda f)_i = \lambda_i(f), \quad i = 1, \ldots, n \tag{3.2}$$

definiert, um mit der rechten Seite $\overline{g} = (g_1, \ldots, g_n)^T$ die Interpolationsaufgabe

$$L_\Lambda f = \overline{g} \tag{3.3}$$

als semi-diskretes Problem auffassen zu können. Für die Funktionale

$$\lambda_i(f) = Af(x_i), \quad i = 1, \ldots, n \tag{3.4}$$

ergibt sich offensichtlich (3.1). Das Problem (3.3) ist natürlich stark unterbestimmt, weshalb man gemäß der allgemeinen Vorgehensweise zur Lösung inverser Probleme aus Abschnitt 2.4 zum normminimalen Interpolant übergeht. Ist nun zusätzlich H ein RKHS, erhält man damit gerade das in Abschnitt 2.3 eingeführte verallgemeinerte Interpolationsproblem. Wir setzen stets voraus, dass H einen reproduzierenden Kern besitzt, und dass gemäß (3.1) die Funktionale als Punktauswertungen eines kompakten Integraloperators der Form (1.2) gegeben sind.

Zunächst klären wir die Verbindung mit dem in Abschnitt 2.3 vorgestellten verallgemeinerten Interpolationsproblem, indem wir die Vorgehensweise aus [10] auf die spezielle Situation übertragen. Nach Einführung der Standard-Fehlertheorie des TP-Verfahrens im semi-diskreten Modell führen wir in Abschnitt 3.3 eine Konvergenzuntersuchung für exakte Daten durch und geben L_2-Abschätzungen für den Fall deterministischer Datenstörungen an. Schließlich modifizieren wir die Vorgehensweise in Abschnitt 3.4 für relative Datenfehler und stochastisches Rauschen. Am Ende des Kapitels zeigen wir außerdem, wie zusätzliche Informationen über das Randverhalten in das Verfahren integriert werden können.

3.1 Das Tikhonov-Phillips-Verfahren in RKHS

Wir betrachten nun die diskreten Datenpunkte $X = \{x_1, \ldots, x_n\} \subseteq \Omega$ und definieren den von A auf X induzierten Sampling-Operator durch

$$A_X : H \to \mathbb{R}^n, \quad (A_X f)_i := \lambda_i(f) := Af(x_i), \quad i = 1, \ldots, n. \tag{3.5}$$

Die Ausgangsgleichungen (3.1) schreiben sich dadurch in der Gestalt $A_X f = g_X$. Wir sind also in der Situation $\mathcal{X} = H = H_\Phi$ und $\mathcal{Y} = \mathbb{R}^n$, ausgestattet mit dem ℓ_2-Skalarprodukt. Da die Singulärwerte der Operatoren $A_X : H \to \mathbb{R}^n$ und $A_X^* : \mathbb{R}^n \to H$ identisch sind und $A_X A_X^*$ als Matrix aufgefasst werden kann, haben wir nur ein endlichdimensionales Problem zu lösen. Das gesamte singuläre System von A_X, inklusive der singulären Funktionen, lässt sich nun mittels der Eigenwerte und Eigenfunktionen dieser Matrix ausdrücken.

Da das Funktional λ_i den Riesz-Repräsentanten $r_i = \lambda_i^y \Phi(\cdot, y)$ besitzt, können wir den semi-diskreten Operator mit (3.4) komponentenweise durch

$$(A_X f)_i = \lambda_i(f) = \langle f, r_i \rangle_H = \langle f, \lambda_i^y \Phi(\cdot, y) \rangle_H \tag{3.6}$$

darstellen. Dies erlaubt eine explizite Angabe aller benötigten Operatoren.

Lemma 3.1. *Sei H ein RKHS mit Kern Φ. Die Funktionale $\lambda_j = \delta_{x_j} \circ A$ seien linear unabhängig. Dann haben der Operator A_X^* und die Operatoren $A_X^* A_X$ und $A_X A_X^*$ folgende Darstellungen:*

$$A_X^* : \mathbb{R}^n \to H, \qquad A_X^* g_X = \sum_{j=1}^n g_j \lambda_j^y \Phi(\cdot, y),$$

$$A_X^* A_X : H \to H, \qquad A_X^* A_X f = \sum_{j=1}^n \lambda_j(f) \lambda_j^y \Phi(\cdot, y),$$

$$A_X A_X^* : \mathbb{R}^n \to \mathbb{R}^n, \qquad (A_X A_X^*)_{ij} = \lambda_i^x \lambda_j^y \Phi(x, y).$$

Letzteres bedeutet insbesondere $A_X A_X^* = M_{A,\Phi,X}$, wobei $M_{A,\Phi,X}$ die symmetrische Kollokationsmatrix aus Lemma 2.13 ist.

Beweis. Die Darstellung von A_X^* folgt sofort aus (3.6):

$$\begin{aligned}
\langle A_X f, g_X \rangle_{\ell_2} &= \sum_{j=1}^n (A_X f)_j g_j = \sum_{j=1}^n \lambda_j(f) g_j = \sum_{j=1}^n \left\langle f, \lambda_j^y \Phi(\cdot, y) \right\rangle_H g_j \\
&= \left\langle f, \sum_{j=1}^n g_j \lambda_j^y \Phi(\cdot, y) \right\rangle_H = \langle f, A_X^* g_X \rangle_H.
\end{aligned}$$

Daraus kann man weiter

$$A_X^* A_X f = \sum_{j=1}^n (A_X f)_j \lambda_j^y \Phi(\cdot, y) = \sum_{j=1}^n \lambda_j(f) \lambda_j^y \Phi(\cdot, y)$$

schließen, was die zweite Behauptung zeigt. Für den dritten Operator folgt die Aussage aus

$$
\begin{aligned}
(A_X A_X^* g_X)_i &= \left(A_X \left(\sum_{j=1}^n g_j \lambda_j^y \Phi(\cdot, y)\right)\right)_i = \lambda_i^x \left(\sum_{j=1}^n g_j \lambda_j^y \Phi(x, y)\right) \\
&= \sum_{j=1}^n \lambda_i^x \lambda_j^y \Phi(x, y) g_j = (M_{A,\Phi,X}\, g_X)_i.
\end{aligned}
$$

$\square$

Da A als Integraloperator der Form (1.2) vorausgesetzt wurde, hat die symmetrische Kollokationsmatrix $M_{A,\Phi,X} = A_X A_X^*$ die Einträge

$$(M_{A,\Phi,X})_{ij} = \lambda_i^x \lambda_j^y \Phi(x,y) = \int_\Omega \int_\Omega k(x_i, s)\, k(x_j, t)\, \Phi(s,t)\, ds\, dt.$$

Wir sind nun in der Lage, Lemma 2.13 mit den Repräsentationen von A_X^* und $A_X^* A_X$ zu beweisen. Wir zeigen jedoch ein allgemeineres Resultat für das regularisierte Problem (1.5).

Satz 3.2. *Sei H ein RKHS mit Kern Φ. Die linearen Funktionale $\lambda_j = \delta_{x_j} \circ A$ seien über H unabhängig. Dann ist die Lösung f^γ von (1.5) gegeben durch*

$$f^\gamma = \sum_{j=1}^n \alpha_j^\gamma \lambda_j^y \Phi(\cdot, y),$$

wobei $\alpha^\gamma \in \mathbb{R}^n$ für $\gamma \geq 0$ die Lösung des linearen Gleichungssystems (LGS)

$$(M_{A,\Phi,X} + \gamma I)\alpha = g_X \tag{3.7}$$

bezeichnet.

Beweis. Aus der Standardliteratur über inverse Probleme (z.B. [52]) ist bekannt, dass f^γ die Lösung der regularisierten Normalgleichung

$$(A_X^* A_X + \gamma \operatorname{id}_H)f = A_X^* g_X \tag{3.8}$$

in $N(A_X)^\perp$ ist. Da $N(A_X)^\perp = \overline{R(A_X^*)} = R(A_X^*) = \operatorname{span}\{\lambda_j^y \Phi(\cdot, y) \mid j = 1, \ldots, n\}$, wird die Lösung in $\operatorname{span}\{\lambda_j^y \Phi(\cdot, y) \mid j = 1, \ldots, n\}$ angenommen. Wir können uns also auf Funktionen der Form

$$f = \sum_{j=1}^n \alpha_j \lambda_j^y \Phi(\cdot, y) \tag{3.9}$$

beschränken. Es bleibt nur der Koeffizientenvektor α zu bestimmen. Einsetzen der Darstellungen von A_X^* und $A_X^* A_X$ in (3.8) liefert

$$\left(\sum_{j=1}^n \lambda_j(f) \lambda_j^y \Phi(\cdot, y)\right) + \gamma f = \sum_{j=1}^n g_j \lambda_j^y \Phi(\cdot, y).$$

Für die hinreichenden Ansatzfunktionen aus (3.9) erhält man weiter

$$\sum_{j=1}^{n}\sum_{i=1}^{n}\alpha_i\lambda_j^y\lambda_i^x\Phi(x,y)\lambda_j^y\Phi(\cdot,y) + \gamma\sum_{j=1}^{n}\alpha_j\lambda_j^y\Phi(\cdot,y) = \sum_{j=1}^{n}g_j\lambda_j^y\Phi(\cdot,y).$$

Für linear unabhängige Funktionale λ_j kann dies nun zu

$$\sum_{i=1}^{n}\alpha_i\lambda_j^y\lambda_i^x\Phi(x,y) + \gamma\alpha_j = g_j, \quad j=1,\ldots,n$$

vereinfacht werden. Dies ist gerade das oben angegebene System aus (3.7). □

Bemerkung 3.3.

1. *Die TP-Lösung aus Satz 3.2 ist der verallgemeinerte Glättungsspline im Sinne von Wahba [95].*

2. *Auch für linear abhängige Funktionale λ_j bleibt die Lösung f^γ eindeutig bestimmt. Man beachte, dass die positive Semidefinitheit der symmetrischen Kollokationsmatrix die positive Definitheit der regularisierten Kollokationsmatrix impliziert, was für $\gamma > 0$ die eindeutige Lösbarkeit von (3.7) sicherstellt. Für $\gamma = 0$ ergibt sich die eindeutig bestimmte normminimale Lösung f^+ der Interpolationsaufgabe (3.1) in $N(A_X)^\perp$, lediglich der Koeffizientenvektor ist nicht mehr eindeutig durch das Gleichungssystem $M_{A,\Phi,X}\alpha = g_X$ charakterisiert.*

3. *Mit der Notation aus Abschnitt 2.4 gilt $f^+ = A_X^+ g_X$, und die verallgemeinerte Inverse zu A_X ist wegen $R(A_X) = \overline{R(A_X)}$ auf ganz $\mathbb{R}^n$ definiert und stetig. Die Unstetigkeit von A^+ vererbt sich für einen kompakten Operator A insofern, als A_X^+ eine (von n abhängige) sehr große Norm besitzt. Die Schlecht-Gestelltheit des Ausgangsproblems äußert sich also im semi-diskreten Modell in einer großen Konditionszahl der symmetrischen Kollokationsmatrix.*

Statt das in Satz 3.2 eingeführte Gleichungssystem zu lösen, kann man auch Gebrauch von der Singulärwertzerlegung des Sampling-Operators A_X machen. Zu diesem Zweck muss $A_X^*A_X : H \to H$ betrachtet werden. Da A_X und A_X^* dieselben Singulärwerte haben, kann die SWZ alternativ mittels A_X^* ermittelt werden. Bezeichnet nämlich $(u_i, v_i, \sigma_i)_{i=1}^n$ die SWZ von A_X^*, so ist $(v_i, u_i, \sigma_i)_{i=1}^n$ die SWZ von A_X. Da $A_XA_X^* = M_{A,\Phi,X}$ ein selbstadjungierter (positiv semidefiniter) Operator von endlichem Rang ist, existiert die SWZ von A_X zudem stets (unabhängig von der Kompaktheit von A). Bezeichnen wir die Eigenwerte und Eigenvektoren von $A_XA_X^*$ mit μ_i und u_i, so ist die SWZ von A_X durch $(v_i, u_i, \sigma_i)_{i=1}^n$ gegeben, wobei $\sigma_i := \sqrt{\mu_i}$ und

$$v_i = \frac{1}{\sigma_i}A_X^*u_i = \frac{1}{\sigma_i}\sum_{j=1}^{n}(u_i)_j\lambda_j^y\Phi(\cdot,y). \tag{3.10}$$

Dies ist eine direkte Konsequenz aus (2.9) und Lemma 3.1. Selbstverständlich lässt sich die SWZ nur für kleine n stabil bestimmen, so dass die TP-Lösung in der Praxis besser über das Gleichungssystem (3.7) berechnet wird. Nichtsdestotrotz ist die SWZ ein geeignetes Mittel

3 Semi-diskrete Tikhonov-Phillips-Regularisierung

zur Herleitung scharfer Fehlerabschätzungen. Gemäß Abschnitt 2.4 und Lemma 3.1 sind der normminimale Interpolant und die TP-Lösung für exakte und gestörte Daten gegeben durch

$$f^+ = \sum_{i=1}^{n} \sigma_i^{-1} \langle g_X, u_i \rangle_{\ell_2} v_i, \qquad (3.11)$$

$$f^\gamma = \sum_{i=1}^{n} \frac{\sigma_i}{\sigma_i^2 + \gamma} \langle g_X, u_i \rangle_{\ell_2} v_i, \qquad (3.12)$$

$$f^{\gamma,\delta} = \sum_{i=1}^{n} \frac{\sigma_i}{\sigma_i^2 + \gamma} \langle g_X^\delta, u_i \rangle_{\ell_2} v_i. \qquad (3.13)$$

Dies erlaubt zudem die Darstellung der Koeffizienten der regularisierten Lösung in der Basis aus Eigenvektoren der symmetrischen Kollokationsmatrix $M_{A,\Phi,X}$.

Lemma 3.4. *Die TP-Lösung des Problems (1.5) kann dargestellt werden als*

$$f^\gamma = \sum_{j=1}^{n} \alpha_j^\gamma \lambda_j^y \Phi(\cdot, y) \quad mit \quad \alpha^\gamma = \sum_{i=1}^{n} \frac{1}{\sigma_i^2 + \gamma} \langle g_X, u_i \rangle_{\ell_2} u_i.$$

Beweis. Einsetzen von (3.10) in (3.12) gibt

$$\begin{aligned} f^\gamma &= \sum_{i=1}^{n} \frac{\sigma_i}{\sigma_i^2 + \gamma} \langle g_X, u_i \rangle_{\ell_2} \frac{1}{\sigma_i} \sum_{j=1}^{n} (u_i)_j \lambda_j^y \Phi(\cdot, y) \\ &= \sum_{j=1}^{n} \sum_{i=1}^{n} \frac{1}{\sigma_i^2 + \gamma} \langle g_X, u_i \rangle_{\ell_2} (u_i)_j \lambda_j^y \Phi(\cdot, y), \end{aligned}$$

woraus die behauptete Repräsentation der Koeffizienten folgt. □

Allerdings ist die Darstellung der Lösung in Satz 3.2 und Lemma 3.4 im Allgemeinen nur indirekt gegeben, da die Integrale

$$\lambda_j^y \Phi(\cdot, y) = \int_\Omega k(x_j, t) \, \Phi(\cdot, t) \, dt$$

je nach Operator schwierig analytisch zu berechnen sind. Für gegebene Daten g_X bzw. g_X^δ und eine beliebige Menge $Y = \{y_1, \ldots, y_m\} \subset \Omega$ kann jedoch eine auf Y diskretisierte Version $f_Y^\gamma := (f^\gamma(y_k))_{k=1}^m$ berechnet werden. Dazu definieren wir die sogenannte *asymmetrische Kollokationsmatrix* $N_{A,\Phi,X,Y} \in \mathbb{R}^{m \times n}$ durch

$$(N_{A,\Phi,X,Y})_{kj} := \lambda_j^y \Phi(y_k, y) = \int_\Omega k(x_j, t) \, \Phi(y_k, t) \, dt. \qquad (3.14)$$

Korollar 3.5. *Eine diskretisierte TP-Lösung ist wie folgt gegeben:*

$$f_Y^\gamma = N_{A,\Phi,X,Y} \, \alpha^\gamma = \sum_{i=1}^{n} \frac{1}{\sigma_i^2 + \gamma} \langle g_X, u_i \rangle_{\ell_2} N_{A,\Phi,X,Y} \, u_i.$$

Beweis. Gemäß Lemma 3.4 kann f^γ auf der Menge Y durch

$$f^\gamma(y_k) = \sum_{j=1}^{n} \alpha_j^\gamma \lambda_j^y \Phi(y_k, y) = \sum_{j=1}^{n} \alpha_j^\gamma (N_{A,\Phi,X,Y})_{kj} = (N_{A,\Phi,X,Y})_k \, \alpha^\gamma$$

berechnet werden. Daher folgt wie behauptet

$$f_Y^\gamma = N_{A,\Phi,X,Y}\,\alpha^\gamma = \sum_{i=1}^{n} \frac{1}{\sigma_i^2 + \gamma}\,\langle g_X, u_i\rangle_{\ell_2}\,N_{A,\Phi,X,Y}\,u_i.$$

□

Nach Vorberechnung der Kollokationsmatrizen $M_{A,\Phi,X}$ und $N_{A,\Phi,X,Y}$ kann somit f_Y^γ in $\mathcal{O}(n^2)$ Zeit bestimmt werden, falls die Eigenwerte und Eigenvektoren von $M_{A,\Phi,X}$ explizit ermittelt wurden. Ist die Lösung nur für eine einzige rechte Seite g_X gesucht, ist der einfachste Weg natürlich die Berechnung von α^γ als Lösung des Gleichungssystems (3.7) und die anschließende Auswertung mittels $f_Y^\gamma = N_{A,\Phi,X,Y}\,\alpha^\gamma$. Zusammengefasst ergibt sich folgende Lösungsprozedur.

Algorithmus 3.1. *(Semi-diskretes TP-Verfahren)*

Gegeben: $X = \{x_1, \ldots, x_n\} \subset \Omega$, diskrete Daten g_X^δ.

Gesucht: Lösung $f^* \in H$ von $Af = g$, wobei H ein RKHS mit Kern Φ ist.

1. Wähle $Y = \{y_1, \ldots, y_m\} \subset \Omega$ und $\gamma > 0$.

2. Berechne die Kollokationsmatrizen

$$\begin{aligned}(N_{A,\Phi,X,Y})_{kj} &= \int_\Omega k(x_j,t)\,\Phi(y_k,t)\,dt, \quad k=1,\ldots,m,\ j=1,\ldots,n,\\ (M_{A,\Phi,X})_{ij} &= \int_\Omega \int_\Omega k(x_i,s)\,k(x_j,t)\,\Phi(s,t)\,ds\,dt, \quad i,j=1,\ldots,n.\end{aligned}$$

3. Bestimme die Lösung $\alpha^{\gamma,\delta}$ des LGS

$$(M_{A,\Phi,X} + \gamma I)\alpha = g_X^\delta.$$

Ergebnis: $f_Y^{\gamma,\delta} = N_{A,\Phi,X,Y}\,\alpha^{\gamma,\delta}$ ist eine auf Y diskretisierte Approximation an f^*.

Die verbleibende Aufgabe, eine kontinuierliche Approximation an f^γ aus den neuen Daten f_Y^γ zu bestimmen, ist ein Regressionsproblem und kann mit den beschriebenen Methoden unter Verwendung von $A = \text{id}_H$ gelöst werden. Bei Regularisierung mit einem zusätzlichen Parameter μ ergibt sich das Gleichungssystem

$$(\Phi_Y + \mu I_m)\beta = f_Y^\gamma, \tag{3.15}$$

wobei die auf Y diskretisierte Kernmatrix durch

$$(\Phi_Y)_{kl} = \Phi(y_k, y_l), \quad k,l = 1,\ldots,m \tag{3.16}$$

definiert ist. Als kontinuierliche Approximation an f^* erhält man dann $f^{\gamma,\mu,Y} = \sum_{l=1}^{m} \beta_l \Phi(\cdot, y_l)$. Natürlich können auch die Eigenwerte und Eigenvektoren von Φ_Y und Lemma 3.4 herangezogen werden, statt das Gleichungssystem aus (3.15) zu lösen.

Nach der Einführung des Lösungsverfahrens wenden wir uns nun der Fehlertheorie zu, um eine Parameterwahlstrategie für γ angeben zu können. Die Darstellungen der Rekonstruktionen in der SWZ des semi-diskreten Operators erlauben das Aufstellen von Fehlerschranken bezüglich der $\|\cdot\|_H$-Norm, die wir für mäßig schlecht gestellte Probleme zur Herleitung von L_2-Fehlerschranken verwenden werden.

3.2 Standard-Fehlertheorie im semi-diskreten Modell

In diesem Abschnitt leiten wir Fehlerabschätzungen in der Hilbertraumnorm und Schranken der auftretenden diskreten Bildterme her. Zu diesem Zweck gehen wir von zwei grundlegenden Annahmen aus.

Voraussetzung 3.6.

1. *Die Gleichung $Af = g$ besitzt eine Lösung $f^* \in H$.*
2. *Die Funktionale $\lambda_j = \delta_{x_j} \circ A$, $j = 1, \ldots, n$ sind linear unabhängig über H.*

Die zweite Annahme ist gemäß Bemerkung 3.3 in der Theorie nicht notwendig, sie vereinfacht jedoch in der Praxis die numerische Berechenbarkeit des Approximanten. Außerdem gehen wir, wie in der Einleitung erwähnt, im Fall von Datenstörungen von einem punktweisen Maximalfehler von δ aus, d.h. wir setzen $\|g_X^\delta - g_X\|_{\ell_\infty} \le \delta$ voraus. Das impliziert für den ℓ_2-Fehler die Schranke

$$\|g_X^\delta - g_X\|_{\ell_2} \le \sqrt{n}\delta. \qquad (3.17)$$

Am Ende des Kapitels übertragen wir die Ergebnisse auf alternative Fehlermodelle. Die Fehlerschranken für den Rekonstruktionsfehler in der $\|\cdot\|_H$-Norm, die wir in diesem Abschnitt angeben, sind aus der Standardliteratur über inverse Probleme in ähnlicher Form bekannt. Der Übersicht halber leiten wir sie jedoch explizit für das vorgestellte semi-diskrete Modell her.

Lemma 3.7. *Daten- und Approximationsfehler können durch*

$$\|f^{\gamma,\delta} - f^\gamma\|_H \le \frac{\delta}{2}\sqrt{\frac{n}{\gamma}},$$

$$\|f^\gamma - f^+\|_H \le \frac{\gamma}{\sigma_n^2 + \gamma}\|f^+\|_H \le \|f^+\|_H$$

beschränkt werden.

Beweis. Wir beginnen mit der Darstellung

$$f^{\gamma,\delta} - f^\gamma = \sum_{j=1}^n \frac{\sigma_j}{\sigma_j^2 + \gamma} \left\langle g_X^\delta - g_X, u_j \right\rangle_{\ell_2} v_j,$$

die sich aus (3.12) und (3.13) ergibt. Da die v_j ein Orthonormalsystem in H bilden, liefert die Parseval'sche Identität

$$\|f^{\gamma,\delta} - f^\gamma\|_H^2 = \sum_{j=1}^n \left(\frac{\sigma_j}{\sigma_j^2 + \gamma}\right)^2 (\left\langle g_X^\delta - g_X, u_j \right\rangle_{\ell_2})^2.$$

Da die Funktion $h_\gamma : \mathbb{R}^+ \to \mathbb{R}$, $h_\gamma(\sigma) = \frac{\sigma}{\sigma^2+\gamma}$ ihr Maximum in $\sigma = \sqrt{\gamma}$ annimmt, können wir

$$\begin{aligned}
\|f^{\gamma,\delta} - f^\gamma\|_H^2 &\leq \sum_{j=1}^n \left(\frac{\sqrt{\gamma}}{\gamma+\gamma}\right)^2 \left(\langle g_X^\delta - g_X, u_j\rangle_{\ell_2}\right)^2 \\
&\leq \frac{1}{4\gamma}\sum_{j=1}^n \left(\langle g_X^\delta - g_X, u_j\rangle_{\ell_2}\right)^2 \leq \frac{1}{4\gamma}\|g_X^\delta - g_X\|_{\ell_2}^2 \quad (3.18)\\
&\leq \frac{n\delta^2}{4\gamma}
\end{aligned}$$

schließen, wobei im letzten Schritt (3.17) eingeht. Der Approximationsfehler kann auf ähnliche Art abgeschätzt werden:

$$\begin{aligned}
\|f^\gamma - f^+\|_H^2 &= \left\|\sum_{j=1}^n \left(\frac{\sigma_j}{\sigma_j^2+\gamma} - \frac{1}{\sigma_j}\right) \langle g_X, u_j\rangle_{\ell_2} v_j\right\|_H^2 \\
&= \sum_{j=1}^n \left(\frac{\gamma}{\sigma_j(\sigma_j^2+\gamma)}\right)^2 (\langle g_X, u_j\rangle_{\ell_2})^2 \\
&= \sum_{j=1}^n \left(\frac{\gamma}{\sigma_j^2+\gamma}\right)^2 \sigma_j^{-2}(\langle g_X, u_j\rangle_{\ell_2})^2 \\
&\leq \left(\frac{\gamma}{\sigma_n^2+\gamma}\right)^2 \|f^+\|_H^2 \leq \|f^+\|_H^2.
\end{aligned}$$

□

Wir benutzen die Approximationsfehlerabschätzung nur in der schwächeren Form, da σ_n selbst für grobe Diskretisierungen sehr nahe bei Null liegt. Desweiteren haben wir den Fehler der TP-Lösungen f^γ und $f^{\gamma,\delta}$ bisher nur bezüglich der Bestapproximation f^+ abgeschätzt. Jedoch hängt auch f^+ von der Diskretisierung ab, und wir sind eigentlich an Abschätzungen für das Residuum $f^\gamma - f^*$ interessiert, wobei f^* eine Lösung von $Af = g$ ist. Dementsprechend müssen wir den zusätzlichen Term $f^+ - f^*$ betrachten und außerdem die Fehlerschranke mittels f^* statt f^+ ausdrücken.

Lemma 3.8. *Jede Bestapproximation $f^+ = f_X^+$ erfüllt*

$$\begin{aligned}
\|f^+\|_H &\leq \|f^*\|_H, \\
\|f^* - f^+\|_H &\leq \|f^*\|_H.
\end{aligned}$$

Beweis. Die Voraussetzung $g \in R(A)$ impliziert, dass f^* die Interpolationsbedingungen (3.1) erfüllt. Da f^+ normminimal unter allen Funktionen dieser Eigenschaft ist, folgt $\|f^+\|_H \leq \|f^*\|_H$. Wegen $f^+ \in \text{span}\{\lambda_j^y \Phi(\cdot, y) \mid j = 1, \ldots, n\}$ liefert (3.6)

$$\left\langle f^* - f^+, \lambda_j^y \Phi(\cdot, y)\right\rangle_H = \lambda_j(f^* - f^+) = 0 \quad \text{für } j = 1, \ldots, n.$$

Somit gilt $f^* - f^+ \in \text{span}\{\lambda_j^y \Phi(\cdot, y) \mid j = 1, \ldots, n\}^\perp$, und mit dem Satz von Pythagoras folgt

$$\|f^* - f^+\|_H^2 + \|f^+\|_H^2 = \|(f^* - f^+) + f^+\|_H^2 = \|f^*\|_H^2.$$

□

Zusammen mit Lemma 3.7 erhalten wir damit die angestrebte Fehlerabschätzung.

Korollar 3.9. *(Hilbertraum-Fehlerschranken)*
Die TP-Rekonstruktion erfüllt die folgenden Fehlerschranken:

$$\text{Exakte Daten:} \quad \|f^\gamma - f^*\|_H \leq 2\|f^*\|_H,$$
$$\text{Gestörte Daten:} \quad \|f^{\gamma,\delta} - f^*\|_H \leq 2\|f^*\|_H + \frac{\delta}{2}\sqrt{\frac{n}{\gamma}}.$$

Weiterhin können wir das folgende bekannte Stabilitätsresultat ableiten.

Lemma 3.10. *(Hilbertraum-Stabilität)*
Der TP-Rekonstruktionsprozess ist stabil in folgendem Sinne:

$$\text{Exakte Daten:} \quad \|f^\gamma\|_H \leq \|f^+\|_H \leq \|f^*\|_H,$$
$$\text{Gestörte Daten:} \quad \|f^{\gamma,\delta}\|_H \leq \|f^*\|_H + \frac{\delta}{2}\sqrt{\frac{n}{\gamma}}.$$

Beweis. Da $\frac{\sigma}{\sigma^2+\gamma} \leq \frac{1}{\sigma}$ ist, folgt die Aussage für exakte Daten sofort aus

$$\begin{aligned}
\|f^\gamma\|_H^2 &= \left\|\sum_{j=1}^n \frac{\sigma_j}{\sigma_j^2+\gamma} \langle g_X, u_j\rangle_{\ell_2} v_j\right\|_H^2 = \sum_{j=1}^n \left(\frac{\sigma_j}{\sigma_j^2+\gamma}\right)^2 (\langle g_X, u_j\rangle_{\ell_2})^2 \\
&\leq \sum_{j=1}^n \sigma_j^{-2}(\langle g_X, u_j\rangle_{\ell_2})^2 = \|f^+\|_H^2 \leq \|f^*\|_H^2.
\end{aligned}$$

Im Fall gestörter Daten erhält man die Behauptung aus der Dreiecksungleichung und der Datenfehlerschranke aus Lemma 3.7. □

Um L_2-Fehlerabschätzungen aus den hergeleiteten $\|\cdot\|_H$-Schranken ermitteln zu können, brauchen wir zusätzlich Fehlerschranken an den diskreten Bildfehler.

Lemma 3.11. *Es gelten die folgenden Bildfehlerabschätzungen:*

$$\|A_X f^* - A_X f^\gamma\|_{\ell_2} \leq \frac{\sqrt{\gamma}}{2}\|f^*\|_H,$$
$$\|A_X f^\gamma - A_X f^{\gamma,\delta}\|_{\ell_2} \leq \sqrt{n}\delta.$$

Beweis. Zunächst bemerken wir, dass $A_X f^* = A_X f^+$ gilt, da wir $\lambda_j(f^*) = \lambda_j(f^+)$ für $j = 1,\ldots,n$ im Beweis von Lemma 3.8 nachgerechnet haben. Wir gehen nun analog zum Beweis von Lemma 3.7 vor und erhalten:

$$\begin{aligned}
\|A_X f^* - A_X f^\gamma\|_{\ell_2}^2 &= \left\|A_X \sum_{j=1}^n \left(\frac{1}{\sigma_j} - \frac{\sigma_j}{\sigma_j^2+\gamma}\right) \langle g_X, u_j\rangle_{\ell_2} v_j\right\|_{\ell_2}^2 \\
&= \left\|\sum_{j=1}^n \left(1 - \frac{\sigma_j^2}{\sigma_j^2+\gamma}\right) \langle g_X, u_j\rangle_{\ell_2} v_j\right\|_{\ell_2}^2
\end{aligned}$$

$$\begin{aligned}
&= \sum_{j=1}^{n} \left(\frac{\gamma}{\sigma_j^2+\gamma}\right)^2 (\langle g_X, u_j\rangle_{\ell_2})^2 \\
&= \gamma^2 \sum_{j=1}^{n} \left(\frac{\sigma_j}{\sigma_j^2+\gamma}\right)^2 \sigma_j^{-2}(\langle g_X, u_j\rangle_{\ell_2})^2 \\
&\leq \gamma^2 \left(\frac{\sqrt{\gamma}}{\gamma+\gamma}\right)^2 \sum_{j=1}^{n} \sigma_j^{-2}(\langle g_X, u_j\rangle_{\ell_2})^2 = \frac{\gamma}{4}\|f^+\|_H^2 \leq \frac{\gamma}{4}\|f^*\|_H^2.
\end{aligned}$$

Auch die Datenfehlerschranke folgt über die SWZ:

$$\begin{aligned}
\|A_X f^\gamma - A_X f^{\gamma,\delta}\|_{\ell_2}^2 &= \left\|A_X \sum_{j=1}^{n} \frac{\sigma_j}{\sigma_j^2+\gamma} \left\langle g_X - g_X^\delta, u_j\right\rangle_{\ell_2} v_j\right\|_{\ell_2}^2 \\
&= \left\|\sum_{j=1}^{n} \frac{\sigma_j^2}{\sigma_j^2+\gamma} \left\langle g_X - g_X^\delta, u_j\right\rangle_{\ell_2} u_j\right\|_{\ell_2}^2 \\
&= \sum_{j=1}^{n} \left(\frac{\sigma_j^2}{\sigma_j^2+\gamma}\right)^2 (\left\langle g_X - g_X^\delta, u_j\right\rangle_{\ell_2})^2 \\
&\leq \|g_X - g_X^\delta\|_{\ell_2}^2 \qquad (3.19) \\
&\leq n\delta^2.
\end{aligned}$$

$\square$

3.3 L_2-Fehlerabschätzungen und Parameterbestimmung

Wir setzen nun bis zum Ende des Kapitels voraus, dass H nicht nur ein RKHS, sondern speziell ein Sobolevraum $H^\tau(\Omega)$ ist. In diesem Fall sind wir unter gewissen Zusatzannahmen in der Lage, L_2-Fehlerschranken herzuleiten. Wir untersuchen insbesondere den Einfluss der Datenmenge X und betrachten zunehmend dichtere Verteilungen. Neben der Voraussetzung 3.6 an die Lösbarkeit der Gleichung $Af = g$ und die Unabhängigkeit der Funktionale λ_j nehmen wir folgende Gegebenheiten an.

Voraussetzung 3.12.

1. Ω ist ein beschränktes Gebiet mit Lipschitz-stetigem Rand.

2. *Das betrachtete Problem ist mäßig schlecht gestellt vom Grad $\alpha \geq 0$ bezüglich der L_2-Sobolev-Skala, d.h. für alle $t \in \mathbb{R}$ gibt es Konstanten $c_2^t \geq c_1^t > 0$ mit*

$$c_1^t \|f\|_{H^t(\Omega)} \leq \|Af\|_{H^{t+\alpha}(\Omega)} \leq c_2^t \|f\|_{H^t(\Omega)}.$$

3. *Das Problem ist lösbar in einem Sobolevraum $H = H^\tau(\Omega)$ für einen Index $\tau > d/2$. Es existiert also eine Lösung $f^* \in H^\tau(\Omega)$ für $g \in R(A) \subseteq H^{\tau+\alpha}(\Omega)$.*

4. *Die absolute Messgenauigkeit ist δ, d.h. die Daten erfüllen $|g_i^\delta - g_i| \leq \delta$ für $i = 1,\ldots,n$ und alle $X = \{x_1,\ldots,x_n\} \subset \Omega$.*

Die Voraussetzungen 2 und 3 implizieren, dass $A : H^\tau(\Omega) \to R(A) \subseteq H^{\tau+\alpha}(\Omega)$ bijektiv ist. Die Annahmen 1 und 2 benötigen wir, um die in Abschnitt 2.2 eingeführten Sampling-Ungleichungen anwenden zu können.

Lemma 3.13. *Unter der Voraussetzung 3.12 gehören die Funktionale $\lambda_j := \delta_{x_j} \circ A$ zu H^* für $H = H^\tau(\Omega)$.*

Beweis. Für $f \in H^\tau(\Omega)$ haben wir $Af \in H^{\tau+\alpha}(\Omega)$ mit $\tau > d/2$. Somit sind insbesondere Punktauswertungen in $A(H^\tau(\Omega))$ stetig. □

Bemerkung 3.14. *Die Bedingung, dass Ω ein beschränktes Gebiet mit Lipschitz-stetigem Rand ist, garantiert insbesondere die Existenz eines stetigen Fortsetzungsoperators $E_\Omega : H^\tau(\Omega) \to H^\tau(\mathbb{R}^d)$. Daher können wir ohne Beschränkung der Allgemeinheit annehmen, dass alle betrachteten Funktionen auf ganz $\mathbb{R}^d$ statt nur auf Ω definiert sind.*

3.3.1 Konvergenz für exakte Daten

Wir benutzen nun die Voraussetzung, dass A endliche Glattheit α besitzt, und wenden die Sampling-Ungleichung aus Satz 2.11 mit $\sigma = \alpha$ an. Die Voraussetzungen $\theta > d/2$ und $\sigma \in [0, \lfloor \theta \rfloor]$ diskutieren wir anschließend und stellen eine Verbindung zur Kernglattheit τ her. Mit $c_1 := c_1^0$ haben wir

$$\begin{aligned}\|f^* - f^\gamma\|_{L_2(\Omega)} &\leq \frac{1}{c_1}\|Af^* - Af^\gamma\|_{H^\alpha(\Omega)}\\ &\leq \frac{C}{c_1}\left(h^{\theta-\alpha}\|Af^* - Af^\gamma\|_{H^\theta(\Omega)} + h^{\frac{d}{2}-\alpha}\|Af^* - Af^\gamma\|_{\ell_2(X)}\right).\end{aligned}$$

Mit $C_1 := \frac{C}{c_1}$ folgt durch erneute Anwendung der Glättungseigenschaft von A sowie zusätzlich Lemma 3.11 die Ungleichung

$$\|f^* - f^\gamma\|_{L_2(\Omega)} \leq C_1 \left(c_2^{\theta-\alpha} h^{\theta-\alpha}\|f^* - f^\gamma\|_{H^{\theta-\alpha}(\Omega)} + h^{\frac{d}{2}-\alpha}\frac{\sqrt{\gamma}}{2}\|f^*\|_H\right). \quad (3.20)$$

Nun können wir $H := H^{\theta-\alpha}(\Omega)$ bzw. $\theta := \tau+\alpha$ wählen, wobei τ die Glattheit von Φ bezeichnet. Die einzige Bedingung an die Sampling-Ungleichung ist nun $\tau + \alpha > \frac{d}{2}$, da die zusätzliche Anforderung $\alpha \in [0, \tau+\alpha]$ trivialerweise erfüllt ist. Damit H einen reproduzierenden Kern besitzt, haben wir jedoch bereits $\tau > d/2$ angenommen. Daher sind alle Voraussetzungen erfüllt und wir können die Approximationsfehlerabschätzung aus Korollar 3.9 einsetzen, um folgenden Satz abzuleiten.

Satz 3.15. *(L_2-Fehlerschranke für exakte Daten)*
Für $H = H^\tau(\mathbb{R}^d)$ mit $\tau > \frac{d}{2}$ existiert für hinreichend kleine Füllabstände h eine Konstante $C_1 = C_1(\tau, d, \Omega, A) > 0$ mit

$$\|f^* - f^\gamma\|_{L_2(\Omega)} \leq C_1 \left(2c_2^\tau h^\tau + \frac{1}{2}h^{\frac{d}{2}-\alpha}\sqrt{\gamma}\right)\|f^*\|_H.$$

Beweis. Wir verwenden (3.20) und erhalten

$$\begin{aligned}\|f^* - f^\gamma\|_{L_2(\Omega)} &\leq C_1 \left(c_2^\tau h^\tau \|f^* - f^\gamma\|_H + \frac{1}{2} h^{\frac{d}{2}-\alpha} \sqrt{\gamma} \|f^*\|_H\right) \\ &\leq C_1 \left(2 c_2^\tau h^\tau \|f^*\|_H + \frac{1}{2} h^{\frac{d}{2}-\alpha} \sqrt{\gamma} \|f^*\|_H\right).\end{aligned}$$

□

Der Operator A geht also nur über die Konstante C_1 und die Glättungseigenschaft α aus Voraussetzung 3.12 in die L_2-Abschätzung ein. Wegen Bemerkung 3.14 ist der zweite Faktor auf der rechten Seite nur noch über den Füllabstand vom Gebiet Ω abhängig. Unter der a-priori-Information $\rho = \|f^*\|_H$ kann man daher das Fehlermaß

$$r(\gamma, h) := \rho \left(2 c_2^\tau h^\tau + \frac{1}{2} h^{\frac{d}{2}-\alpha} \sqrt{\gamma}\right) \tag{3.21}$$

betrachten und die partiellen Ableitungen ausrechnen, um eine Parameterwahl herzuleiten. Da für alle $\gamma > 0$

$$\frac{\partial r}{\partial \gamma} = \frac{1}{4\sqrt{\gamma}} \rho h^{\frac{d}{2}-\alpha} > 0$$

gilt, wird der Fehler minimal für $\gamma \to 0$. Die zweite Optimalitätsanforderung ist

$$\frac{\partial r}{\partial h} = \rho \left(2 c_2^\tau \tau h^{\tau-1} + \frac{1}{2} \left(\frac{d}{2} - \alpha\right) \sqrt{\gamma} h^{\frac{d}{2}-\alpha-1}\right) \stackrel{!}{=} 0.$$

Offensichtlich gilt für $\alpha \leq \frac{d}{2}$ stets $\frac{\partial r}{\partial h} > 0$, woraus folgt, dass das Fehlermaß in diesem Fall für $h \to 0$ minimal wird. Für $\alpha > \frac{d}{2}$ kann die Bedingung zu

$$\left(\alpha - \frac{d}{2}\right) h^{\frac{d}{2}-\alpha-1} \sqrt{\gamma} = 4 c_2^\tau \tau h^{\tau-1}$$

umgeschrieben werden, was sich wiederum zu

$$\gamma = \left(\frac{4 c_2^\tau \tau}{\alpha - \frac{d}{2}}\right)^2 h^{2(\tau+\alpha)-d}$$

vereinfacht. Da die Verbindung von γ und h also im Fall $\alpha > \frac{d}{2}$ und $\gamma \to 0$ bereits $h \to 0$ impliziert, kann die abgeleitete Parameterwahl für γ auch für $\alpha \leq \frac{d}{2}$ verwendet werden. Diese Überlegungen gestatten nun die Herleitung folgenden Konvergenzresultats, das eine Verallgemeinerung des Regressionsfalls aus [104] ist.

Satz 3.16. *(Konvergenz und Parameterwahl für exakte Daten)*
Für $H = H^\tau(\mathbb{R}^d)$, $\tau > \frac{d}{2}$ und hinreichend kleine Füllabstände h erlaubt die Parameterwahl

$$\gamma \simeq h^{2(\tau+\alpha)-d}$$

die Fehlerabschätzung

$$\|f^* - f^\gamma\|_{L_2(\Omega)} \leq C_1 h^\tau \|f^*\|_H$$

mit einer Konstanten $C_1 = C_1(\tau, d, \Omega, A) > 0$. Somit ist die TP-Methode, angewandt auf die Interpolationsaufgabe (3.1) bzw. das Problem $A_X f = g_X$, bei angepasster Parameterwahl konvergent von der Ordnung τ, falls exakte Daten zur Verfügung stehen. Desweiteren ist die Rekonstruktion stabil im Sinne von Korollar 3.9 und Lemma 3.10.

Beweis. Die Behauptung folgt durch Einsetzen von $\gamma \simeq h^{2(\tau+\alpha)-d}$ in Satz 3.15. □

Bemerkung 3.17.

1. *Die a-priori-Information $\rho = \|f^*\|_H$ wurde zur Angabe eines ordnungsoptimalen Regularisierungsparameters nicht benötigt.*

2. *Differentiation des Fehlermaßes aus (3.21) nach τ liefert, dass der Fehler für $\tau \to \infty$ minimal wird, d.h. falls die Lösung f^* im Schwartzraum liegt.*

3. *Eine Erweiterung von Satz 3.16 auf H^σ-Fehlerabschätzungen ist ohne Schwierigkeiten möglich.*

Im nächsten Abschnitt betrachten wir die Situation gestörter Daten und gehen auf ähnliche Weise wie bisher vor. Die a-priori-Information ρ wird in diesem Fall benötigt, um eine optimale Parameterwahl zu gewährleisten. Im Vordergrund wird wie bei allen Problemen mit verrauschten Daten die Balance zwischen Approximation und Stabilität stehen. Als ausschlaggebendes Kriterium erweist sich die Stabiliät im Funktionenraum und nicht die Approximationsgüte. Trotzdem verfolgen wir zunächst den bisher eingeschlagenen Weg der Minimierung des Approximationsfehlers über den Regularisierungsparameter, bevor wir die Parameterwahl an die Stabilitätsanforderung anpassen, da auf diese Weise eine explizite Gewichtung zwischen Approximationsgüte und Stabilität möglich wird.

3.3.2 Saturation für gestörte Daten

Für gestörte Daten können wir L_2-Fehlerschranken analog zur Situation exakter Daten herleiten, da die dazu benötigten Grundlagen aus Abschnitt 3.2 zur Verfügung stehen.

Satz 3.18. *(L_2-Fehlerschranke für gestörte Daten)*
Für $H = H^\tau(\mathbb{R}^d)$, $\tau > \frac{d}{2}$ und hinreichend kleine Füllabstände h gilt die Abschätzung

$$\|f^* - f^{\gamma,\delta}\|_{L_2(\Omega)} \leq C_1 \left(c_2^\tau h^\tau \left(2\|f^*\|_H + \frac{\delta}{2}\sqrt{\frac{n}{\gamma}} \right) + h^{\frac{d}{2}-\alpha} \left(\frac{\sqrt{\gamma}}{2}\|f^*\|_H + \sqrt{n}\delta \right) \right)$$

mit einer Konstanten $C_1 = C_1(\tau, d, \Omega, A) > 0$. Der L_2-Fehler wird minimal für

$$\gamma \simeq \frac{\delta}{\rho} h^{\tau+\alpha-\frac{d}{2}} \sqrt{n}.$$

Beweis. Wie im Fall exakter Daten verwenden wir die Sampling-Ungleichung aus Satz 2.11 mit $\sigma = \alpha$ und $\theta = \tau + \alpha$. Damit erhalten wir

$$\|f^* - f^{\gamma,\delta}\|_{L_2(\Omega)} \leq \frac{C}{c_1} \left(h^{\theta-\alpha} \|Af^* - Af^{\gamma,\delta}\|_{H^\theta(\Omega)} + h^{\frac{d}{2}-\alpha} \|Af^* - Af^{\gamma,\delta}\|_{\ell_2(X)} \right).$$

Mit der Notation $C_1 = \frac{C}{c_1}$, Korollar 3.9 und Lemma 3.11 können wir weiter folgern:

$$\begin{aligned}
&\|f^* - f^{\gamma,\delta}\|_{L_2(\Omega)} \\
&\leq C_1 \left(c_2^{\theta-\alpha} h^{\theta-\alpha} \|f^* - f^{\gamma,\delta}\|_{H^{\theta-\alpha}(\Omega)} + h^{\frac{d}{2}-\alpha} \left(\frac{\sqrt{\gamma}}{2} \|f^*\|_H + \sqrt{n}\delta \right) \right) \\
&\leq C_1 \left(c_2^\tau h^\tau \left(2\|f^*\|_H + \frac{\delta}{2}\sqrt{\frac{n}{\gamma}} \right) + h^{\frac{d}{2}-\alpha} \left(\frac{\sqrt{\gamma}}{2} \|f^*\|_H + \sqrt{n}\delta \right) \right).
\end{aligned}$$

Ein Fehlermaß für gestörte Daten ist daher durch

$$r(\gamma, \tau) := c_2^\tau h^\tau \left(2\rho + \frac{\delta}{2}\sqrt{\frac{n}{\gamma}} \right) + h^{\frac{d}{2}-\alpha} \left(\frac{\sqrt{\gamma}}{2}\rho + \sqrt{n}\delta \right) \quad (3.22)$$

gegeben. Für den Moment vernachlässigen wir die Abhängigkeit von h, da n und h sich gegenseitig bedingen. Differentiation nach γ liefert

$$\frac{\partial r}{\partial \gamma} = -c_2^\tau \frac{\delta}{4}\sqrt{n} h^\tau \gamma^{-\frac{3}{2}} + \frac{\rho}{4} h^{\frac{d}{2}-\alpha} \gamma^{-\frac{1}{2}} \stackrel{!}{=} 0,$$

was sich zu

$$c_2^\tau \delta \sqrt{n} h^\tau \frac{1}{\gamma} = \rho h^{\frac{d}{2}-\alpha}$$

vereinfachen lässt und zu folgendem Regularisierungsparameter führt:

$$\gamma^* := c_2^\tau \frac{\delta}{\rho} h^{\tau+\alpha-\frac{d}{2}} \sqrt{n}.$$

$\square$

Der Einfluss der Kernglattheit τ auf das Fehlermaß erweist sich als analog zum Fall exakter Daten, da

$$\frac{\partial r}{\partial \tau} = c_2^\tau \log(h) h^\tau \left(2\rho + \frac{\delta}{2}\sqrt{\frac{n}{\gamma}} \right) < 0$$

ist für $h < 1$. Somit wird der Fehler wieder wie erwartet für $\tau \to \infty$ minimal.

Anders als in der Situation exakter Daten benötigt man nun die a-priori-Information und natürlich das Datenfehlerniveau zur Bestimmung des optimalen Regularisierungsparameters. Ein Vergleich mit der Parameterwahl aus Satz 3.16 kann nur durch Spezifizierung der Abhängigkeit von h und n erfolgen. Wir werden dies für den Fall tun, dass der Füllabstand $h = h_{X,\Omega}$ äquivalent zum Separierungsabstand

$$q_X := \min\{\|x_i - x_j\|_2 \mid i, j = 1, \ldots, n,\ i \neq j\} \quad (3.23)$$

ist. In dieser Konstellation bezeichnet man die Datenverteilung als quasi-uniform. Desweiteren gilt dann $n \simeq h^{-d}$ (siehe [101]), und die Parameterwahl aus Satz 3.18 vereinfacht sich zu

$$\gamma \simeq \frac{\delta}{\rho} h^{\tau+\alpha-d}. \qquad (3.24)$$

Verglichen mit der Situation exakter Daten aus Satz 3.16 hat sich der Exponent von h um $\tau + \alpha$ verringert, wodurch sich für $h < 1$ ein größerer Regularisierungsparameter ergibt. Dies erklärt sich durch die Tatsache, dass für gestörte Daten eine stärkere Stabilisierung notwendig ist. Für quasi-uniforme Daten kann nun die L_2-Fehlerabschätzung aus Satz 3.18 vereinfacht werden.

Korollar 3.19. *(Minimaler L_2-Fehler für gestörte Daten)*
Für $H = H^\tau(\mathbb{R}^d)$, $\tau > \frac{d}{2}$, quasi-uniforme Daten $X \subset \Omega$ und hinreichend kleine Füllabstände h liefert die Parameterwahl $\gamma = \frac{\delta}{\rho} h^{\tau+\alpha-d}$ unter der gegebenen a-priori-Information $\rho = \|f^*\|_H$ die Fehlerabschätzung

$$\|f^* - f^{\gamma,\delta}\|_{L_2(\Omega)} \leq C_2 \left(2\rho h^\tau + \sqrt{\delta\rho} h^{\frac{\tau-\alpha}{2}} + \delta h^{-\alpha} \right)$$

mit einer Konstanten $C_2 = C_2(\tau, d, \Omega, A) > 0$.

Beweis. Einsetzen von $n = h^{-d}$ in die Fehlerschranke aus Satz 3.18 ergibt

$$\|f^* - f^{\gamma,\delta}\|_{L_2(\Omega)} \leq C_1\, r(\gamma, h, \tau)$$

mit dem Fehlermaß

$$\begin{aligned}
r(\gamma, h, \tau) &:= c_2^\tau \left(2\rho h^\tau + \frac{\delta}{2} \gamma^{-\frac{1}{2}} h^{\tau-\frac{d}{2}} \right) + \frac{\rho}{2} \gamma^{\frac{1}{2}} h^{\frac{d}{2}-\alpha} + \delta h^{-\alpha} \\
&\leq \max\{c_2^\tau, 1\} \left(2\rho h^\tau + \frac{\delta}{2} \gamma^{-\frac{1}{2}} h^{\tau-\frac{d}{2}} + \frac{\rho}{2} \gamma^{\frac{1}{2}} h^{\frac{d}{2}-\alpha} + \delta h^{-\alpha} \right).
\end{aligned}$$

Die Wahl $\gamma = \frac{\delta}{\rho} h^{\tau+\alpha-d}$ und die Abkürzung $C_2 := C_1 \max\{c_2^\tau, 1\}$ liefern damit

$$r(\gamma^*, h, \tau) \leq C_2 \left(2\rho h^\tau + \sqrt{\delta\rho} h^{\frac{\tau-\alpha}{2}} + \delta h^{-\alpha} \right).$$

□

Offensichtlich kann man in der Situation gestörter Daten wegen des Terms $h^{-\alpha}$ keinen verschwindenden L_2-Fehlerterm mehr erwarten. Lediglich für Regressionsprobleme, d.h. für $A = \text{id}$, gilt $\alpha = 0$, und somit kann beliebig fein diskretisiert werden ohne die Rekonstruktionsergebnisse zu verschlechtern. Allerdings bleibt die obere Schranke $C_2 \delta$ erhalten, es liegt also keine Konvergenz mehr vor. Außerdem bemerken wir, dass die Minimierung der oberen Schranke des Residuums nach h keine befriedigenden Resultate zur Selektion einer guten Diskretisierungsfeinheit bringt, da wir den Einfluss der im Allgemeinen unbekannten operatorabhängigen Konstanten c_2^τ in der letzten Rechnung vernachlässigt haben. Nur falls diese Konstante bekannt ist oder zumindest gute Schranken zur Verfügung stehen, kann eine direkte Minimierung des Fehlermaßes zum Erfolg führen.

Unglücklicherweise garantiert die durch Minimierung des L_2-Fehlers hergeleitete Parameterwahl keine Stabilität in $H = H^\tau(\mathbb{R}^d)$. Dies sieht man durch Einsetzen von $\gamma = ch^{\tau+\alpha-d}$ mit einem Parameter $c > 0$ in die Abschätzung aus Lemma 3.10 unter der Voraussetzung quasiuniformer Daten:

$$\|f^{\gamma,\delta}\|_H \leq \|f^*\|_H + \frac{\delta}{2}\sqrt{\frac{n}{\gamma}} = \|f^*\|_H + \frac{\delta}{2}h^{-\frac{d}{2}}c^{-\frac{1}{2}}h^{-\frac{\tau}{2}-\frac{\alpha}{2}+\frac{d}{2}} = \|f^*\|_H + \frac{\delta}{2\sqrt{c}}h^{-\frac{\tau+\alpha}{2}}.$$

Für kleine Füllabstände kann $\|f^{\gamma,\delta}\|_H$ also beliebig groß werden. Somit muss γ über das Stabilitätskriterium gewählt werden, um sowohl Stabilität im Hilbertraum als auch einen geringen L_2-Fehler zu gewährleisten. Trotzdem ist das Ergebnis aus Korollar 3.19 nützlich, da es als Referenz für die Güte der L_2-Approximation herangezogen werden kann.

Satz 3.20. *(Parameterwahl für gestörte Daten)*
Für $H = H^\tau(\mathbb{R}^d)$ mit $\tau > \frac{d}{2}$, hinreichend kleine Füllabstände h und $c > 0$ liefert die Parameterwahl

$$\gamma = \gamma_c := \left(\frac{\delta}{2c\rho}\right)^2 n$$

unter der a-priori-Information $\rho = \|f^*\|_H$ Stabilität im Hilbertraum im Sinne von

$$\|f^{\gamma,\delta}\|_H \leq (1+c)\|f^*\|_H,$$

sowie einen Approximationsfehler von

$$\|f^{\gamma,\delta} - f^*\|_{L_2(\Omega)} \leq C_2\left((2+c)\rho h^\tau + \left(1+\frac{1}{4c}\right)\delta h^{-\alpha+\frac{d}{2}}\sqrt{n}\right).$$

Dabei ist die Konstante $C_2 = C_2(\tau, d, \Omega, A) > 0$ gegeben als

$$C_2 = \frac{C}{c_1^0}\max\{c_2^\tau, 1\},$$

wobei $C = C(\tau, d, \Omega)$ die Konstante aus der Sampling-Ungleichung in Satz 2.11 bezeichnet und c_1^0, c_2^τ operatorabhängige Konstanten aus Voraussetzung 3.12 sind.

Beweis. Aus

$$\frac{\delta}{2}\sqrt{\frac{n}{\gamma_c}} = \frac{\delta}{2}\sqrt{n}\left(\frac{2c\rho}{\delta}\frac{1}{\sqrt{n}}\right) = c\|f^*\|_H$$

und Lemma 3.10 erhalten wir die Stabilitätsaussage

$$\|f^{\gamma,\delta}\|_H \leq (1+c)\|f^*\|_H.$$

Die L_2-Fehlerabschätzung ist eine direkte Konsequenz aus Satz 3.18.

$$\|f^{\gamma,\delta} - f^*\|_{L_2(\Omega)} \leq C_2\left(h^\tau\left(2\|f^*\|_H + \frac{\delta}{2}\sqrt{\frac{n}{\gamma}}\right) + h^{\frac{d}{2}-\alpha}\left(\frac{\sqrt{\gamma}}{2}\|f^*\|_H + \sqrt{n}\delta\right)\right)$$

$$= C_2\left(h^\tau\left(2\|f^*\|_H + c\|f^*\|_H\right) + h^{\frac{d}{2}-\alpha}\left(\frac{\delta}{4c\rho}\sqrt{n}\|f^*\|_H + \sqrt{n}\delta\right)\right)$$

$$= C_2\left((2+c)\rho h^\tau + \left(1+\frac{1}{4c}\right)\delta h^{-\alpha+\frac{d}{2}}\sqrt{n}\right).$$

□

Die Balance zwischen Stabilität und Approximation kann nun über den Parameter c explizit gesteuert werden. Im Fall quasi-uniformer Daten erhöht sich der entscheidende Term $h^{-\alpha}$ in der Fehlerabschätzung relativ um $\frac{1}{4c}$ verglichen mit der L_2-Fehler-minimierenden Parameterwahl aus Korollar 3.19. Die Stabilitätsschranke hingegen erhöht sich verglichen mit der Situation exakter Daten relativ um c.

Korollar 3.21. *(Optimale Diskretisierungsfeinheit für gestörte Daten)*
Für quasi-uniforme Datenmengen X wird die Fehlerschranke für gestörte Daten aus Satz 3.20 minimal für

$$h \simeq \left(\frac{\delta}{\rho}\right)^{\frac{1}{\tau+\alpha}}.$$

Für das Fehlermaß

$$r_c(h,\delta,\rho) := (2+c)\rho h^\tau + \left(1+\frac{1}{4c}\right)\delta h^{-\alpha}$$

gilt bei Wahl dieser Diskretisierungsfeinheit

$$r_c \simeq \delta^{\frac{\tau}{\tau+\alpha}} \rho^{\frac{\alpha}{\tau+\alpha}}.$$

Beweis. Die Aussage folgt durch Differentiation des Fehlermaßes nach h und Einsetzen der optimalen Diskretisierungsfeinheit $h \simeq \left(\frac{\delta}{\rho}\right)^{\frac{1}{\tau+\alpha}}$ in r_c. □

Die nachgewiesene Fehlerordnung $\mathcal{O}(\delta^{\frac{\tau}{\tau+\alpha}} \rho^{\frac{\alpha}{\tau+\alpha}})$ wurde bereits in [68], Kapitel 4 als optimale Präzision eines beliebigen Rekonstruktionsverfahrens hergeleitet. Hier zeigt sich, dass der Quotient $\frac{\tau}{\tau+\alpha}$ ein Maß für die Schlechtgestelltheit des Ausgangsproblems (1.1) ist. Für $\tau \gg \alpha$ ist die Schlechtgestelltheit eher unproblematisch, wohingegen sich Datenfehler für $\tau \ll \alpha$ stark auf das Ergebnis auswirken. Weitergehende allgemeine Untersuchungen für Regularisierungsverfahren zur approximativen Lösung schlecht gestellter Probleme in Sobolevräumen finden sich in [43]. Auch die Einbeziehung alternativer a-priori-Informationen wird dort diskutiert.

Um die hergeleitete Parameterwahl zu testen, betrachten wir nun ein Beispiel, in dem alle gestellten Anforderungen erfüllt sind. Insbesondere konstruieren wir den Approximant im gleichen Sobolevraum, in dem die Lösung f^* liegt. Ebenso setzen wir die a-priori-Information $\rho = \|f^*\|_H$ als gegeben voraus.

Beispiel 3.22. Wir wählen $\Omega = [0,2]$ und betrachten den *Volterra-Operator*

$$Af(x) = \int_0^x f(t)\,dt, \tag{3.25}$$

der die Sobolev-Glättungseigenschaft $\alpha = 1$ hat. Die Lösung der Gleichung $Af = g$ sei

$$f^*(x) = \Phi_{1,0}(x,0) = (1-|x-0|)_+ = (1-x)_+.$$

Offensichtlich ist $f^* \in H^\tau(\Omega)$ mit $\tau = 1$ und wir haben

$$\|f^*\|_H^2 = \langle \Phi_{1,0}(\cdot,0), \Phi_{1,0}(\cdot,0)\rangle_H = \Phi_{1,0}(0,0) = 1.$$

Die rechte Seite ergibt sich durch Integration zu

$$g(x) = \int_0^x f^*(t)\, dt = \max\left\{x - \frac{1}{2}x^2, \frac{1}{2}\right\}.$$

Den Regularisierungsparameter wählen wir gemäß Satz 3.20 mit $c = 1$ als

$$\gamma := \left(\frac{\delta}{2}\right)^2 n.$$

Abb. 3.1,a zeigt den exakten und den verrauschten Datenvektor für $\delta = 0.03$. Die berechnete Rekonstruktion ist in Abb. 3.1,b zu sehen, wobei die Diskretisierung mit $n = 200$ äquidistanten Punkten durchgeführt wurde, so dass sich $\gamma = 0.045$ ergibt.

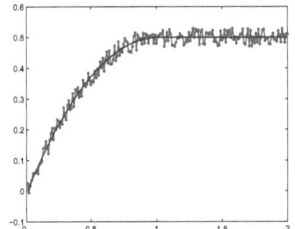
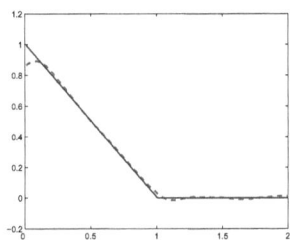

3.1,a: Diskrete exakte Daten (glatte Kurve) und gestörte diskrete Daten (erratisch).

3.1,b: Rekonstruktion für exakte (durchgezogen) und gestörte Daten (gestrichelt).

Abbildung 3.1: Diskrete Daten und TP-Rekonstruktionen in Beispiel 3.22.

3.4 Auswirkungen unterschiedlicher Fehlerterme

3.4.1 Relative deterministische Datenfehler

In Voraussetzung 3.12 sind wir von einem deterministischen, punktweise maximalen Datenfehler von δ ausgegangen. In manchen Situationen interessiert man sich jedoch für relative Datenfehler, weshalb wir in diesem Abschnitt

$$\left|\frac{g_i^\delta - g_i}{g_i}\right| \leq \delta, \quad i = 1, \ldots, n \qquad (3.26)$$

annehmen. Die entwickelte Fehlertheorie lässt sich leicht an diese Situation anpassen. Zunächst erhält man aus (3.26)

$$\|g_X - g_X^\delta\|_{\ell_2} \leq \delta \|g_X\|_{\ell_2} \leq \delta \left(\|g_X - g_X^\delta\|_{\ell_2} + \|g_X^\delta\|_{\ell_2}\right),$$

woraus für $\delta < 1$ die Datenfehlerschranke

$$\|g_X - g_X^\delta\|_{\ell_2} \leq \frac{\delta}{1-\delta}\|g_X^\delta\|_{\ell_2} \qquad (3.27)$$

folgt. Der gesamte diskrete Datenfehler lässt sich also mittels des Fehlerniveaus und der gestörten Messdaten abschätzen. Gemäß (3.18) nimmt die Datenfehlerschranke im Urbild die Form

$$\|f^{\gamma,\delta} - f^\gamma\|_H \leq \frac{1}{2\sqrt{\gamma}} \|g_X - g_X^\delta\|_{\ell_2} \leq \frac{1}{2\sqrt{\gamma}} \frac{\delta}{1-\delta} \|g_X^\delta\|_{\ell_2} \qquad (3.28)$$

an. Der gesamte Urbildfehler lässt sich dann mit Korollar 3.9 durch

$$\|f^{\gamma,\delta} - f^*\|_H \leq 2\|f^*\|_H + \frac{1}{2\sqrt{\gamma}} \frac{\delta}{1-\delta} \|g_X^\delta\|_{\ell_2} \qquad (3.29)$$

begrenzen. Mit (3.28) und Lemma 3.10 ist Stabilität durch

$$\|f^{\gamma,\delta}\|_H \leq \|f^\gamma\|_H + \|f^{\gamma,\delta} - f^\gamma\|_H \leq \|f^*\|_H + \frac{1}{2\sqrt{\gamma}} \frac{\delta}{1-\delta} \|g_X^\delta\|_{\ell_2} \qquad (3.30)$$

sichergestellt. Die Bildfehlerabschätzung des Datenfehlers aus Lemma 3.11 bzw. (3.19) schreibt sich nun als

$$\|A_X f^\gamma - A_X f^{\gamma,\delta}\|_{\ell_2} \leq \|g_X - g_X^\delta\|_{\ell_2} \leq \frac{\delta}{1-\delta} \|g_X^\delta\|_{\ell_2}, \qquad (3.31)$$

woraus sich mit der Approximationsfehlerabschätzung aus Lemma 3.11 die Schranke

$$\|A_X f^* - A_X f^{\gamma,\delta}\|_{\ell_2} \leq \frac{\sqrt{\gamma}}{2} \|f^*\|_H + \frac{\delta}{1-\delta} \|g_X^\delta\|_{\ell_2} \qquad (3.32)$$

für den gesamten Bildfehler ergibt.

Da wir nun alle Vorbereitungen abgeschlossen haben, können wir wieder wie in Satz 3.20 vorgehen, um eine stabilisierende Parameterwahl und eine entsprechende L_2-Abschätzung herzuleiten.

Satz 3.23. *Für $H = H^\tau(\mathbb{R}^d)$, $\tau > \frac{d}{2}$ und hinreichend kleine Füllabstände h liefert die Parameterwahl*

$$\gamma_c := \left(\frac{\delta \|g_X^\delta\|_{\ell_2}}{2c(1-\delta)\rho} \right)^2$$

unter der a-priori-Information $\rho = \|f^*\|_H$ für relative Datenfehler gemäß (3.26) mit $\delta < 1$ Stabilität im Hilbertraum im Sinne von

$$\|f^{\gamma,\delta}\|_H \leq (1+c)\|f^*\|_H,$$

sowie einen Approximationsfehler von

$$\|f^{\gamma,\delta} - f^*\|_{L_2(\Omega)} \leq C_2 \left((2+c)\rho h^\tau + \left(1 + \frac{1}{4c}\right) \frac{\delta}{1-\delta} \|g_X^\delta\|_{\ell_2} h^{-\alpha + \frac{d}{2}} \right).$$

Beweis. Durch Einsetzen der Parameterwahl in (3.30) erhält man die behauptete Urbildabschätzung. Der Rest des Beweises folgt analog zu Satz 3.20 durch Einsetzen von γ_c in die neuen Urbild- und Bildfehlerabschätzungen (3.29) bzw. (3.32) für die Situation relativer Datenfehler. □

Bemerkung 3.24. *Offensichtlich ist eine Adaption der Parameterwahl an unterschiedliche Fehlerterme im vorgestellten semi-diskreten Modell sehr einfach möglich. Es muss lediglich der diskrete Datenfehler $\|g_X - g_X^\delta\|_{\ell_2}$ gegen die Datenstörung δ bzw. die Norm $\|g_X^\delta\|_{\ell_2}$ der gemessenen Daten abgeschätzt werden. Eine Modifikation der grundlegenden Abschätzungen liefert dann mit der Vorgehensweise aus Satz 3.20 das gewünschte Ergebnis.*

3.4.2 Normalverteilte Datenfehler

Wir nehmen in diesem Abschnitt an, dass die Messwerte g_i durch normalverteilte Zufallsvariablen mit Varianz σ^2 gestört sind, d.h. dass

$$g_i^\delta - g_i \sim \mathcal{N}(0, \sigma^2), \quad i = 1, \ldots, n \qquad (3.33)$$

gilt. Desweiteren gehen wir von der Unabhängigkeit der einzelnen Messungen aus. Die Annahme unabhängig identisch verteilten Rauschens behalten wir auch in den folgenden Abschnitten bei. Wie die Notation in (3.33) andeutet, identifizieren wir zur besseren Übersicht Zufallsvariablen mit ihren Realisierungen.

Da die Summe der Quadrate von n unabhängigen standardnormalverteilten Zufallsvariablen χ^2-verteilt ist mit n Freiheitsgraden, und sich (3.33) in der Form

$$\frac{1}{\sigma}(g_i^\delta - g_i) \sim \mathcal{N}(0, 1)$$

schreiben lässt, folgt

$$\frac{1}{\sigma^2}\|g_X^\delta - g_X\|_{\ell_2}^2 \sim \chi_n^2.$$

Die Zufallsvariable

$$Z_n := \frac{1}{\sigma}\|g_X^\delta - g_X\|_{\ell_2} \qquad (3.34)$$

ist dann χ-verteilt mit n Freiheitsgraden und hat gemäß [42] die Dichtefunktion

$$f_{Z_n}(z) = \frac{1}{2^{\frac{n}{2}-1}\Gamma(\frac{n}{2})}e^{-\frac{z}{2}}z^{n-1}, \quad z \geq 0,$$

wobei Γ die Gammafunktion

$$\Gamma(x) = \int_0^\infty e^{-t}t^{x-1}dt$$

bezeichnet. Die ersten beiden Momente einer solchen Zufallsvariable sind durch

$$E(Z_n) = \sqrt{2}\frac{\Gamma(\frac{n+1}{2})}{\Gamma(\frac{n}{2})}, \quad V(Z_n) = n - 2\left(\frac{\Gamma(\frac{n+1}{2})}{\Gamma(\frac{n}{2})}\right)^2 \qquad (3.35)$$

gegeben. Wir erhalten außerdem eine einfachere und dennoch scharfe Abschätzung des Erwartungswertes, wenn wir eine der ebenfalls in [42] aufgelisteten Approximationen der Form

$E(Z_n) \approx \sqrt{n}$ einsetzen. Diese garantieren zwar nicht unmittelbar $E(Z_n) \leq \sqrt{n}$, diese Ungleichung lässt sich jedoch aus Basiswissen über die χ^2-Verteilung folgern. Da nach dem Varianzzerlegungssatz für jede Zufallsvariable

$$V(Z) = E(Z^2) - (E(Z))^2 \tag{3.36}$$

ist, haben wir die bekannte Abschätzung

$$E(Z) \leq \sqrt{E(Z^2)} \tag{3.37}$$

zur Verfügung. Für χ^2-verteilte Zufallsvariablen X_n mit n Freiheitsgraden gilt [42]

$$E(X_n) = n, \quad V(X_n) = 2n.$$

Somit folgt $E(Z_n) \leq \sqrt{n}$ für die Zufallsvariable aus (3.34) und damit

$$E\left(\|g_X^\delta - g_X\|_{\ell_2}\right) \leq \sigma\sqrt{n}. \tag{3.38}$$

Wir haben also den zu erwartenden Fehler auf einfache Weise scharf abgeschätzt und können nun wie bisher fortfahren, um Schranken für den erwarteten L_2-Fehler abzuleiten. Zunächst beschränken wir den erwarteten Urbilddatenfehler mittels (3.18) und (3.38) durch

$$E\left(\|f^{\gamma,\delta} - f^\gamma\|_H\right) \leq \frac{1}{2\sqrt{\gamma}} E\left(\|g_X - g_X^\delta\|_{\ell_2}\right) \leq \frac{\sigma\sqrt{n}}{2\sqrt{\gamma}}. \tag{3.39}$$

Der Erwartungswert des gesamten Urbildfehlers lässt sich wie in Korollar 3.9 durch

$$E\left(\|f^{\gamma,\delta} - f^*\|_H\right) \leq 2\|f^*\|_H + \frac{\sigma\sqrt{n}}{2\sqrt{\gamma}} \tag{3.40}$$

begrenzen. Stabilität ist mit (3.39) und Lemma 3.10 durch

$$E\left(\|f^{\gamma,\delta}\|_H\right) \leq \|f^*\|_H + \frac{\sigma\sqrt{n}}{2\sqrt{\gamma}} \tag{3.41}$$

gegeben. Die Bildfehlerabschätzung des Datenfehlers erhalten wir mit Lemma 3.11 als

$$E\left(\|A_X f^\gamma - A_X f^{\gamma,\delta}\|_{\ell_2}\right) \leq E\left(\|g_X - g_X^\delta\|_{\ell_2}\right) \leq \sigma\sqrt{n}. \tag{3.42}$$

Mit der Approximationsfehlerabschätzung aus Lemma 3.11 liefert dies die Schranke

$$E\left(\|A_X f^* - A_X f^{\gamma,\delta}\|_{\ell_2}\right) \leq \frac{\sqrt{\gamma}}{2}\|f^*\|_H + \sigma\sqrt{n} \tag{3.43}$$

für den gesamten zu erwartenden Bildfehler. Wir haben nun wieder alle nötigen Vorbereitungen abgeschlossen, um wie in Satz 3.20 eine Parameterwahl und eine L_2-Abschätzung für den Erwartungswert des Residuums herzuleiten.

Satz 3.25. *Für $H = H^\tau(\mathbb{R}^d)$, $\tau > \frac{d}{2}$ und hinreichend kleine Füllabstände h liefert die Parameterwahl*

$$\gamma_c := \left(\frac{\sigma}{2c\rho}\right)^2 n$$

unter der a-priori-Information $\rho = \|f^*\|_H$ für unabhängig identisch normalverteilte Datenfehler gemäß (3.33) Stabilität im Hilbertraum im Sinne von

$$E\left(\|f^{\gamma,\delta}\|_H\right) \leq (1+c)\|f^*\|_H,$$

sowie einen Approximationsfehler von

$$E\left(\|f^{\gamma,\delta} - f^*\|_{L_2(\Omega)}\right) \leq C_2\left((2+c)\rho h^\tau + \left(1 + \frac{1}{4c}\right)\sigma h^{-\alpha+\frac{d}{2}}\sqrt{n}\right).$$

Beweis. Die Behautpung folgt vollkommen analog zu Satz 3.20 und Satz 3.23. □

In diesem Abschnitt haben wir somit zum einen gezeigt, wie für stochastische Fehler eine Abschätzung des erwarteten ℓ_2-Fehlerniveaus der Daten verwendet werden kann, um die Parameterstrategie und die L_2-Abschätzung aus Abschnitt 3.3.2 zu modifizieren. Ein Vergleich von Satz 3.25 mit Satz 3.20 zeigt zum anderen, dass in der konkreten Situation unabhängig identisch normalverteilter Fehler die erwartete Stabilität und Approximation genau der Situation deterministischer Datenfehler mit $\|g_X^\delta - g_X\|_{\ell_\infty} \leq \delta$ entsprechen, falls die Standardabweichung gerade $\sigma = \delta$ ist.

3.4.3 Gleichverteilte Datenfehler

In diesem Abschnitt betrachten wir gleichverteilte, unabhängige Datenfehler auf dem Intervall $[-\delta, \delta]$. Wir nehmen also

$$g_i^\delta - g_i \sim \mathrm{GV}([-\delta, \delta]), \quad i = 1, \ldots, n \tag{3.44}$$

an, wobei $\mathrm{GV}([a,b])$ die stetige Gleichverteilung auf $[a,b] \subset \mathbb{R}$ bezeichnet. Da die ersten beiden Momente einer Zufallsvariable $Z \sim \mathrm{GV}([a,b])$ durch

$$E(Z) = \frac{a+b}{2}, \quad V(Z) = \frac{1}{12}(b-a)^2$$

gegeben sind, gilt für die Messwerte

$$E(g_i^\delta - g_i) = 0, \quad V(g_i^\delta - g_i) = \frac{\delta^2}{3}.$$

Mit dem Varianzzerlegungssatz folgt $E((g_i^\delta - g_i)^2) = \frac{\delta^2}{3}$ und durch Aufsummieren

$$E(\|g_X^\delta - g_X\|_{\ell_2}^2) = \frac{\delta^2}{3} n.$$

Mit (3.37) können wir nun

$$E(\|g_X^\delta - g_X\|_{\ell_2}) \leq \frac{\delta}{\sqrt{3}}\sqrt{n} \tag{3.45}$$

schließen. Der zu erwartende diskrete Datenfehler ist also um den Faktor $\sqrt{3}$ niedriger als der durch direkte Abschätzung bestimmte Term, den wir mit der deterministischen Fehlerannahme aus Voraussetzung 3.12 erhalten. Entsprechend ergibt sich im Vergleich mit Satz 3.20 bei angepasster Parameterwahl im entscheidenden Fehlerterm eine Verbesserung um den Faktor $\sqrt{3}$ bei gleichbleibender Stabilität.

Satz 3.26. *Für $H = H^\tau(\mathbb{R}^d)$, $\tau > \frac{d}{2}$ und hinreichend kleine Füllabstände h liefert die Parameterwahl*

$$\gamma_c := \frac{1}{12}\left(\frac{\delta}{c\rho}\right)^2 n$$

unter der a-priori-Information $\rho = \|f^*\|_H$ für gleichverteilte Datenfehler gemäß (3.44) Stabilität im Hilbertraum im Sinne von

$$E\left(\|f^{\gamma,\delta}\|_H\right) \leq (1+c)\|f^*\|_H,$$

sowie einen zu erwartenden Approximationsfehler von

$$E\left(\|f^{\gamma,\delta} - f^*\|_{L_2(\Omega)}\right) \leq C_2\left((2+c)\rho h^\tau + \frac{1}{\sqrt{3}}\left(1 + \frac{1}{4c}\right)\delta h^{-\alpha+\frac{d}{2}}\sqrt{n}\right).$$

Beweis. Die Behautpung folgt völlig analog zu Satz 3.20 und Satz 3.23. □

Die Verbesserung im Vergleich zur Abschätzung bei rein deterministischer Rechnung erklärt sich aus der Tatsache, dass nur noch der erwartete Fehler beschränkt wird und dass neben der absoluten Schranke δ nun die genaue Struktur des Fehlers eingeht. Zudem vererbt sich der Faktor $\sqrt{3}$, um den der erwartete diskrete Datenfehler niedriger als der maximal mögliche Datenfehler ist, auf das Verhältnis des erwarteten Urbildfehlers zum garantiert maximalen Urbildfehler. Die Zusatzinformation über die Gleichverteilung der Datenfehler kann also zur Stabilisierung genutzt werden.

3.4.4 Poisson-verteilte Datenfehler

Wir nehmen in diesem Abschnitt ein unabhängig identisches Poisson-Rauschen

$$g_i^\delta - g_i \sim \text{Poisson}(\lambda), \quad i = 1, \ldots, n \tag{3.46}$$

an. Eine Zufallsvariable $Z \sim \text{Poisson}(\lambda)$ zum Parameter $\lambda \geq 0$ hat bekanntlich die diskrete Wahrscheinlichkeitsverteilung

$$P\{Z = k\} = \frac{\lambda^k}{k!}e^{-\lambda}, \quad k = 0, 1, \ldots,$$

Erwartungswert und Varianz von Z sind jeweils gleich λ. Mit dem Varianzzerlegungssatz (3.36) oder durch direktes Nachrechnen erhält man

$$E(Z^2) = V(Z) + (E(Z))^2 = \lambda(1 + \lambda).$$

Die Erwartungswertabschätzung (3.37) liefert daher für den erwarteten Datenfehler

$$E(\|g_X^\delta - g_X\|_{\ell_2}) \leq \sqrt{\sum_{i=1}^n E((g_i^\delta - g_i)^2)} = \sqrt{\lambda(1+\lambda)n}. \tag{3.47}$$

Analog zu den letzten Abschnitten zeigt man damit folgenden Satz.

Satz 3.27. *Für $H = H^\tau(\mathbb{R}^d)$, $\tau > \frac{d}{2}$ und hinreichend kleine Füllabstände h liefert die Parameterwahl*

$$\gamma_c := \frac{\lambda(1+\lambda)}{(2c\rho)^2} n$$

unter der a-priori-Information $\rho = \|f^*\|_H$ für Poisson-verteilte Datenfehler gemäß (3.46) Stabilität im Hilbertraum im Sinne von

$$E\left(\|f^{\gamma,\delta}\|_H\right) \leq (1+c)\|f^*\|_H,$$

sowie einen Approximationsfehler von

$$E\left(\|f^{\gamma,\delta} - f^*\|_{L_2(\Omega)}\right) \leq C_2 \left((2+c)\rho h^\tau + \left(1 + \frac{1}{4c}\right) \sqrt{\lambda(1+\lambda)} h^{-\alpha + \frac{d}{2}} \sqrt{n}\right).$$

Beweis. Die Behautpung folgt erneut wie in Satz 3.20 und Satz 3.23. □

Ein Poisson-verteiltes Rauschen ist im Hinblick auf Anwendungen von Interesse, da sich damit Zählprozesse adäquat modellieren lassen. Immer dann, wenn die Gesamtzahl unabhängiger, für sich allein unwahrscheinlicher Einzelereignisse geschätzt werden soll, verwendet man Poisson-verteilte Zufallsvariablen. Die Rechtfertigung liefert ein elementarer Approximationssatz über die Konvergenz der Summe unabhängig binomialverteilter Zufallsvariablen gegen eine Poisson-Verteilung [48].

In Abschnitt 3.4.1 wurde gezeigt, wie für deterministische Datenfehler alle benötigten Abschätzungen auf relative Fehlerterme übertragen werden können. Im Fall von stochastischem Rauschen gestaltet sich die Herleitung einer Parameterwahl für relative Fehler nicht wesentlich komplizierter, allerdings können entsprechende Erwartungswertabschätzungen nicht mehr gezeigt werden, da der Erwartungswert der ℓ_2-Norm der gestörten Daten in dieser Situation von den unbekannten, exakten Daten abhängt. Da wir jedoch mit den gestörten Messdaten zumindest einen Schätzwert für die bei vielen Messungen zu erwartende durchschnittliche ℓ_2-Norm zur Hand haben, können wir dennoch eine vernünftige Parameterwahl angeben. Wir beginnen wieder mit normalverteiltem Rauschen und übertragen die Vorgehensweise dann auf gleichverteilte bzw. Poisson-verteilte Datenfehler.

3.4.5 Relative normalverteilte Datenfehler

In diesem Abschnitt untersuchen wir den erwarteten Datenfehler unter der Annahme, dass die relativen punktweisen Datenfehler unabhängig identisch normalverteilt sind, d.h. wir nehmen

$$\frac{g_i^\delta - g_i}{g_i} \sim \mathcal{N}(0, \sigma^2), \quad i = 1, \ldots, n \tag{3.48}$$

an. Dies impliziert für alle Datenpunkte

$$g_i^\delta - g_i \sim \mathcal{N}(0, (\sigma g_i)^2).$$

Wegen
$$E((g_i^\delta - g_i)^2) = \left(E(g_i^\delta - g_i)\right)^2 + V(g_i^\delta - g_i) = (\sigma g_i)^2$$
gilt
$$E(\|g_X^\delta - g_X\|_{\ell_2}^2) = \sigma^2 \|g_X\|_{\ell_2}^2,$$
was zusammen mit der Erwartungswertabschätzung (3.37)
$$E(\|g_X^\delta - g_X\|_{\ell_2}) \leq \sigma \|g_X\|_{\ell_2} \qquad (3.49)$$
impliziert. Somit haben wir den erwarteten Datenfehler in Abhängigkeit der unbekannten exakten Daten g_X abgeschätzt. Einen Zusammenhang der rechten Seite mit der ℓ_2-Norm der gestörten Daten können wir wie folgt herstellen. Wegen
$$E\left(\left(g_i^\delta\right)^2\right) = \left(E(g_i^\delta)\right)^2 + V(g_i^\delta) = (1+\sigma^2) g_i^2$$
gilt
$$E(\|g_X^\delta\|_{\ell_2}^2) = (1+\sigma^2) \|g_X\|_{\ell_2}^2$$
und somit
$$\|g_X\|_{\ell_2} = \sqrt{\frac{E(\|g_X^\delta\|_{\ell_2}^2)}{1+\sigma^2}}.$$

Um die Notation möglichst einfach zu halten, haben wir bisher stets die Zufallsvariablen g_i^δ mit ihrer beobachteten Realisierung identifiziert. An dieser Stelle ist jedoch eine differenzierte Betrachtung nötig. Als Schätzung für den Erwartungswert der quadrierten ℓ_2-Norm der Datenzufallsvariable steht lediglich die Realisierung $\|g_X^\delta\|_{\ell_2}^2$ zur Verfügung. Daher ist der einzig verfügbare Schätzwert der ℓ_2-Norm der exakten Daten durch
$$\frac{\|g_X^\delta\|_{\ell_2}}{\sqrt{1+\sigma^2}}$$
gegeben, und gemäß (3.49) erhält man
$$\frac{\sigma}{\sqrt{1+\sigma^2}} \|g_X^\delta\|_{\ell_2} \qquad (3.50)$$
als Schätzwert der oberen Schranke für $\|g_X^\delta - g_X\|_{\ell_2}$. Das Stabilitätskriterium nimmt in diesem Fall die Form
$$\|f^*\|_H + \frac{1}{2\sqrt{\gamma}} \frac{\sigma}{\sqrt{1+\sigma^2}} \|g_X^\delta\|_{\ell_2} \stackrel{!}{=} (1+c) \|f^*\|_H$$
an und liefert die Parameterwahl
$$\gamma_c = \frac{\sigma^2}{1+\sigma^2} \left(\frac{\|g_X^\delta\|_{\ell_2}}{2c\rho}\right)^2. \qquad (3.51)$$

3.4.6 Relative gleichverteilte Datenfehler

Wir gehen in diesem Abschnitt wieder von identisch verteilten, relativen Datenfehlern aus, setzen nun jedoch für diese eine Gleichverteilung auf $[-\delta, \delta]$ voraus. Aus der Annahme

$$\frac{g_i^\delta - g_i}{g_i} \sim \mathrm{GV}([-\delta, \delta]), \quad i = 1, \ldots, n \tag{3.52}$$

ergibt sich für die absoluten Fehler

$$g_i^\delta - g_i \sim \mathrm{GV}([-\delta g_i, \delta g_i]), \quad i = 1, \ldots, n. \tag{3.53}$$

Gemäß Abschnitt 3.4.3 erhalten wir daraus

$$E(\|g_X^\delta - g_X\|_{\ell_2}^2) = \sum_{i=1}^n \frac{1}{3}(\delta g_i)^2 = \frac{\delta^2}{3}\|g_X\|_{\ell_2}^2,$$

und aus der Erwartungswertungleichung (3.37) folgt

$$E(\|g_X^\delta - g_X\|_{\ell_2}) \leq \frac{\delta}{\sqrt{3}}\|g_X\|_{\ell_2}. \tag{3.54}$$

Wir bringen nun die ℓ_2-Norm der unbekannten exakten Daten mit der erwarteten Norm der gestörten Daten in Verbindung. Wegen (3.53) gilt

$$g_i^\delta \sim \mathrm{GV}([(1-\delta)g_i, (1+\delta)g_i]), \quad i = 1, \ldots, n \tag{3.55}$$

und daher

$$\begin{aligned}
E\left(\left(g_i^\delta\right)^2\right) &= \left(E(g_i^\delta)\right)^2 + V(g_i^\delta) = g_i^2 + \frac{1}{12}(2\delta g_i)^2 \\
&= \left(1 + \frac{\delta^2}{3}\right)g_i^2.
\end{aligned}$$

Somit erhalten wir

$$E(\|g_X^\delta\|_{\ell_2}^2) = \left(1 + \frac{\delta^2}{3}\right)\|g_X\|_{\ell_2}^2$$

und damit

$$\|g_X\|_{\ell_2} = \sqrt{\frac{E(\|g_X^\delta\|_{\ell_2}^2)}{1 + \frac{\delta^2}{3}}}. \tag{3.56}$$

Da der einzige Schätzwert der quadrierten erwarteten ℓ_2-Norm der Daten durch die Realisierung $\|g_X^\delta\|_{\ell_2}^2$ gegeben ist, eignet sich

$$\frac{\|g_X^\delta\|_{\ell_2}}{\sqrt{1 + \frac{\delta^2}{3}}} \tag{3.57}$$

als Schätzung der ℓ_2-Norm der exakten diskreten Daten g_X. Setzt man dies in (3.54) ein, so ergibt sich als geschätzte Obergrenze des ℓ_2-Datenfehlers

$$\frac{\delta}{\sqrt{3}}\frac{\|g_X^\delta\|_{\ell_2}}{\sqrt{1 + \frac{\delta^2}{3}}} = \frac{\delta}{\sqrt{3 + \delta^2}}\|g_X^\delta\|_{\ell_2}. \tag{3.58}$$

Betrachtet man nun wieder das im gesamten Kapitel zu Grunde gelegte Stabilitätskriterium, so führt die Bestimmungsgleichung

$$\|f^*\|_H + \frac{1}{2\sqrt{\gamma}} \frac{\delta}{\sqrt{3+\delta^2}} \|g_X^\delta\|_{\ell_2} \stackrel{!}{=} (1+c)\|f^*\|_H$$

auf die Parameterwahl

$$\gamma_c = \frac{\delta^2}{3+\delta^2}\left(\frac{\|g_X^\delta\|_{\ell_2}}{2c\rho}\right)^2. \tag{3.59}$$

3.4.7 Relative Poisson-verteilte Datenfehler

Abschließend gehen wir nun von einem unabhängig identisch verteilten relativen Poisson-Rauschen aus, d.h. wir nehmen

$$\frac{g_i^\delta - g_i}{g_i} \sim \text{Poisson}(\lambda), \quad i = 1,\ldots,n \tag{3.60}$$

an. Nach Definition der Poisson-Verteilung gilt

$$P\left\{g_i^\delta - g_i = kg_i\right\} = \frac{\lambda^k}{k!}e^{-\lambda}.$$

Daraus errechnet man sofort die Momente

$$E(g_i^\delta - g_i) = \lambda g_i, \quad E((g_i^\delta - g_i)^2) = g_i^2 \lambda(1+\lambda).$$

Mit (3.37) erhält man nun

$$E(\|g_X^\delta - g_X\|_{\ell_2}) \leq \sqrt{\lambda(1+\lambda)}\|g_X\|_{\ell_2}. \tag{3.61}$$

Um in dieser Abschätzung von den unbekannten exakten zu den gestörten Daten zu gelangen, betrachten wir wie in den letzten Abschnitten die Verteilung der Zufallsvariablen g_i^δ. Für $i = 1,\ldots,n$ gilt offensichtlich

$$P\left\{g_i^\delta = g_i(1+k)\right\} = \frac{\lambda^k}{k!}e^{-\lambda},$$

und somit ergibt sich der Erwartungswert zu

$$E\left(g_i^\delta\right) = \sum_{k=0}^\infty g_i(1+k)\frac{\lambda^k}{k!}e^{-\lambda} = g_i\left(\sum_{k=0}^\infty \frac{\lambda^k}{k!}e^{-\lambda} + \sum_{k=0}^\infty k\frac{\lambda^k}{k!}e^{-\lambda}\right) = g_i(1+\lambda).$$

Für die quadrierten Messwerte berechnet man den Erwartungswert gemäß

$$\begin{aligned}
E\left((g_i^\delta)^2\right) &= \sum_{k=0}^\infty (g_i(1+k))^2 \frac{\lambda^k}{k!}e^{-\lambda} \\
&= g_i^2\left(\sum_{k=0}^\infty \frac{\lambda^k}{k!}e^{-\lambda} + 2\sum_{k=0}^\infty k\frac{\lambda^k}{k!}e^{-\lambda} + \sum_{k=0}^\infty k^2\frac{\lambda^k}{k!}e^{-\lambda}\right) \\
&= g_i^2\left(1 + 2\lambda + \lambda(1+\lambda)\right) \\
&= g_i^2(1 + 3\lambda + \lambda^2).
\end{aligned}$$

Folglich besteht der Zusammenhang

$$E(\|g_X^\delta\|_{\ell_2}^2) = (1 + 3\lambda + \lambda^2)\|g_X\|_{\ell_2}^2,$$

und damit

$$\|g_X\|_{\ell_2} = \sqrt{\frac{E(\|g_X^\delta\|_{\ell_2}^2)}{1 + 3\lambda + \lambda^2}}. \tag{3.62}$$

Verwendet man nun wieder die Realisierung $\|g_X^\delta\|_{\ell_2}^2$ als Schätzwert des Erwartungswerts der entsprechenden Zufallsvariable, so erhält man

$$\frac{\|g_X^\delta\|_{\ell_2}}{\sqrt{1 + 3\lambda + \lambda^2}} \tag{3.63}$$

als Schätzwert für die ℓ_2-Norm der exakten Daten. Durch Einsetzen in (3.61) ergibt sich somit

$$\sqrt{\frac{\lambda(1+\lambda)}{1 + 3\lambda + \lambda^2}} \|g_X^\delta\|_{\ell_2}$$

als Schätzwert für die ℓ_2-Norm des Datenfehlers. Das Stabilitätskriterium führt hier auf die Bestimmungsgleichung

$$\|f^*\|_H + \frac{1}{2\sqrt{\gamma}} \sqrt{\frac{\lambda(1+\lambda)}{1 + 3\lambda + \lambda^2}} \|g_X^\delta\|_{\ell_2} \stackrel{!}{=} (1+c)\|f^*\|_H,$$

woraus sich die Parameterwahl

$$\gamma_c = \frac{\lambda(1+\lambda)}{1 + 3\lambda + \lambda^2} \left(\frac{\|g_X^\delta\|_{\ell_2}}{2c\rho}\right)^2 \tag{3.64}$$

ableitet. Die Analogie zu den Parameterwahlen in (3.51) und (3.59) für relative normalverteilte bzw. gleichverteilte Datenfehler macht das Ergebnis plausibel.

3.5 Berücksichtigung von Randwerten

Nachdem wir in den letzten Abschnitten verschiedene Fehlermodelle untersucht haben, wollen wir noch kurz auf die Möglichkeit eingehen, Zusatzinformationen in den Rekonstruktionsprozess einzubeziehen. Die hergeleiteten Fehlerabschätzungen haben bereits verdeutlicht, dass eine Information über die Glattheit der Lösung entscheidend für eine angepasste Parameterwahl ist. Im Allgemeinen ist aber zusätzliches Wissen über das Randverhalten der Lösung nötig, um optimale Ergebnisse zu erhalten.

Im Beispiel des Stammfunktions-Operators mit Untergrenze $x = 0$ aus (3.25) besitzt die Gleichung $Af = g$ genau dann eine (eindeutige) Lösung, wenn $g \in C^1([0,2])$ mit $g(0) = 0$ ist. Selbst für solche rechten Seiten ist jedoch die Größe $f(0)$ aus g schwierig rekonstruierbar, da für den linken Randpunkt nur rechtsseitige Informationen vorliegen. Dieses Problem ist in Abb. 3.1,b auch gut erkennbar. Die Rekonstruktion strebt offenbar bei $x = 0$ gegen 0, obwohl der korrekte Wert $f^*(0) = 1$ ist. Das gewünschte Randverhalten an der Untergrenze kann also in diesem Beispiel nur durch Zusatzinformationen hergestellt werden.

Eine Möglichkeit bietet sich, wenn bekannt ist, dass f^* eine negative Nullstelle x' besitzt. In diesem Fall kann die untere Integrationsgrenze des Operators A zu x' abgeändert werden, und das Problem löst sich von selbst, wenn entsprechend geänderte Messwerte der rechten Seite vorliegen. Zwar sind diese im Allgemeinen nicht beobachtbar, jedoch können durch Interpolation künstliche Daten für $x \leq 0$ erzeugt werden, die eine Adaption des Operators und der Ausgangsdaten gestatten und das Problem in die gewünschte Form bringen. Wir illustrieren dies im Folgenden anhand von Beispiel 3.22.

Beispiel 3.28. *Wir betrachten wie in Beispiel 3.22 den Stammfunktions-Operator aus (3.25) und die Datenfunktion*

$$g(x) = \max\left\{x - \frac{1}{2}x^2, \frac{1}{2}\right\}.$$

Die Gleichung $Af = g$ besitzt also die Lösung $f^*(x) = (1-x)_+$. Wir setzen im Folgenden die Kenntnis der exakten Randwerte $f(0) = 1$ und $f'(0) = -1$ voraus. Nun erweitern wir das Rekonstruktionsgebiet auf $[-2, 2]$, indem wir eine Funktion $\overline{f}$ auf $[-2, 0]$ durch polynomiale Interpolation mit diesen beiden Bedingungen und der Zusatzforderung $\overline{f}(-2) = 0$ bestimmen und f^* dann mittels $\overline{f}$ fortsetzen. Der Ansatz $\overline{f}(x) = ax^2 + bx + c$ führt nach kurzer Rechnung auf $\overline{f}(x) = -\frac{3}{4}x^2 - x + 1$. Somit definieren wir die stetige Funktion

$$\widetilde{f}(x) := \begin{cases} \overline{f}(x) & , \ x \in [-2, 0] \\ f^*(x) & , \ x \in [0, 2] \end{cases}$$

als neue gesuchte Lösung. Desweiteren führen wir den Operator

$$\widetilde{A}f(x) := \int_{-2}^{x} f(t)\,dt, \quad x \in [-2, 2]$$

ein und erklären die neuen Daten durch

$$\widetilde{g}(x) := \int_{-2}^{x} \widetilde{f}(t)\,dt = \begin{cases} \int\limits_{-2}^{x} \overline{f}(t)\,dt & , \ x \in [-2, 0] \\ \int\limits_{-2}^{0} \overline{f}(t)\,dt + \int\limits_{0}^{x} f^*(t)\,dt & , \ x \in [0, 2] \end{cases}.$$

Mit der Definition $\overline{g}(x) := \int\limits_{-2}^{x} \overline{f}(t)\,dt$ vereinfacht sich dies zu

$$\widetilde{g}(x) = \begin{cases} \overline{g}(x) & , \ x \in [-2, 0] \\ \overline{g}(0) + g(x) & , \ x \in [0, 2] \end{cases}.$$

Durch Einsetzen von $\overline{f}$ und der ursprünglichen Daten g berechnet man nun

$$\widetilde{g}(x) = \begin{cases} -\frac{1}{4}x^3 - \frac{1}{2}x^2 + x + 2 & , \ x \in [-2, 0] \\ -\frac{1}{2}x^2 + x + 2 & , \ x \in [0, 1] \\ \frac{5}{2} & , \ x \in [1, 2] \end{cases}.$$

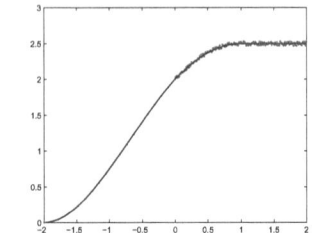

3.2,a: Erweiterte exakte Daten und gestörte Daten (auf linker Hälfte ebenfalls exakt).

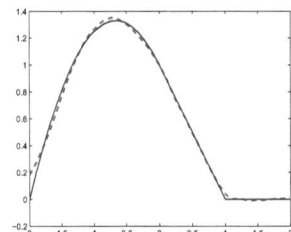

3.2,b: Rekonstruktionen für die erweiterten exakten (durchgezogen) und gestörten Daten (gestrichelt).

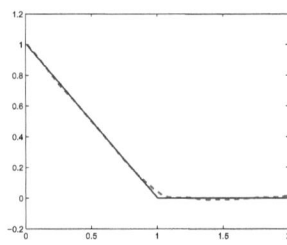

3.2,c: Abgeschnittene Rekonstruktionen für die erweiterten Daten.

Abbildung 3.2: Erweiterte Daten und TP-Rekonstruktionen in Beispiel 3.28.

Wie in Beispiel 3.22 gehen wir davon aus, dass von der ursprünglichen Datenfunktion $n = 200$ gestörte Messwerte mit punktweise maximalem Fehler der Größe $\delta = 0.03$ zur Verfügung stehen, und die Datenpunkte äquidistant in $[0, 2]$ verteilt sind. Die Punkte im Intervall $[-2, 0]$ sind dagegen frei wählbar, und die entsprechenden Funktionswerte können exakt generiert werden. Da die Rekonstruktion auf $[-2, 0)$ nicht von eigentlichem Interesse ist, sondern nur das Randverhalten in $x = 0$ gesteuert werden soll, begnügen wir uns mit $\bar{n} = 20$ zusätzlichen äquidistanten Datenpunkten.

Die Gestalt der neuen Daten ist in Abb. 3.2,a dargestellt. Die Lösung des Problems $\widetilde{A}f = \widetilde{g}$ ist in Abb. 3.2,b zu sehen, zur Verdeutlichung wurde der interessierende Ausschnitt in Abb. 3.2,c separat dargestellt. Es ist klar erkennbar, dass die Rekonstruktion nun auch am Rand zufriedenstellend ist.

3.6 Zusammenfassung und Ausblick

In diesem Kapitel wurde das semi-diskrete Tikhonov-Phillips-Verfahren in RKHS eingehend untersucht. Für exakte Daten wurde eine a-priori-Parameterwahl hergeleitet, welche die maximale Konvergenzordnung τ gewährleistet und gleichzeitig größtmögliche numerische Stabilität ga-

3 Semi-diskrete Tikhonov-Phillips-Regularisierung

rantiert. Als Hilfsmittel kam dabei eine Sampling-Ungleichung zum Einsatz, die im Gegensatz zu herkömmlichen multiplikativen Sobolev-Ungleichungen eine Abschätzung des Gesamtfehlers in Termen des Füllabstands gestattet.

Dies erlaubte auch die Herleitung expliziter a-priori-Parameterstrategien für absolute bzw. relative deterministische Datenfehler, die scharfe Abschätzungen der L_2-Approximationsfehler liefern und gleichzeitig Stabilität im Funktionenraum in der Form $\|f^{\gamma,\delta}\|_H \leq (1+c)\|f^*\|_H$ sicherstellen. Die entsprechenden Parameterwahlen und Approximationsfehler sind in Tabelle 3.1 veranschaulicht. Für $H = H^\tau(\Omega)$ ergibt sich der entsprechende L_2-Fehler durch Multiplikation mit $h^{-\alpha+\frac{d}{2}}$, wodurch für quasi-uniforme Daten die Größenordnung $h^{-\alpha}$ resultiert.

	$\|g_i^\delta - g_i\| \leq \delta$	$\left\|\frac{g_i^\delta - g_i}{g_i}\right\| \leq \delta$
Regularisierungsparameter γ	$\left(\frac{\delta}{2c\rho}\right)^2 n$	$\left(\frac{\delta}{2c(1-\delta)\rho}\right)^2 \|g_X^\delta\|_{\ell_2}^2$
garantierte Approximation	$\left(1+\frac{1}{4c}\right)\delta\sqrt{n}$	$\left(1+\frac{1}{4c}\right)\frac{\delta}{1-\delta}\|g_X^\delta\|_{\ell_2}$

Tabelle 3.1: TP-Verfahren: optimale Parameter und Approximationsfehler-Leitterme für deterministische Datenfehler.

Im Anschluss wurde ausgeführt, wie sich dieses Ergebnis auf unterschiedliche stochastische Fehlermodelle durch Betrachtung des erwarteten ℓ_2-Datenfehlers und der erwarteten Stabilität bzw. Approximationsgüte übertragen lässt. Dieser Schritt konnte durch die semi-diskrete Modellierung mit sehr wenig Aufwand durchgeführt werden, da im Gegensatz zu Standardmethoden keine Stochastik im Funktionenraum benötigt wurde. Stattdessen genügte hier eine spezifische Betrachtung des ℓ_2-Datenfehlers je nach Art des Rauschens. Die Ergebnisse für normalverteilte, gleichverteilte und Poisson-verteilte absolute Datenfehler sind in Tabelle 3.2 abgebildet.

	$g_i^\delta - g_i \sim \mathcal{N}(0, \sigma^2)$	$g_i^\delta - g_i \sim \mathrm{GV}([-\delta, \delta])$	$g_i^\delta - g_i \sim \mathrm{Poisson}(\lambda)$
Parameter γ	$\left(\frac{\sigma}{2c\rho}\right)^2 n$	$\frac{1}{12}\left(\frac{\delta}{c\rho}\right)^2 n$	$\frac{\lambda(1+\lambda)}{(2c\rho)^2} n$
erw. Approx.	$\left(1+\frac{1}{4c}\right)\sigma\sqrt{n}$	$\frac{1}{\sqrt{3}}\left(1+\frac{1}{4c}\right)\delta\sqrt{n}$	$\left(1+\frac{1}{4c}\right)\sqrt{\lambda(1+\lambda)}\sqrt{n}$

Tabelle 3.2: TP-Verfahren: optimale Parameter und Approximationsfehler-Leitterme für absolute stochastische Datenfehler.

Für relative stochastische Datenfehler ließ sich zwar keine L_2-Abschätzung mehr herleiten, sinnvolle Parameterwahlen konnten jedoch nach wie vor angegeben werden. Die Ergebnisse sind in Tabelle 3.3 zusammengefasst. Schließlich wurde im letzten Abschnitt illustriert, wie unerwünschte Randeffekte durch die Berücksichtigung von Zusatzinformationen zu vermeiden sind.

	$\frac{g_i^\delta - g_i}{g_i} \sim \mathcal{N}(0, \sigma^2)$	$\frac{g_i^\delta - g_i}{g_i} \sim \mathrm{GV}([-\delta, \delta])$	$\frac{g_i^\delta - g_i}{g_i} \sim \mathrm{Poisson}(\lambda)$
Parameter γ	$\frac{\sigma^2}{1+\sigma^2} \frac{1}{(2c\rho)^2} \|g_X^\delta\|_{\ell_2}^2$	$\frac{\delta^2}{3+\delta^2} \frac{1}{(2c\rho)^2} \|g_X^\delta\|_{\ell_2}^2$	$\frac{\lambda(1+\lambda)}{1+3\lambda+\lambda^2} \frac{1}{(2c\rho)^2} \|g_X^\delta\|_{\ell_2}^2$

Tabelle 3.3: TP-Verfahren: Parameterwahlen für relative stochastische Datenfehler.

Im nächsten Kapitel wenden wir uns nun weiteren Rekonstruktionsverfahren zu. Wir erläutern, wie die aus der Approximationstheorie bekannten Support-Vektor-Regressionsmethoden in das vorgestellte Modell eingepasst werden können. Dabei beschränken wir uns auf deterministische, absolute Fehler und leiten für diese erneut Parameterwahlen und L_2-Abschätzungen her. Im Verlauf des folgenden Kapitels zeigen wir, dass die Anforderung numerischer Stabilität die Projektion auf einen geeigneten Unterraum des zu Grunde gelegten RKHS erzwingt, weshalb wir zunächst Projektionsverfahren einführen und untersuchen.

4 Projektion und Support-Vektor-Regression

Bei Projektionsverfahren wird der Ansatzraum zur Konstruktion eines Approximanten auf einen Unterraum des Ausgangsraums H eingeschränkt. Da die Beschränkung auf Translationen des Kerns im einfachsten Fall auf die Lösung eines LGS mit asymmetrischer Matrix führt und das Grundkonzept der Kollokation erhalten bleibt, spricht man in diesem Kontext auch von asymmetrischer Kollokation. Dies mag insofern verwirren, als bei angepasster Hinzunahme eines TP-Regularisierungsterms die Lösung eines Gram-Systems erforderlich wird, und die resultierende Matrix symmetrisch ist. In diesem Kapitel stellen wir zunächst das klassische TP-Projektionsverfahren im eingeführten semi-diskreten Modell vor. Die Konvergenz- und Fehlertheorie wird sich durch Verlassen des optimalen Ansatzraums im Vergleich zur vorgestellten symmetrischen Kollokationsmethode als schwieriger erweisen, obgleich das Verfahren selbst leicht herzuleiten ist.

Danach diskutieren wir die Adaption von Support-Vektor-Regressionsverfahren (SVR-Verfahren) zur Lösung von Integralgleichungen. Die Idee bei diesen aus der Approximationstheorie bekannten Methoden ist die Vernachlässigung kleiner Bildfehler zur zusätzlichen Stabilisierung [15, 81, 91]. Eine Überanpassung an gestörte Daten, welche die Generalisierungseigenschaft des Approximanten zerstört, soll damit vermieden werden. Umgesetzt wird dieser Ansatz durch Abändern der Zielfunktion mittels eines zusätzlichen Parameters, der zusammen mit dem Regularisierungsparameter für Stabilität bei Datenfehlern sorgt. Es zeigt sich, dass nur eine gekoppelte Parameterstrategie bestmögliche Ergebnisse sicherstellt. Eine Fehlertheorie für diese Methoden ist bisher lediglich im Regressionsfall bekannt [77, 78]. Wir verallgemeinern diese Ergebnisse mit der Vorgehensweise aus Kapitel 3 auf mäßig schlecht gestellte Probleme.

Als Unterschied zur TP-Methode erweist sich die Tatsache, dass der symmetrische Kollokationsansatz bei den SVR-Verfahren praktisch undurchführbar ist, da die schlecht konditionierte symmetrische Kollokationsmatrix im Regularisierungsterm auftaucht. Dagegen stellt sich die asymmetrische Kollokationsmethode mit SVR als äußerst effektiv heraus. Wir weisen insbesondere nach, dass im Vergleich zu den TP-Methoden eine höhere Stabilität im Funktionenraum sowie eine verbesserte numerische Stabilität garantiert ist.

4.1 Projektion im TP-Verfahren

Im vorhergehenden Kapitel haben wir das TP-Verfahren in RKHS analysiert. Nachteilig bei dieser Methode ist die Notwendigkeit der Auswertung von Doppelintegralen zur Bestimmung der symmetrischen Kollokationsmatrix. Um dies zu umgehen, kann statt des optimalen Ansatzraums

$$H^*(A, X) := N(A_X)^\perp = \mathrm{span}\{\lambda_j^y \Phi(\cdot, y) \mid j = 1, \ldots, n\}$$

die Projektion auf einen Unterraum $H_Y := \mathrm{span}\{\Phi(\cdot, y_k) \mid k = 1, \ldots, m\} \subset H$ durchgeführt werden. In diesem Fall ist nur noch die asymmetrische Kollokationsmatrix von Interesse, zu deren Auswertung lediglich Einfachintegrale berechnet werden müssen. Allerdings ist eine Abschätzung des Approximanten gegen f^* nicht mehr ohne Weiteres möglich, da die Bildinterpolationsbedingung auf den Datenpunkten aus X durch das Verlassen des optimalen Ansatzraums nicht mehr garantiert ist.

Wir stellen im Folgenden das bekannte asymmetrische Kollokationsverfahren mit TP-Regularisierung im semi-diskreten Modell vor und zeigen, dass unter schwachen Voraussetzungen alle benötigten Abschätzungen adaptiert werden können. Statt der Ausgangsgleichung $A_X f = g_X$ betrachten wir nun das Problem

$$\min_{f \in H_Y} \{\|A_X f - g_X\|_{\ell_2}^2 + \gamma \|f\|_H^2\}. \tag{4.1}$$

Dies entspricht genau der klassischen Fehlerquadratmethode angewendet auf die semi-diskrete Gleichung $A_X f = g_X$ bei Projektion auf den Raum H_Y und zusätzlicher Tikhonov-Regularisierung (siehe [52], Kapitel 4.5).

Zunächst erinnern wir an die Definition der asymmetrischen Kollokationsmatrix $N_{A,\Phi,X,Y} \in \mathbb{R}^{m \times n}$, die gemäß (3.14) durch $(N_{A,\Phi,X,Y})_{kj} := \lambda_j^y \Phi(y_k, y)$ gegeben ist. Desweiteren benötigen wir nun die Gram-Matrix $G_{N,A,\Phi,X,Y} := N_{A,\Phi,X,Y} N_{A,\Phi,X,Y}^T$ mit Einträgen

$$(G_{N,A,\Phi,X,Y})_{kl} = \sum_{j=1}^n \lambda_j^y \Phi(y_k, y) \lambda_j^y \Phi(y_l, y), \quad k, l = 1, \ldots, m. \tag{4.2}$$

In der Situation $X = Y$ schreiben wir abkürzend $N_{A,\Phi,X}$ und $G_{N,A,\Phi,X}$.

Lemma 4.1. *Die Lösung von (4.1) ist gegeben durch*

$$f^{\gamma,Y} = \sum_{k=1}^m \alpha_k^{\gamma,Y} \Phi(\cdot, y_k), \tag{4.3}$$

wobei der Koeffizientenvektor $\alpha^{\gamma,Y}$ die eindeutige Lösung des Gleichungssystems

$$(G_{N,A,\Phi,X,Y} + \gamma \Phi_Y) \alpha = N_{A,\Phi,X,Y} g_X \tag{4.4}$$

ist. Im Spezialfall $\gamma = 0$ kann der Koeffizientenvektor auch als Lösung von

$$N_{A,\Phi,X,Y}^T \alpha = g_X \tag{4.5}$$

ermittelt werden, sofern dieses Gleichungssystem lösbar ist.

Beweis. Für $f = \sum_{k=1}^{m} \alpha_k \Phi(\cdot, y_k)$ können wir wegen der Symmetrie des Kerns die Zielfunktion

$$J(\alpha) = \sum_{i=1}^{n} \left(\sum_{k=1}^{m} \alpha_k \lambda_i^y \Phi(y_k, y) - g_i \right)^2 + \gamma \alpha^T \Phi_Y \alpha$$

betrachten und den Gradienten gleich Null setzen. Für $l = 1, \ldots, m$ ergeben sich die Optimalitätsbedingungen

$$\frac{\partial J}{\partial \alpha_l} = 2 \sum_{i=1}^{n} \left(\sum_{k=1}^{m} \alpha_k \lambda_i^y \Phi(y_k, y) - g_i \right) \lambda_i^y \Phi(y_l, y) + 2\gamma \sum_{k=1}^{m} \alpha_k \Phi(y_k, y_l) \stackrel{!}{=} 0.$$

Durch Vertauschen der Summation und Zusammenfassen der Terme des Koeffizientenvektors schreiben sich die Gleichungen als

$$\sum_{k=1}^{m} \left[\left(\sum_{i=1}^{n} \lambda_i^y \Phi(y_k, y) \lambda_i^y \Phi(y_l, y) \right) + \gamma \Phi(y_k, y_l) \right] \alpha_k = \sum_{i=1}^{n} g_i \lambda_i^y \Phi(y_l, y),$$

wodurch sich das LGS (4.4) ergibt. Da $G_{N,A,\Phi,X,Y}$ als Gram-Matrix positiv semidefinit ist, hat man analog zur Situation ohne Projektion aus Satz 3.2 für $\gamma > 0$ stets die eindeutige Lösbarkeit von (4.4).

Im unregularisierten Fall schreiben sich die Optimalitätsbedingungen als

$$\sum_{i=1}^{n} \left(\sum_{k=1}^{m} \alpha_k \lambda_i^y \Phi(y_k, y) - g_i \right) \lambda_i^y \Phi(y_l, y) = 0, \quad l = 1, \ldots, m.$$

Gilt bereits $N_{A,\Phi,X,Y}^T \alpha = g_X$, so ist die innere Summe für $i = 1, \ldots, n$ gleich Null, wodurch die Behauptung folgt. □

Bemerkung 4.2. *Die Bestimmung des Koeffizientenvektors als Lösung von (4.5) entspricht dem klassischen Kollokationsverfahren angewendet auf die semi-diskrete Ausgangsgleichung $A_X f = g_X$ (siehe [52], Kapitel 4.5). Obwohl die Lösbarkeit nicht immer garantiert ist, wurde ein entsprechendes LGS auch im Kontext partieller Differentialgleichungen verwendet [45, 46]. Im Spezialfall $X = Y$ wird häufig das diskrete System mit einem TP-Regularisierungsterm versehen, man betrachtet also*

$$\left(N_{A,\Phi,X}^T + \gamma I \right) \alpha = g_X. \tag{4.6}$$

Dieses LGS liefert jedoch nicht den Koeffizientenvektor der Lösung von (4.1). Stattdessen erfüllt jede Lösung von (4.6) das System

$$(G_{N,A,\Phi,X} + \gamma N_{A,\Phi,X}) \alpha = N_{A,\Phi,X}\, g_X. \tag{4.7}$$

Im Vergleich zu (4.4) hat sich also der Regularisierungsterm verändert.

Zusammengefasst ergibt sich die klassische semi-diskrete Fehlerquadratmethode für Hilberträume H mit reproduzierendem Kern und Projektion auf H_Y wie folgt.

Algorithmus 4.1. *(Semi-diskretes TP-Verfahren mit Projektion)*

Gegeben: $X = \{x_1, \ldots, x_n\} \subset \Omega$, *diskrete Daten* g_X^δ.

Gesucht: *Lösung* $f^* \in H$ *von* $Af = g$, *wobei* H *ein RKHS mit Kern* Φ *ist.*

1. *Wähle* $Y = \{y_1, \ldots, y_m\} \subset \Omega$ *und* $\gamma > 0$.

2. *Berechne die Kollokationsmatrizen*

$$(\Phi_Y)_{kl} = \Phi(y_k, y_l), \qquad k, l = 1, \ldots, m,$$
$$(N_{A,\Phi,X,Y})_{kj} = \int_\Omega k(x_j, t)\,\Phi(y_k, t)\,dt, \qquad k = 1, \ldots, m, \; j = 1, \ldots, n,$$
$$G_{N,A,\Phi,X,Y} = N_{A,\Phi,X,Y} N_{A,\Phi,X,Y}^T.$$

3. *Bestimme die Lösung* $\alpha^{\gamma,Y,\delta}$ *des LGS*

$$(G_{N,A,\Phi,X,Y} + \gamma \Phi_Y)\alpha = N_{A,\Phi,X,Y}\, g_X^\delta.$$

Ergebnis: $f^{\gamma,Y,\delta} = \sum_{k=1}^{m} \alpha_k^{\gamma,Y,\delta} \Phi(\cdot, y_k)$ ist eine Approximation an f^*.

Nachdem nun das Lösungsverfahren eingeführt ist, untersuchen wir, wie sich der durch Projektion auf H_Y mittels des TP-Funktionals

$$J^\gamma(f) := \|A_X f - g_X\|_{\ell_2}^2 + \gamma \|f\|_H^2 \tag{4.8}$$

ermittelte Approximant $f^{\gamma,Y}$ vom Approximant f^γ des entsprechenden Problems ohne Projektion unterscheidet. Dazu betrachten wir die Hilbertraumnorm sowie die Bildapproximationsgüte als Kriterien. Nach den Fehlerabschätzungen aus Kapitel 3 liegt es nahe, dass sich bei Kenntnis der Abweichungen in diesen Kriterien die weitere Fehlertheorie anpassen lässt.

Um die mit Projektion bestimmte Rekonstruktion $f^{\gamma,Y}$ mit der Lösung des symmetrischen Kollokationsansatzes f^γ bzw. der Optimallösung f^* vergleichen zu können, müssen wir eine Approximationseigenschaft an den Operator fordern. Dies erklärt sich dadurch, dass der für J^γ auf ganz H optimale Approximant f^γ eine Linearkombination der Funktionen $\lambda_j^y \Phi(\cdot, y)$ ist, und die Funktionale λ_j durch Anwendung von A und Punktauswertung in x_j definiert sind. Genauer benötigen wir, dass eine Quadraturformel existiert, die für eine beliebige Funktion $f \in H$ eine auf Ω gleichmäßige Approximation der Bildfunktion Af ermöglicht. Wir betrachten daher den durch eine Quadraturformel mit Knoten aus $Y = Y^{(m)} = \{y_1^{(m)}, \ldots, y_m^{(m)}\}$ diskretisierten Operator

$$A_m^w f(x) := \sum_{k=1}^{m} w_k^{(m)} k(x, y_k^{(m)}) f(y_k^{(m)}) \tag{4.9}$$

und fordern eine in f punktweise, jedoch auf Ω gleichmäßige Konvergenz der Ordnung $r > 0$. Es existiere also eine Folge $((w_k^{(m)})_{k=1}^m)_{m \in \mathbb{N}}$ von Gewichten mit

$$\forall f \in H \; \exists K = K(A, f, \Omega) > 0 \quad \text{mit} \quad \|(A - A_m^w)f\|_{L_\infty(\Omega)} \leq K h_Y^r. \tag{4.10}$$

Um diese Bedingung an die Quadraturmethode einzuordnen, zitieren wir ein bekanntes Beispiel aus [49], Kapitel 12.

Beispiel 4.3. *Für $\Omega = [a,b]$, $f \in C^2(\Omega)$ und $k \in C^2(\Omega \times \Omega)$ gilt unter Verwendung der Trapezregel die Abschätzung*

$$\|(A - A_m^w)f\|_{L_\infty(\Omega)} \leq \frac{1}{12}h^2(b-a) \max_{x,y \in \Omega}\left|\frac{\partial^2}{\partial y^2}(k(x,y)f(y))\right|,$$

wobei $h = \frac{b-a}{m}$ die Diskretisierungsfeinheit für m äquidistante Datenpunkte ist.

Alternative Voraussetzungen an Quadraturverfahren im Kontext semi-diskreter Probleme wurden beispielsweise in [34, 58, 86] gestellt. Ganz allgemein heißt ein Quadraturverfahren $(Q_m^w)_{m \in \mathbb{N}}$ mit

$$Q_m^w u := \sum_{k=1}^m w_k^{(m)} u(y_k^{(m)})$$

konvergent gegen das Zielfunktional

$$Qu := \int_\Omega \omega(x)\, u(x)\, dx,$$

wenn $(Q - Q_m^w)u \xrightarrow{m \to \infty} 0$ für alle $u \in C(\Omega)$ gilt, wobei $\Omega \subset \mathbb{R}^d$ als kompakt vorausgesetzt wird und ω eine Gewichtsfunktion bezeichnet. Unter Verwendung eines konvergenten Quadraturverfahrens folgt die Kollektivkompaktheit der Familie $(A_m^w)_{m \in \mathbb{N}}$ und damit punktweise (aber nicht gleichmäßige) Konvergenz von A_m^w gegen A (siehe [49], Kapitel 12). Allerdings erhält man im Allgemeinen keine Konvergenzordnung mehr. Unter der Bedingung (4.10) lässt sich jedoch die vorausgesetzte Konvergenzordnung bei fixierter Kollokationsmenge X auf die Rekonstruktion $f^{\gamma,Y}$ übertragen, sofern Y zunehmend dichter in Ω gewählt werden, d.h. falls $h_Y := h_{Y,\Omega} \to 0$ gilt.

Lemma 4.4. *Für $A : H \mapsto AH$ existiere eine gemäß (4.9) mittels Quadraturverfahren diskretisierte Operatorfamilie $(A_m^w)_{m \in \mathbb{N}}$, die im Sinne von (4.10) konvergent von der Ordnung r ist. Dann gelten für die Lösung $f^{\gamma,Y}$ von (4.1) und die Lösung f^γ des entsprechenden Problems ohne Projektion für $h_Y \to 0$ folgende Abschätzungen:*

$$\begin{aligned}\|f^{\gamma,Y}\|_H^2 - \|f^\gamma\|_H^2 &= \mathcal{O}(h_Y^r),\\ \|A_X f^{\gamma,Y} - A_X f^\gamma\|_{\ell_2}^2 &= \mathcal{O}(h_Y^r).\end{aligned}$$

Analoge Aussagen gelten bei Vergleich von $f^{\gamma,Y}$ mit der gesuchten Funktion f^*.

Beweis. Zunächst erhalten wir aus der Optimalität von $f^{\gamma,Y}$ in H_Y die Ungleichung

$$\gamma\|f^{\gamma,Y}\|^2 \leq J^\gamma(f^{\gamma,Y}) \leq J^\gamma(f) \quad \forall f \in H_Y. \tag{4.11}$$

Die globale Optimalität von f^γ in H bedingt außerdem

$$J^\gamma(f^\gamma) \leq J^\gamma(f^*) = \gamma\|f^*\|_H^2. \tag{4.12}$$

Wir schließen im Folgenden die Lücke zwischen den beiden Ungleichungen, indem wir eine Funktion $\overline{f} \in H_Y$ konstruieren, für die $J^\gamma(\overline{f}) \approx J^\gamma(f^\gamma)$ gilt. Für diesen Approximationsschritt benötigen wir die in (4.10) geforderte Existenz einer konvergenten Quadraturoperatorfamilie. Da das Zielfunktional J^γ aus den nichtnegativen Termen zur Bildapproximation und zur Regularisierung besteht, bedingt dies auch die Approximation der Einzelterme.

Zur Konstruktion einer geeigneten Funktion $\overline{f}$ bemerken wir, dass die TP-Lösung f^γ ohne Projektion gemäß Satz 3.2 die Darstellung

$$f^\gamma = \sum_{j=1}^n \alpha_j^\gamma \lambda_j^y \Phi(\cdot, y) = \sum_{j=1}^n \alpha_j^\gamma \int_\Omega k(x_j, t)\, \Phi(\cdot, t)\, dt$$

besitzt, wobei $\alpha^\gamma = \alpha^\gamma(X)$ die Lösung des LGS

$$(M_{A,\Phi,X} + \gamma I)\alpha = g_X$$

ist. Durch Einsetzen des Quadraturoperators schreibt sich dies für $w = w^{(m)}$ als

$$\begin{aligned} f^\gamma &= \sum_{j=1}^n \alpha_j^\gamma \left(\sum_{k=1}^m w_k k(x_j, y_k) \Phi(\cdot, y_k) + K h_Y^r \right) \\ &= \sum_{k=1}^m \left(\sum_{j=1}^n \alpha_j^\gamma w_k k(x_j, y_k) \right) \Phi(\cdot, y_k) + \left(\sum_{j=1}^n \alpha_j^\gamma \right) K h_Y^r. \end{aligned}$$

Daher definieren wir

$$\overline{f} := \sum_{k=1}^m \left(\sum_{j=1}^n \alpha_j^\gamma w_k k(x_j, y_k) \right) \Phi(\cdot, y_k) \tag{4.13}$$

und erhalten für festes X und $h_Y \to 0$ den Zusammenhang

$$\|\overline{f} - f^\gamma\|_{L_\infty(\Omega)} = \mathcal{O}(h_Y^r). \tag{4.14}$$

Als nächstes rechnen wir die Abweichungen von $\overline{f}$ und f^γ bezüglich Norm und Bildapproximation nach. Die Norm von f^γ ist gegeben durch

$$\begin{aligned} \|f^\gamma\|_H^2 &= \sum_{i,j=1}^n \alpha_i^\gamma \alpha_j^\gamma \lambda_i^x \lambda_j^y \Phi(x, y) \\ &= \sum_{i,j=1}^n \alpha_i^\gamma \alpha_j^\gamma \int_\Omega \int_\Omega k(x_i, s)\, k(x_j, t)\, \Phi(s, t)\, dt\, ds. \end{aligned}$$

Die auftretenden Doppelintegrale lassen sich wie folgt abschätzen:

$$\begin{aligned} &\int_\Omega \int_\Omega k(x_i, s)\, k(x_j, t)\, \Phi(s, t)\, dt\, ds \\ &= \int_\Omega k(x_i, s) \left(\sum_{k=1}^m w_k k(x_j, y_k) \Phi(s, y_k) + K h_Y^r \right) ds \\ &= \sum_{k=1}^m w_k k(x_j, y_k) \left(\int_\Omega k(x_i, s)\, \Phi(s, y_k)\, ds \right) + \left(\int_\Omega k(x_i, s)\, ds \right) K h_Y^r \\ &= \sum_{k=1}^m w_k k(x_j, y_k) \left(\sum_{l=1}^m w_l k(x_i, y_l) \Phi(y_l, y_k) + K h_Y^r \right) + \left(\int_\Omega k(x_i, s)\, ds \right) K h_Y^r \end{aligned}$$

4 Projektion und Support-Vektor-Regression   61

$$
\begin{aligned}
&= \left(\sum_{k,l=1}^{m} w_l w_k k(x_i, y_l) k(x_j, y_k) \Phi(y_l, y_k)\right) + \left(\sum_{k=1}^{m} w_k k(x_j, y_k) + \int_{\Omega} k(x_i, s)\, ds\right) K h_Y^r \\
&\leq \left(\sum_{k,l=1}^{m} w_l w_k k(x_i, y_l) k(x_j, y_k) \Phi(y_l, y_k)\right) + 3 \max_{k=1,\ldots,n} \left|\int_{\Omega} k(x_k, s)\, ds\right| K h_Y^r. \quad (4.15)
\end{aligned}
$$

Die letzte Ungleichung gilt für $h_Y \to 0$ wegen

$$\sum_{k=1}^{m} w_k k(x_j, y_k) \stackrel{m\to\infty}{\longrightarrow} \int_{\Omega} k(x_j, s)\, ds, \quad j = 1, \ldots, n.$$

Weiterhin gilt offensichtlich

$$\|\overline{f}\|_H^2 = \sum_{i,j=1}^{n} \alpha_i^\gamma \alpha_j^\gamma \sum_{k,l=1}^{m} w_l w_k k(x_i, y_l) k(x_j, y_k) \Phi(y_l, y_k).$$

Somit liefert (4.15) die behauptete Asymptotik

$$
\begin{aligned}
\left|\, \|f^\gamma\|_H^2 - \|\overline{f}\|_H^2 \,\right| &\leq 3 \max_{k=1,\ldots,n} \left|\int_{\Omega} k(x_k, s)\, ds\right| \left(\sum_{i,j=1}^{n} \alpha_i^\gamma \alpha_j^\gamma\right) K h_Y^r \\
&= \mathcal{O}(h_Y^r). \quad (4.16)
\end{aligned}
$$

Die Abweichung der punktweisen Bildfehler von $\overline{f}$ und f^γ schätzt man analog ab. Mit der Definition von $\overline{f}$ aus (4.13) schließen wir

$$
\begin{aligned}
A\overline{f}(x_i) &= \sum_{k=1}^{m} \left(\sum_{j=1}^{n} \alpha_j^\gamma w_k k(x_j, y_k)\right) \int_{\Omega} k(x_i, s)\, \Phi(y_k, s)\, ds \\
&= \sum_{j=1}^{n} \alpha_j^\gamma \int_{\Omega} k(x_i, s) \sum_{k=1}^{m} w_k k(x_j, y_k) \Phi(y_k, s)\, ds \\
&= \sum_{j=1}^{n} \alpha_j^\gamma \int_{\Omega} k(x_i, s) \left(\lambda_j^y \Phi(s, y) + \mathcal{O}(h_Y^r)\right) ds \\
&= \sum_{j=1}^{n} \alpha_j^\gamma \lambda_i^x \lambda_j^y \Phi(x, y) + \left|\sum_{j=1}^{n} \alpha_j^\gamma\right| \left|\int_{\Omega} k(x_i, s)\, ds\right| \mathcal{O}(h_Y^r) \\
&= A f^\gamma(x_i) + \mathcal{O}(h_Y^r). \quad (4.17)
\end{aligned}
$$

Die Abschätzungen (4.16) und (4.17) liefern nun mit (4.11) und der Wahl $f := \overline{f}$

$$J^\gamma(\overline{f}) = J^\gamma(f^\gamma) + \mathcal{O}(h_Y^r). \quad (4.18)$$

Weiterhin folgen für $h_Y \to 0$ die beiden Relationen

$$\gamma \|f^{\gamma,Y}\|^2 = \gamma \|f^\gamma\|_H^2 + \mathcal{O}(h_Y^r), \quad (4.19)$$
$$J^\gamma(f^{\gamma,Y}) = J^\gamma(f^\gamma) + \mathcal{O}(h_Y^r). \quad (4.20)$$

Zusammen ergibt sich mit (4.19), (4.20) und der Positivität der Terme des Zielfunktionals auch

$$\|A_X f^{\gamma,Y} - A_X f^\gamma\|_{\ell_2}^2 = \mathcal{O}(h_Y^r). \quad (4.21)$$

Wegen der Ungleichung (4.12) gelten die soeben verwendeten Argumente auch für f^* statt f^γ, was den Beweis vervollständigt. □

4.2 SVR zur Operatorinversion

Nachdem wir im letzten Abschnitt die TP-Methode mit Projektion auf einen Unterraum behandelt haben, sind wir nun in der Lage, das SVR-Verfahren zur Lösung von Integralgleichungen zu adaptieren. Dazu verwenden wir wie im Spezialfall der reinen Regression die ϵ-intensive Abstandsfunktion

$$|x|_\epsilon = \begin{cases} 0 & , \ |x| \leq \epsilon \\ |x| - \epsilon & , \ |x| > \epsilon \end{cases}$$

bzw. deren Quadrat, um Datenfehler bis zu einem Wert von ϵ zu ignorieren. Die beiden Abstandsfunktionen sind in Abb. 4.1 dargestellt. Eine Einordnung in den Kontext von Zielfunktionen aus der robusten Statistik findet sich in [38].

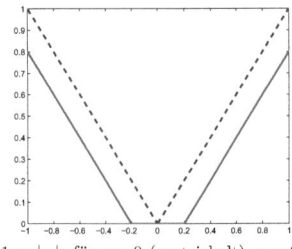 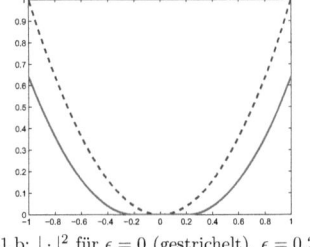

4.1,a: $|\cdot|_\epsilon$ für $\epsilon = 0$ (gestrichelt), $\epsilon = 0.2$.   4.1,b: $|\cdot|_\epsilon^2$ für $\epsilon = 0$ (gestrichelt), $\epsilon = 0.2$.

Abbildung 4.1: ϵ-Abstandsfunktionen $|\cdot|_\epsilon$ und $|\cdot|_\epsilon^2$.

Natürlich benutzen wir dieses Fehlermaß wieder auf den Daten, d.h. nun im Bildbereich des Operators A_X. Nach Einführung der Verfahren zeigen wir am Ende des Kapitels, dass dadurch tatsächlich ein Gewinn an Stabilität erzielt werden kann. Anschaulich zu erklären ist dies durch die Vermutung, dass eine Vernachlässigung kleiner Datenfehler die Vermeidung hochfrequenter Anteile in der Rekonstruktion mit sich bringt. Bevor wir uns diesem Aspekt zuwenden, leiten wir zunächst Lösungsverfahren in Form von quadratischen Programmen her. Insbesondere erläutern wir, warum Projektion bei Verwendung eines ϵ-Fehlerfunktionals ein unabdingbarer Schritt zur Gewährleistung numerischer Stabilität ist.

Im Spezialfall von Regressionsproblemen schreibt sich das Optimierungsproblem mit ϵ-Fehlerfunktion und Regularisierung mittels der zu Grunde liegenden Hilbertraumnorm im Fall gestörter Daten als

$$\min_{f \in H} \left\{ \sum_{i=1}^{n} |f(x_i) - g_i^\delta|_\epsilon + \gamma \|f\|_H^2 \right\}. \tag{4.22}$$

Gemäß dem sogenannten *Repräsentationstheorem* ist der optimale Ansatzraum

$$H^*(\mathrm{id}, X) = \mathrm{span}\{\Phi(\cdot, x_j) \mid j = 1, \ldots, n\},$$

weshalb die Betrachtung der Ansatzfunktion $f = \sum_{j=1}^{n} \alpha_j \Phi(\cdot, x_j)$ genügt [81]. Dem zu Grunde liegen lediglich die Hilbertraumstruktur im Urbild und die Nichtnegativität des betrachteten

Bildfehlerterms. Das Problem kann also parametrisiert werden, und durch die Einführung von Schlupfvariablen schreibt man das resultierende quadratische Programm zur Bestimmung des optimalen Koeffizientenvektors in folgender Form:

$$\min_{\alpha \in \mathbb{R}^n,\, a,b \in \mathbb{R}^n_+} \left\{ \sum_{i=1}^n (a_i + b_i) + \gamma \alpha^T \Phi_X \alpha \right\} \quad (4.23)$$

u.d.N. $\quad (\Phi_X)_i \alpha - g_i^\delta \leq \epsilon + a_i, \quad i = 1, \ldots, n,$

$\quad\quad\quad -[(\Phi_X)_i \alpha - g_i^\delta] \leq \epsilon + b_i, \quad i = 1, \ldots, n.$

Ein naheliegendes Analogon zu (4.22) für Operator-Inversionsprobleme lässt sich leicht angeben:

$$\min_{f \in H} \left\{ \sum_{i=1}^n |Af(x_i) - g_i^\delta|_\epsilon + \gamma \|f\|_H^2 \right\}. \quad (4.24)$$

Mittels eines verallgemeinerten Repräsentationstheorems, das wir nun herleiten, kann auch dieses Problem parametrisiert werden.

Lemma 4.5. *Jede Lösung von (4.24) liegt in* span$\{\lambda_j^y \Phi(\cdot, y) \mid j = 1, \ldots, n\}$.

Beweis. Wir betrachten die durch A_X induzierte Orthogonalzerlegung

$$f = f_1 + f_2, \quad f_1 \in N(A_X)^\perp, \quad f_2 \in N(A_X).$$

Damit gilt einerseits

$$A f_2(x_i) = (A_X f_2)_i = 0, \quad i = 1, \ldots, n,$$

andererseits haben wir auch die Zerlegung $\|f\|_H^2 = \|f_1\|_H^2 + \|f_2\|_H^2$. Somit erhält man für den Wert des Zielfunktionals

$$\sum_{i=1}^n |Af(x_i) - g_i^\delta|_\epsilon + \gamma \|f\|_H^2 = \sum_{i=1}^n |Af_1(x_i) - g_i^\delta|_\epsilon + \gamma \left(\|f_1\|_H^2 + \|f_2\|_H^2 \right).$$

Mit der Positivität der Norm folgt für jedes Minimum $f = f_1 + f_2$ von (4.24), dass der Anteil f_2 identisch Null ist. Schließlich wissen wir nach dem Beweis von Satz 3.2, dass

$$N(A_X)^\perp = H^*(A, X) = \text{span}\{\lambda_j^y \Phi(\cdot, y) \mid j = 1, \ldots, n\}$$

gilt, woraus die Behauptung folgt. $\square$

Somit kann man für (4.24) die Ansatzfunktion $f = \sum_{j=1}^n \alpha_j \lambda_j^y \Phi(\cdot, y)$ wählen, und durch die Einführung von Schlupfvariablen ergibt sich das folgende, zu (4.23) analoge quadratische Programm zur Ermittlung des Koeffizientenvektors als

$$\min_{\alpha \in \mathbb{R}^n,\, a,b \in \mathbb{R}^n_+} \left\{ \sum_{i=1}^n (a_i + b_i) + \gamma \alpha^T M_{A,\Phi,X} \alpha \right\} \quad (4.25)$$

u.d.N. $\quad (M_{A,\Phi,X})_i \alpha - g_i^\delta \leq \epsilon + a_i, \quad i = 1, \ldots, n,$

$\quad\quad\quad -[(M_{A,\Phi,X})_i \alpha - g_i^\delta] \leq \epsilon + b_i, \quad i = 1, \ldots, n.$

Der grundsätzliche Aufbau dieses Optimierungsproblems ist vergleichbar mit dem Spezialfall der Regression, allerdings tritt nun in den Nebenbedingungen und vor allem auch im Regularisierungsterm der Zielfunktion die symmetrische Kollokationsmatrix auf. Da diese probleminhärent extrem schlecht konditioniert ist, eignet sie sich in keinem Maße zur Stabilisierung. Die Glattheit der unbekannten Lösung f^* von $Af = g$ lässt sich also mit diesem quadratischen Programm nicht stabil auf die Rekonstruktion übertragen. Einen Ausweg aus diesem Dilemma leiten wir im nächsten Abschnitt durch Projektion auf einen Unterraum her. Eine ausführliche Fehleruntersuchung wird später klären, dass dies ein vorteilhafter Weg ist.

4.3 SVR mit stückweise linearem Bildfehlerterm

Wir formulieren nun das SVR-Verfahren mit Projektion auf $H_Y = \mathrm{span}\{\Phi(\cdot, y_k) \mid k = 1, \ldots, m\}$ mit stückweise linearem Bildfehlerterm. Wie im vorherigen Abschnitt wird also die mittels ϵ abgeschnittene ℓ_1-Norm zur Bewertung des Bildfehlers eingesetzt. Im darauffolgenden Abschnitt leiten wir her, wie auch für abgeschnittene ℓ_2-Fehler analog vorgegangen werden kann. Unser Ziel ist also nun die Lösung des Problems

$$\min_{f \in H_Y} \left\{ \sum_{i=1}^{n} |Af(x_i) - g_i^\delta|_\epsilon + \gamma \|f\|_H^2 \right\}. \qquad (4.26)$$

Betrachten wir die Ansatzfunktion $f = \sum_{k=1}^{m} \alpha_k \Phi(\cdot, y_k)$, so ergibt sich als quadratisches Programm zur Bestimmung des Koeffizientenvektors

$$\min_{\alpha \in \mathbb{R}^m,\ a,b \in \mathbb{R}_+^n} \left\{ \sum_{i=1}^{n}(a_i + b_i) + \gamma \alpha^T \Phi_Y \alpha \right\} \qquad (4.27)$$
$$\text{u.d.N.} \quad (N_{A,\Phi,X,Y}^T)_i \alpha - g_i^\delta \leq \epsilon + a_i, \quad i = 1, \ldots, n,$$
$$-[(N_{A,\Phi,X,Y}^T)_i \alpha - g_i^\delta] \leq \epsilon + b_i, \quad i = 1, \ldots, n.$$

In Matrixform und mit der Notation $1_n = (1, \ldots, 1)^T \in \mathbb{R}^n$ schreibt sich dies als

$$\min_{z \in \mathbb{R}^{m+2n}} \left\{ z^T H z + d^T z \right\} \qquad (4.28)$$
$$\text{u.d.N.} \quad Mz \leq c,$$
$$z_{m+1}, \ldots, z_{m+2n} \geq 0,$$

wobei

$$H = \begin{bmatrix} \gamma \Phi_Y & \mathcal{O}_{m,2n} \\ \mathcal{O}_{2n,m} & \mathcal{O}_{2n,2n} \end{bmatrix} \in \mathbb{R}^{(m+2n) \times (m+2n)},$$

$$M = \begin{bmatrix} N_{A,\Phi,X,Y}^T & -I_{n,n} & \mathcal{O}_{n,n} \\ -N_{A,\Phi,X,Y}^T & \mathcal{O}_{n,n} & -I_{n,n} \end{bmatrix} \in \mathbb{R}^{2n \times (m+2n)},$$

$$d = \begin{bmatrix} \mathcal{O}_m \\ 1_{2n} \end{bmatrix} \in \mathbb{R}^{m+2n}, \quad c = \begin{bmatrix} g_X^\delta + \epsilon 1_n \\ -g_X^\delta + \epsilon 1_n \end{bmatrix} \in \mathbb{R}^{2n}, \quad z = \begin{bmatrix} \alpha \\ a \\ b \end{bmatrix} \in \mathbb{R}^{m+2n}.$$

Bemerkung 4.6. *Das Minimierungsproblem (4.26) kann auch mit lediglich der Hälfte an Schlupfvariablen zu*

$$\min_{\alpha \in \mathbb{R}^m,\ a \in \mathbb{R}_+^n} \left\{ \sum_{i=1}^n a_i + \gamma \alpha^T \Phi_Y \alpha \right\} \quad (4.29)$$

$$\text{u.d.N.} \quad (N_{A,\Phi,X,Y}^T)_i \alpha - g_i^\delta \leq \epsilon + a_i, \quad i = 1, \ldots, n,$$

$$-[(N_{A,\Phi,X,Y}^T)_i \alpha - g_i^\delta] \leq \epsilon + a_i, \quad i = 1, \ldots, n$$

umgeformt werden. Dies hat den Vorteil, dass sich die Berechnungsdimension im Vergleich zu (4.27) von $(m+2n)$ zu $(m+n)$ reduziert. Allerdings lässt sich in der Matrixdarstellung zeigen, dass diese Umformung numerisch ungünstig ist. Ausgeschrieben ergibt sich das Problem

$$\min_{z \in \mathbb{R}^{m+n}} \left\{ z^T H z + d^T z \right\} \quad (4.30)$$

$$\text{u.d.N.} \quad Mz \leq c,$$

$$z_{m+1}, \ldots, z_{m+n} \geq 0,$$

wobei

$$H = \begin{bmatrix} \gamma \Phi_Y & \mathcal{O}_{m,n} \\ \mathcal{O}_{n,m} & \mathcal{O}_{n,n} \end{bmatrix} \in \mathbb{R}^{(m+n) \times (m+n)},$$

$$M = \begin{bmatrix} N_{A,\Phi,X,Y}^T & -I_{n,n} \\ -N_{A,\Phi,X,Y}^T & -I_{n,n} \end{bmatrix} \in \mathbb{R}^{2n \times (m+n)},$$

$$d = \begin{bmatrix} \mathcal{O}_m \\ 1_n \end{bmatrix} \in \mathbb{R}^{m+n}, \quad c = \begin{bmatrix} g_X^\delta + \epsilon 1_n \\ -g_X^\delta + \epsilon 1_n \end{bmatrix} \in \mathbb{R}^{2n}, \quad z = \begin{bmatrix} \alpha \\ a \end{bmatrix} \in \mathbb{R}^{m+n}.$$

Man rechnet nun leicht nach, dass jeder Singulärwert σ_i der Kollokationsmatrix $N_{A,\Phi,X,Y}$ den Singulärwert $\sqrt{2}\sigma_i$ der Nebenbedingungsmatrix M bedingt. Daher ist die Nebenbedingungsmatrix bei dieser Modellierung in etwa so schlecht konditioniert wie die asymmetrische Kollokationsmatrix. Wir werden in Abschnitt 4.6 nachweisen, dass sich dies in (4.28) anders verhält, da der Einfluss des minimalen Singulärwerts durch die zusätzlichen Schlupfvariablen entfällt.

Die Verwendung der ersten Formulierung führt nun zu folgendem Verfahren.

Algorithmus 4.2. *(SVR mit stückweise linearem Bildfehlerterm)*

Gegeben: $X = \{x_1, \ldots, x_n\} \subset \Omega$, diskrete Daten g_X^δ.

Gesucht: Lösung $f^* \in H$ von $Af = g$, wobei H ein RKHS mit Kern Φ ist.

1. Wähle $Y = \{y_1, \ldots, y_m\} \subset \Omega$ und $\gamma, \epsilon > 0$.
2. Berechne die Kollokationsmatrizen
$$(\Phi_Y)_{kl} = \Phi(y_k, y_l), \qquad k, l = 1, \ldots, m,$$
$$(N_{A,\Phi,X,Y})_{kj} = \int_\Omega k(x_j, t)\, \Phi(y_k, t)\, dt, \qquad k = 1, \ldots, m,\ j = 1, \ldots, n$$
und die Größen H, M, d, c für das quadratische Programm (4.28).
3. Bestimme den Koeffizientenvektor $\alpha^{\gamma, Y, \epsilon, \delta}$ durch Lösung von (4.28).

Ergebnis: $f^{\gamma, Y, \epsilon, \delta} = \sum_{k=1}^m \alpha_k^{\gamma, Y, \epsilon, \delta} \Phi(\cdot, y_k)$ ist eine Approximation an f^*.

4.4 SVR mit stückweise quadratischem Bildfehlerterm

In diesem Abschnitt formulieren wir das SVR-Verfahren mit stückweise quadratischem Bildfehlerterm. Analog zu (4.26) betrachten wir nun

$$\min_{f \in H_Y} \left\{ \sum_{i=1}^n |Af(x_i) - g_i^\delta|_\epsilon^2 + \gamma \|f\|_H^2 \right\}. \tag{4.31}$$

Um zu sehen, wie sich der stückweise quadratische Bildfehlerterm auswirkt, definieren wir das Hilfsproblem

$$\min_{x \in \mathbb{R}^n} \left\{ \sum_{i=1}^n |F(x_i)|_\epsilon^2 \right\} \tag{4.32}$$

mit einer Funktion $F : \mathbb{R} \to \mathbb{R}$. Dieses kann durch die Einführung von Schlupfvariablen in der Form

$$\min_{x \in \mathbb{R}^n,\, a \in \mathbb{R}_+^n} \left\{ \sum_{i=1}^n a_i^2 \right\} \tag{4.33}$$
$$\text{u.d.N.} \quad |F(x_i)|_\epsilon^2 \leq a_i^2, \quad i = 1, \ldots, n$$

geschrieben werden. Da nach Definition der ϵ-Abstandsfunktion

$$|F(x_i)|_\epsilon^2 = \begin{cases} 0 & ,\ |F(x_i)| \leq \epsilon \\ (|F(x_i)| - \epsilon)^2 & ,\ |F(x_i)| > \epsilon \end{cases}$$

gilt, ist die i-te Nebenbedingung für $|F(x_i)| \leq \epsilon$ stets erfüllt. Die Monotonie der Wurzelfunktion erlaubt es außerdem, (4.33) in die Gestalt

$$\min_{x \in \mathbb{R}^n,\, a \in \mathbb{R}_+^n} \left\{ \sum_{i=1}^n a_i^2 \right\} \tag{4.34}$$
$$\text{u.d.N.} \quad |F(x_i)| - \epsilon \leq a_i, \quad i = 1, \ldots, n$$

zu bringen. Die Auflösung des Betrags und eine Einführung (nicht zwingend notwendiger) zusätzlicher Schlupfvariablen führt auf

$$\min_{x\in\mathbb{R}^n,\ a,b\in\mathbb{R}^n_+} \left\{ \sum_{i=1}^n (a_i^2 + b_i^2) \right\} \quad (4.35)$$

u.d.N. $\quad F(x_i) \leq \epsilon + a_i, \quad i = 1, \ldots, n,$

$\qquad\qquad -F(x_i) \leq \epsilon + b_i, \quad i = 1, \ldots, n.$

Gehen wir also analog wie in Abschnitt 4.3 vor, so ergibt sich aus (4.31) das folgende quadratische Programm zur Bestimmung des Koeffizientenvektors:

$$\min_{\alpha\in\mathbb{R}^m,\ a,b\in\mathbb{R}^n_+} \left\{ \sum_{i=1}^n (a_i^2 + b_i^2) + \gamma \alpha^T \Phi_Y \alpha \right\} \quad (4.36)$$

u.d.N. $\quad (N_{A,\Phi,X,Y}^T)_i \alpha - g_i^\delta \leq \epsilon + a_i, \quad i = 1, \ldots, n,$

$\qquad\qquad -[(N_{A,\Phi,X,Y}^T)_i \alpha - g_i^\delta] \leq \epsilon + b_i, \quad i = 1, \ldots, n.$

Der vormals lineare Term in der Zielfunktion entfällt nun vollständig, dafür tauchen die Schlupfvariablen nun auch im quadratischen Term auf. Vereinfacht lässt sich dies in Matrixform als

$$\min_{z\in\mathbb{R}^{m+2n}} \left\{ z^T H z \right\} \quad (4.37)$$

u.d.N. $\quad Mz \leq c,$

$\qquad\qquad z_{m+1}, \ldots, z_{m+2n} \geq 0,$

schreiben, wobei

$$H = \begin{bmatrix} \gamma \Phi_Y & \mathcal{O}_{m,2n} \\ \mathcal{O}_{2n,m} & I_{2n,2n} \end{bmatrix} \in \mathbb{R}^{(m+2n)\times(m+2n)},$$

$$M = \begin{bmatrix} N_{A,\Phi,X,Y}^T & -I_{n,n} & \mathcal{O}_{n,n} \\ -N_{A,\Phi,X,Y}^T & \mathcal{O}_{n,n} & -I_{n,n} \end{bmatrix} \in \mathbb{R}^{2n\times(m+2n)},$$

$$c = \begin{bmatrix} g_X^\delta + \epsilon 1_n \\ -g_X^\delta + \epsilon 1_n \end{bmatrix} \in \mathbb{R}^{2n}, \quad z = \begin{bmatrix} \alpha \\ a \\ b \end{bmatrix} \in \mathbb{R}^{m+2n}.$$

Bis auf das Verschwinden des linearen Anteils in der Zielfunktion zu Gunsten der zusätzlichen Einheitsmatrix im quadratischen Term ändert sich also im Vergleich zu (4.28) nichts. Insbesondere bleibt die Nebenbedingungsmatrix dieselbe. Das Einsparen von Schlupfvariablen zur Reduktion der Berechnungsdimension ist analog zu Bemerkung 4.6 möglich, allerdings führt dies wieder auf die dort erwähnte schlecht konditionierte Nebenbedingungsmatrix. Daher bleiben wir bei obiger Formulierung und erhalten das folgende, Algorithmus 4.2 sehr ähnliche Lösungsverfahren.

Algorithmus 4.3. *(SVR mit stückweise quadratischem Bildfehlerterm)*

Gegeben: $X = \{x_1, \ldots, x_n\} \subset \Omega$, *diskrete Daten* g_X^δ.

Gesucht: *Lösung* $f^* \in H$ *von* $Af = g$, *wobei* H *ein RKHS mit Kern* Φ *ist*.

1. Wähle $Y = \{y_1, \ldots, y_m\} \subset \Omega$ und $\gamma, \epsilon > 0$.

2. Berechne die Kollokationsmatrizen

$$(\Phi_Y)_{kl} = \Phi(y_k, y_l), \qquad k, l = 1, \ldots, m,$$
$$(N_{A,\Phi,X,Y})_{kj} = \int_\Omega k(x_j, t)\, \Phi(y_k, t)\, dt, \quad k = 1, \ldots, m,\ j = 1, \ldots, n$$

und die Größen H, M, d, c für das quadratische Programm (4.37).

3. Bestimme den Koeffizientenvektor $\alpha^{\gamma, Y, \epsilon, \delta}$ durch Lösung von (4.37).

Ergebnis: $f^{\gamma, Y, \epsilon, \delta} = \sum_{k=1}^{m} \alpha_k^{\gamma, Y, \epsilon, \delta} \Phi(\cdot, y_k)$ ist eine Approximation an f^*.

4.5 Konvergenz und Parameterbestimmung

In diesem Abschnitt übertragen wir die Fehlertheorie aus Kapitel 3 auf das TP-Verfahren mit Projektion sowie die vorgestellten SVR-Methoden. Da das asymmetrische TP-Verfahren als Spezialfall der SVR mit stückweise quadratischem Bildfehlerterm unter der Vorgabe $\epsilon = 0$ angesehen werden kann, beginnen wir mit den SVR-Methoden.

Wir nehmen für den Rest des Kapitels an, dass die Lösung f^* für eine hinreichend große Menge Y bereits in H_Y liegt. Da sich Lemma 4.4 auf die SVR-Methoden mit stückweise linearem bzw. quadratischem Bildfehlerterm ohne Weiteres übertragen lässt, ist dies zunächst keine Einschränkung. Im allgemeinen Fall $f^* \in H \backslash H_Y$ kommt unter der Voraussetzung der Existenz eines konvergenten Quadraturoperators gemäß (4.9) und (4.10) lediglich in den Abschätzungen der Urbildnorm und des Bilddatenfehlers ein Summand der Ordnung $\mathcal{O}(h_Y^r)$ hinzu.

Allerdings macht dies die L_2-Fehlertheorie hinfällig, bei der die Kollokationsmenge X als variabel betrachtet wird. Für $h_X \to 0$ spielen nämlich die in Lemma 4.4 vernachlässigten, von X abhängigen Konstanten eine Rolle. Insbesondere ist nicht klar, ob der Koeffizientenvektor $\alpha = \alpha(X)$ ohne zusätzliche Beschränkung in den Optimierungsproblemen unabhängig von X abgeschätzt werden kann. In Kapitel 5 werden wir sehen, dass sich dieses Problem durch zusätzliche Diskretisierung des Operators beheben lässt, und dass für beliebiges $f^* \in H$ L_2-Abschätzungen angegeben werden können.

4.5.1 SVR mit stückweise linearem Bildfehlerterm

Wir analysieren im Folgenden das Konvergenzverhalten der Lösung $f^{\gamma,Y,\epsilon}$ von

$$\min_{f \in H_Y} J^{\gamma,\epsilon}(f) := \sum_{i=1}^{n} |Af(x_i) - g_i|_\epsilon + \gamma\|f\|_H^2 \tag{4.38}$$

bei Vorliegen exakter Daten, sowie das Fehlerverhalten der Lösung $f^{\gamma,Y,\epsilon,\delta}$ von

$$\min_{f \in H_Y} J^{\gamma,\epsilon,\delta}(f) := \sum_{i=1}^{n} |Af(x_i) - g_i^\delta|_\epsilon + \gamma\|f\|_H^2 \tag{4.39}$$

in der Situation gestörter Daten. Es zeigt sich, dass die Fälle $\epsilon \geq \delta$ und $\epsilon < \delta$ separat betrachtet werden müssen. Wir leiten zunächst Abschätzungen des Urbildfehlers in der Hilbertraumnorm sowie Fehlerschranken für den diskreten Bildfehler her. Dies geschieht in Analogie zu Korollar 3.9, Lemma 3.10 und Lemma 3.11, wobei die geänderte Struktur der Zielfunktionale einen etwas allgemeineren Zugang als über die Singulärwertzerlegung von A_X erfordert. Da der in diesem Abschnitt betrachtete Bildfehlerterm außerdem stückweise linear ist, benötigen wir hier eine ℓ_∞-Abschätzung sowie eine entsprechende Sampling-Ungleichung.

Lemma 4.7. *(Hilbertraum-Stabilität)*
Ist $f^* \in H_Y$, so gilt im Fall exakter Daten die Urbildabschätzung

$$\|f^{\gamma,Y,\epsilon}\|_H \leq \|f^*\|_H.$$

Für gestörte Daten erhält man

$$\|f^{\gamma,Y,\epsilon,\delta}\|_H \leq \sqrt{\|f^*\|_H^2 + \frac{n}{\gamma}(\delta - \epsilon)_+}.$$

Im Fall $\epsilon \geq \delta$ ist die Stabilität also genau wie bei exakten Daten. Für $\epsilon < \delta$ liefert

$$\gamma_c := \frac{n(\delta - \epsilon)}{c\|f^*\|_H^2}$$

eine etwas schwächere Stabilität im Sinne von

$$\|f^{\gamma_c,Y,\epsilon,\delta}\|_H \leq \sqrt{1+c}\,\|f^*\|_H.$$

Beweis. Für exakte Daten impliziert die Bedingung $f^* \in H_Y$ zusammen mit der Optimalität von $f^{\gamma,Y,\epsilon}$ für $J^{\gamma,\epsilon}$ auf H_Y sowie der Positivität der einzelnen Terme des Zielfunktionals die Abschätzung

$$\gamma\|f^{\gamma,Y,\epsilon}\|_H^2 \leq J^{\gamma,\epsilon}(f^{\gamma,Y,\epsilon}) \leq J^{\gamma,\epsilon}(f^*) = \gamma\|f^*\|_H^2$$

und damit die erste Behauptung. Für gestörte Daten können wir analog schließen:

$$\gamma\|f^{\gamma,Y,\epsilon,\delta}\|_H^2 \leq J^{\gamma,\epsilon,\delta}(f^{\gamma,Y,\epsilon,\delta}) \leq J^{\gamma,\epsilon,\delta}(f^*) = \sum_{i=1}^{n} |Af^*(x_i) - g_i^\delta|_\epsilon + \gamma\|f^*\|_H^2.$$

Für $i = 1, \ldots, n$ gilt offensichtlich

$$|Af^*(x_i) - g_i^\delta|_\epsilon \leq \begin{cases} (\delta - \epsilon) & , \epsilon < \delta \\ 0 & , \epsilon \geq \delta \end{cases},$$

weshalb der Bildfehlerterm für $\epsilon < \delta$ nur durch

$$\sum_{i=1}^{n} |Af^*(x_i) - g_i^\delta|_\epsilon \leq n(\delta - \epsilon) \tag{4.40}$$

abgeschätzt werden kann. Daraus folgt nun die zweite Behauptung. Einsetzen der speziellen Wahl γ_c im Fall $\epsilon < \delta$ liefert schließlich die Stabilitätsaussage

$$\|f^{\gamma_c, Y, \epsilon, \delta}\|_H \leq \sqrt{1+c}\, \|f^*\|_H.$$

□

Mit der Dreiecksungleichung ergeben sich entsprechende Aussagen für die beiden Differenzen $\|f^{\gamma,Y,\epsilon} - f^*\|_H$ und $\|f^{\gamma,Y,\epsilon,\delta} - f^*\|_H$. Abschätzungen des Bildfehlers lassen sich ebenfalls mit Hilfe des Zielfunktionals herleiten.

Lemma 4.8. *(Bildfehlerabschätzungen)*
Ist $f^* \in H_Y$, so gelten die folgenden Bildfehlerabschätzungen:

$$\|Af^{\gamma,Y,\epsilon} - Af^*\|_{\ell_\infty(X)} \leq \gamma \|f^*\|_H^2 + \epsilon,$$
$$\|Af^{\gamma,Y,\epsilon,\delta} - Af^*\|_{\ell_\infty(X)} \leq \gamma \|f^*\|_H^2 + (\epsilon + \delta) + n(\delta - \epsilon)_+.$$

Im Fall $\epsilon \geq \delta$ garantiert die Parameterwahl

$$\gamma_c := \frac{\epsilon + \delta}{c \|f^*\|_H^2}$$

die Fehlerschranke

$$\|Af^{\gamma_c,Y,\epsilon,\delta} - Af^*\|_{\ell_\infty(X)} \leq \left(1 + \frac{1}{c}\right)(\epsilon + \delta).$$

Im Fall $\epsilon < \delta$ garantiert die Parameterwahl

$$\gamma_c := \frac{n(\delta - \epsilon)}{c \|f^*\|_H^2}$$

aus Lemma 4.7 nur noch die von n abhängige obere Schranke

$$\|Af^{\gamma_c,Y,\epsilon,\delta} - Af^*\|_{\ell_\infty(X)} \leq (\epsilon + \delta) + \left(1 + \frac{1}{c}\right)(\delta - \epsilon)n.$$

Beweis. Für exakte Daten gilt:

$$\begin{aligned}
\|Af^{\gamma,Y,\epsilon} - Af^*\|_{\ell_\infty(X)} &= \max_{i=1,\ldots,n} \{|Af^{\gamma,Y,\epsilon}(x_i) - g_i|\} \\
&\leq \max_{i=1,\ldots,n} \{|Af^{\gamma,Y,\epsilon}(x_i) - g_i|_\epsilon\} + \epsilon \\
&\leq \sum_{i=1}^{n} |Af^{\gamma,Y,\epsilon}(x_i) - g_i^\delta|_\epsilon + \gamma \|f^{\gamma,Y,\epsilon}\|_H^2 + \epsilon \\
&= J^{\gamma,\epsilon}(f^{\gamma,Y,\epsilon}) + \epsilon \\
&\leq J^{\gamma,\epsilon}(f^*) + \epsilon = \gamma \|f^*\|_H^2 + \epsilon.
\end{aligned}$$

4 Projektion und Support-Vektor-Regression   71

Bei Vorliegen gestörter Daten müssen wir das Funktional $J^{\gamma,\epsilon,\delta}$ hinzuziehen, um den Bildfehler von $f^{\gamma,Y,\epsilon,\delta}$ abschätzen zu können. Daher gehen wir zunächst zu den gestörten Daten g^δ über und schließen

$$\begin{aligned}
\|Af^{\gamma,Y,\epsilon,\delta} - Af^*\|_{\ell_\infty(X)} &= \max_{i=1,\ldots,n}\{|Af^{\gamma,Y,\epsilon,\delta}(x_i) - g_i|\} \\
&\leq \max_{i=1,\ldots,n}\{|Af^{\gamma,Y,\epsilon,\delta}(x_i) - g_i^\delta|\} + \delta \\
&\leq \max_{i=1,\ldots,n}\{|Af^{\gamma,Y,\epsilon,\delta}(x_i) - g_i^\delta|_\epsilon\} + (\epsilon+\delta) \\
&\leq \sum_{i=1}^n |Af^{\gamma,Y,\epsilon,\delta}(x_i) - g_i^\delta|_\epsilon + \gamma\|f^{\gamma,Y,\epsilon,\delta}\|_H^2 + (\epsilon+\delta) \\
&= J^{\gamma,\epsilon,\delta}(f^{\gamma,Y,\epsilon,\delta}) + (\epsilon+\delta) \\
&\leq J^{\gamma,\epsilon,\delta}(f^*) + (\epsilon+\delta) \\
&= \sum_{i=1}^n |Af^*(x_i) - g_i^\delta|_\epsilon + \gamma\|f^*\|_H^2 + (\epsilon+\delta).
\end{aligned}$$

Der Bildfehlerterm verschwindet nun wieder für $\epsilon \geq \delta$, im Fall $\epsilon < \delta$ ist (4.40) anzuwenden. Daraus folgt die behauptete Bildfehlerabschätzung für gestörte Daten und beliebiges γ. Durch Einsetzen der unterschiedlichen Parameterwahlen in den Fällen $\epsilon \geq \delta$ und $\epsilon < \delta$ ergeben sich auch die beiden übrigen Aussagen. □

Bemerkung 4.9. *Eine gemeinsame Betrachtung von Lemma 4.7 und Lemma 4.8 zeigt, dass sich die Situation gestörter Daten für die Wahl $\epsilon \geq \delta$ nicht wesentlich vom Fall exakter Daten unterscheidet. In der Parameterwahl muss lediglich $\epsilon + \delta$ statt ϵ als Faktor gewählt werden, wodurch eine gleichbleibende Urbildfehlerabschätzung und eine lediglich um den Faktor $\frac{\epsilon+\delta}{\epsilon}$ schlechtere Bildfehlerschranke garantiert werden. Für gestörte Daten mit einer Wahl $\epsilon < \delta$ ist dagegen für die Rekonstruktion nicht gleichzeitig Stabilität im Funktionenraum und ein von der Anzahl der Kollokationspunkte unabhängiger Bildfehler zu erwarten.*

Es genügt also, den Fall gestörter Daten zu betrachten und zwischen den Auswahlmöglichkeiten $\epsilon \geq \delta$ und $\epsilon < \delta$ zu unterscheiden. Zur Herleitung von L_2-Abschätzungen benutzen wir wie in Kapitel 3 zweimal die Glättungseigenschaft des Operators. Statt der Sampling-Ungleichung aus Satz 2.11 kommt diesmal die Sampling-Ungleichung mit ℓ_∞-Datenfehler aus Satz 2.10 zum Einsatz, allerdings immer noch mit der Wahl $\theta := \tau + \alpha$ und $\sigma := \alpha$. Die Voraussetzung $\theta > \sigma + \frac{d}{2}$ vereinfacht sich zu $\tau > \frac{d}{2}$, und mit $C_1 = \frac{C}{c_1}$ erhalten wir analog zu Abschnitt 3.3.1:

$$\begin{aligned}
&\|f^* - f^{\gamma,Y,\epsilon,\delta}\|_{L_2(\Omega)} \\
&\leq \frac{1}{c_1}\|Af^* - Af^{\gamma,Y,\epsilon,\delta}\|_{H^\alpha(\Omega)} \\
&\leq C_1\left(h_X^{\theta-\alpha}\|Af^* - Af^{\gamma,Y,\epsilon,\delta}\|_{H^{\tau+\alpha}(\Omega)} + h_X^{-\alpha}\|Af^* - Af^{\gamma,Y,\epsilon,\delta}\|_{\ell_\infty(X)}\right) \\
&\leq C_1\left(c_2^\tau h_X^\tau \|f^* - f^{\gamma,Y,\epsilon,\delta}\|_{H^\tau(\Omega)} + h_X^{-\alpha}\|Af^* - Af^{\gamma,Y,\epsilon,\delta}\|_{\ell_\infty(X)}\right). \quad (4.41)
\end{aligned}$$

Zur Vereinfachung der Notation schreiben wir ab jetzt C statt C_1. Durch Einsetzen der Ergebnisse aus Lemma 4.7 und Lemma 4.8 ergibt sich das folgende Resultat.

Satz 4.10. *(L_2-Fehlerabschätzungen und Parameterwahlen)*
Es sei $H = H^\tau(\mathbb{R}^d)$, $\tau > \frac{d}{2}$, und es gelte $f^* \in H_Y$.

1. *Wählt man $\epsilon \geq \delta$, so ist Stabilität gemäß $\|f^{\gamma,Y,\epsilon,\delta}\|_H \leq \|f^*\|_H$ gewährleistet. Für die Parameterwahl*

$$\gamma_c := \frac{\epsilon + \delta}{c\|f^*\|_H^2}$$

    ergibt sich ein L_2-Fehler der Ordnung $-\alpha$:

$$\|f^* - f^{\gamma,Y,\epsilon,\delta}\|_{L_2(\Omega)} \leq C\left(2c_2^\tau h_X^\tau \|f^*\|_{H^\tau(\Omega)} + \left(1 + \frac{1}{c}\right)(\epsilon + \delta)h_X^{-\alpha}\right).$$

2. *Wählt man $\epsilon < \delta$, so benötigt man die Parameterwahl*

$$\gamma_c := \frac{n(\delta - \epsilon)}{c\|f^*\|_H^2}$$

    aus Lemma 4.7, um Stabilität in Form von $\|f^{\gamma_c,Y,\epsilon,\delta}\|_H \leq \sqrt{1+c}\|f^*\|_H$ zu garantieren. Der L_2-Fehler lässt sich nur noch durch

$$\|f^* - f^{\gamma_c,Y,\epsilon,\delta}\|_{L_2(\Omega)} \leq C\Big(\left(1 + \sqrt{1+c}\right)c_2^\tau h_X^\tau \|f^*\|_{H^\tau(\Omega)}$$
$$+ \left[(\epsilon + \delta) + \left(1 + \frac{1}{c}\right)(\delta - \epsilon)n\right]h_X^{-\alpha}\Big)$$

    abschätzen, ist also für quasi-uniforme Daten aus X von der Ordnung $-(\alpha + \frac{d}{2})$.

Beweis. Die Behauptung folgt aus (4.41), Lemma 4.7 und Lemma 4.8. □

Natürlich erhält man bei SVR mit exakten Daten lediglich für die Wahl $\epsilon = 0$ Konvergenz, da für $\epsilon > 0$ korrekte Informationen über f^* ignoriert werden und somit keine fehlerfreie Rekonstruktion mehr möglich ist. Deutlich wird dieser anschauliche Sachverhalt in der Fehlerabschätzung aus Satz 4.10 im Fall $\epsilon \geq \delta$ mit $\delta = 0$.

Korollar 4.11. *(Optimale Parameterwahl)*
Die beste Fehlerabschätzung ist für die Parameterwahl $\epsilon = \delta$ garantiert, die außerdem Stabilität in der starken Form $\|f^{\gamma,Y,\delta}\|_H \leq \|f^*\|_H$ sichert. Mit

$$\gamma_c := \frac{2\delta}{c\|f^*\|_H^2}$$

gilt in diesem Fall die Approximationsfehlerschranke

$$\|f^* - f^{\gamma_c,Y,\delta}\|_{L_2(\Omega)} \leq C\left(2c_2^\tau h_X^\tau \|f^*\|_{H^\tau(\Omega)} + 2\left(1 + \frac{1}{c}\right)\delta h_X^{-\alpha}\right).$$

Beweis. Dies ist eine unmittelbare Konsequenz aus Satz 4.10. □

Bemerkung 4.12. *Der mit dem Regularisierungsparameter aus Korollar 4.11 resultierende Bildfehler lässt sich gemäß Lemma 4.8 wie folgt abschätzen:*

$$\|Af^{\gamma_c,Y,\epsilon,\delta} - Af^*\|_{\ell_\infty(X)} \leq 2\left(1 + \frac{1}{c}\right)\delta.$$

Der Regularisierungsparameter γ_c und damit der Parameter c dienen im Fall $\epsilon \geq \delta$ nur zur Gewährleistung numerischer Stabilität bei der Berechnung des Approximanten, da Stabilität im Funktionenraum stets garantiert ist. Trotzdem ist die Betrachtung von c auch dann sinnvoll, da diese Größe gemäß der L_2-Abschätzung die relative Abweichung vom theoretisch minimalen Approximationsfehler angibt. Natürlich sollte auch im Fall exakter Daten zur Sicherstellung numerischer Stabilität $\gamma > 0$ gewählt werden.

4.5.2 SVR mit stückweise quadratischem Bildfehlerterm

In diesem Abschnitt untersuchen wir das Fehlerverhalten für die Support-Vektor-Regressionsmethode mit stückweise quadratischem Bildfehler. Um die Notation nicht zu überladen, bezeichnen wir die Rekonstruktionen und Zielfunktionale wie im vorangegangenen Abschnitt. Wir interessieren uns also für das Verhalten der Lösung $f^{\gamma,Y,\epsilon,\delta}$ von

$$\min_{f \in H_Y} J^{\gamma,\epsilon,\delta}(f) := \sum_{i=1}^n |Af(x_i) - g_i^\delta|_\epsilon^2 + \gamma\|f\|_H^2. \tag{4.42}$$

Wie bei der SVR mit stückweise linearem Bildfehlerterm kann der Fall exakter Daten als Spezialfall der Situation gestörter Daten mit $\epsilon \geq \delta$ angesehen werden. Wir gehen wie in Abschnitt 4.5.1 vor und erhalten mit etwas mehr Mühe entsprechende Urbild- und Bildfehlerabschätzungen.

Lemma 4.13. *(Hilbertraum-Stabilität)*
Ist $f^* \in H_Y$, so gilt für gestörte Daten

$$\|f^{\gamma,Y,\epsilon,\delta}\|_H \leq \sqrt{\|f^*\|_H^2 + \frac{n}{\gamma}(\delta - \epsilon)_+^2},$$

d.h. Im Fall $\epsilon \geq \delta$ ist Stabilität stets garantiert. Für $\epsilon < \delta$ liefert

$$\gamma_c := \frac{n(\delta - \epsilon)^2}{c\|f^*\|_H^2}$$

eine etwas schwächere Stabilität im Sinne von

$$\|f^{\gamma_c,Y,\epsilon,\delta}\|_H \leq \sqrt{1+c}\,\|f^*\|_H.$$

Beweis. Man geht genau wie im Beweis von Lemma 4.7 vor und berücksichtigt

$$\sum_{i=1}^n |Af^*(x_i) - g_i^\delta|_\epsilon^2 \leq n(\delta - \epsilon)_+^2.$$

□

Lemma 4.14. *(Bildfehlerabschätzungen)*
Ist $f^* \in H_Y$, so gilt für den Bildfehler die Abschätzung

$$\|Af^{\gamma,Y,\epsilon,\delta} - Af^*\|_{\ell_2(X)} \leq \sqrt{\gamma\|f^*\|_H^2 + n(\epsilon^2 + (\delta-\epsilon)_+^2)} + \sqrt{n}\delta.$$

Im Fall $\epsilon \geq \delta$ garantiert die Parameterwahl

$$\gamma_c := \frac{n\delta^2}{c\|f^*\|_H^2}$$

die Fehlerschranke

$$\|Af^{\gamma_c,Y,\epsilon,\delta} - Af^*\|_{\ell_2(X)} \leq \sqrt{n}\left(\delta + \sqrt{\frac{\delta^2}{c} + \epsilon^2}\right).$$

Im Fall $\epsilon < \delta$ liefert die Parameterwahl

$$\gamma_c := \frac{n(\delta-\epsilon)^2}{c\|f^*\|_H^2}$$

aus Lemma 4.13 die Abschätzung

$$\|Af^{\gamma_c,Y,\epsilon,\delta} - Af^*\|_{\ell_2(X)} \leq \sqrt{n}\left(\delta + \sqrt{\left(1+\frac{1}{c}\right)(\delta-\epsilon)^2 + \epsilon^2}\right).$$

Beweis. Mit $A_X f^* = g_X$, der Cauchy-Schwarz'schen Ungleichung und der Datenfehlerannahme folgt:

$$\begin{aligned}
&\|A_X f^{\gamma,Y,\epsilon,\delta} - A_X f^*\|_{\ell_2}^2 \\
&= \|A_X f^{\gamma,Y,\epsilon,\delta} - g_X^\delta\|_{\ell_2}^2 + 2\left\langle A_X f^{\gamma,Y,\epsilon,\delta} - g_X^\delta, g_X^\delta - g_X\right\rangle_{\ell_2} + \|g_X^\delta - g_X\|_{\ell_2}^2 \\
&\leq \|A_X f^{\gamma,Y,\epsilon,\delta} - g_X^\delta\|_{\ell_2}^2 + 2\|A_X f^{\gamma,Y,\epsilon,\delta} - g_X^\delta\|_{\ell_2}\sqrt{n\delta^2} + n\delta^2 \\
&= \left(\|A_X f^{\gamma,Y,\epsilon,\delta} - g_X^\delta\|_{\ell_2} + \sqrt{n}\delta\right)^2.
\end{aligned} \qquad (4.43)$$

Eine Bildfehlerabschätzung gegen die gestörten Daten erhält man durch

$$\begin{aligned}
\|A_X f^{\gamma,Y,\epsilon,\delta} - g_X^\delta\|_{\ell_2}^2 &\leq \sum_{i=1}^n |Af^{\gamma,Y,\epsilon,\delta}(x_i) - g_i^\delta|_\epsilon^2 + n\epsilon^2 \\
&\leq J^{\gamma,\epsilon,\delta}(f^{\gamma,Y,\epsilon,\delta}) + n\epsilon^2 \\
&\leq J^{\gamma,\epsilon,\delta}(f^*) + n\epsilon^2 \\
&= \sum_{i=1}^n |g_i - g_i^\delta|_\epsilon^2 + \gamma\|f^*\|_H^2 + n\epsilon^2 \\
&\leq \gamma\|f^*\|_H^2 + n(\epsilon^2 + (\delta-\epsilon)_+^2).
\end{aligned} \qquad (4.44)$$

Einsetzen von (4.44) in (4.43) ergibt wie behauptet

$$\|A_X f^{\gamma,Y,\epsilon,\delta} - A_X f^*\|_{\ell_2} \leq \sqrt{\gamma\|f^*\|_H^2 + n(\epsilon^2 + (\delta-\epsilon)_+^2)} + \sqrt{n}\delta.$$

Durch Einsetzen der speziellen Parameter erhält man auch die beiden übrigen Aussagen. □

Man beachte, dass der Regularisierungsparameter im Fall $\epsilon \geq \delta$ nicht proportional zu n gewählt werden muss, da Stabilität im Funktionenraum durch den Parameter ϵ sichergestellt wird. Lediglich die Bildfehlerabschätzung aus Lemma 4.14, in welcher der Faktor $\sqrt{n}$ ohnehin auftritt, wird auf diese Weise vereinfacht. Nun sind wir wieder mit der Sampling-Ungleichung aus Satz 2.11 in der Lage, wie in Kapitel 3 fortzufahren, um Aussagen über die L_2-Approximationsfehler treffen zu können.

Satz 4.15. *(L_2-Fehlerabschätzungen und Parameterwahlen)*
Es sei $H = H^\tau(\mathbb{R}^d)$, $\tau > \frac{d}{2}$ und es gelte $f^* \in H_Y$.

1. *Wählt man $\epsilon \geq \delta$, so ist stets Stabilität gemäß $\|f^{\gamma,Y,\epsilon,\delta}\|_H \leq \|f^*\|_H$ garantiert. Die Parameterwahl*

$$\gamma_c := \frac{n\delta^2}{c\|f^*\|_H^2}$$

aus Lemma 4.14 liefert einen L_2-Fehler von

$$\|f^* - f^{\gamma_c,Y,\epsilon,\delta}\|_{L_2(\Omega)} \leq C\left(2c_2^\tau h_X^\tau \|f^*\|_{H^\tau(\Omega)} + h_X^{\frac{d}{2}-\alpha}\sqrt{n}\left(\delta + \sqrt{\frac{\delta^2}{c} + \epsilon^2}\right)\right).$$

2. *Wählt man $\epsilon < \delta$, so benötigt man den in Lemma 4.13 eingeführten Parameter*

$$\gamma_c := \frac{n(\delta-\epsilon)^2}{c\|f^*\|_H^2},$$

um Stabilität in der Form $\|f^{\gamma_c,Y,\epsilon,\delta}\|_H \leq \sqrt{1+c}\,\|f^*\|_H$ zu gewährleisten. Der L_2-Fehler lässt sich wie folgt abschätzen:

$$\begin{aligned}\|f^* - f^{\gamma_c,Y,\epsilon,\delta}\|_{L_2(\Omega)} &\leq C\left(c_2^\tau h_X^\tau\left(1+\sqrt{1+c}\right)\|f^*\|_{H^\tau(\Omega)}\right.\\&\left.+ h_X^{\frac{d}{2}-\alpha}\sqrt{n}\left[\delta + \sqrt{\left(1+\frac{1}{c}\right)(\delta-\epsilon)^2 + \epsilon^2}\right]\right).\end{aligned}$$

Beweis. Gemäß den Ausführungen zu Beginn von Abschnitt 3.3.1 gilt

$$\begin{aligned}&\|f^* - f^{\gamma,Y,\epsilon,\delta}\|_{L_2(\Omega)}\\&\leq C\left(c_2^\tau h_X^\tau \|f^* - f^{\gamma,Y,\epsilon,\delta}\|_{H^\tau(\Omega)} + h_X^{\frac{d}{2}-\alpha}\|A_X f^{\gamma,Y,\epsilon,\delta} - A_X f^*\|_{\ell_2}\right).\end{aligned}$$

Die Approximationsaussagen folgen nun durch Einsetzen der speziellen Regularisierungsparameter aus Lemma 4.14. Die Stabilität wurde bereits in Lemma 4.13 nachgerechnet. □

Bemerkung 4.16. *Anders als bei der im vorherigen Abschnitt diskutierten SVR mit stückweise linearem Bildfehler lässt sich also durch angepasste Parameterwahl für quasi-uniforme Kollokationspunkte, d.h. $n \simeq h^{-d}$, auch im Fall $\epsilon < \delta$ ein L_2-Fehler der Ordnung $-\alpha$ erreichen.*

Die Resultate aus Satz 4.15 lassen sich bei genauem Hinsehen noch weiter verbessern. Für $\epsilon \geq \delta$ ist offensichtlich wie im letzten Abschnitt $\epsilon = \delta$ die optimale Wahl. Da die Stabilität der Lösung in der Situation $\epsilon < \delta$ lediglich vom Parameter c abhängt und in die L_2-Fehlerabschätzung sowohl c als auch ϵ eingehen, streben wir hier eine optimale Wahl von ϵ in Abhängigkeit von c und natürlich dem fixierten Fehlerniveau δ an.

Korollar 4.17. *(Optimale Parameterwahl)*

1. *Im Fall $\epsilon \geq \delta$ ist $\epsilon = \delta$ die optimale Parameterwahl. Der in Lemma 4.14 eingeführte Parameter*

$$\gamma_c = \frac{n\delta^2}{c\|f^*\|_H^2}$$

liefert einen Approximationsfehler von

$$\|f^* - f^{\gamma_c, Y, \epsilon, \delta}\|_{L_2(\Omega)} \leq C \left(2c_2^\tau h_X^\tau \|f^*\|_{H^\tau(\Omega)} + h_X^{\frac{d}{2}-\alpha} \sqrt{n} \left(1 + \sqrt{1+\frac{1}{c}}\right) \delta \right).$$

Allerdings muss γ nicht proportional zu n gewählt werden, da die Wahl von ϵ Stabilität in der starken Form $\|f^{\gamma, Y, \epsilon, \delta}\|_H \leq \|f^*\|_H$ garantiert.

2. *Im Fall $\epsilon < \delta$ ist für den in Lemma 4.13 eingeführten Regularisierungsparameter die Wahl*

$$\epsilon := \frac{1+c}{1+2c}\delta$$

optimal. Einsetzen dieses Wertes für ϵ ergibt

$$\gamma_c = \frac{c}{(1+2c)^2} \frac{n\delta^2}{\|f^*\|_H^2}.$$

Mit diesen Werten ist Stabilität gemäß $\|f^{\gamma_c, Y, \epsilon, \delta}\|_H \leq \sqrt{1+c}\|f^*\|_H$ sichergestellt, und die Approximationsfehlerabschätzung nimmt folgende Form an:

$$\begin{aligned}\|f^* - f^{\gamma_c, Y, \epsilon, \delta}\|_{L_2(\Omega)} &\leq C \Big(c_2^\tau h_X^\tau \left(1 + \sqrt{1+c}\right) \|f^*\|_{H^\tau(\Omega)} \\ &\quad + h_X^{\frac{d}{2}-\alpha} \sqrt{n} \left(1 + \sqrt{\frac{1+c}{1+2c}}\right) \delta \Big).\end{aligned}$$

Beweis. Für $\epsilon \geq \delta$ folgt die Aussage direkt durch Betrachtung des Approximationsfehlers aus Satz 4.15. Für $\epsilon < \delta$ zeigt die Fehlerschranke aus Satz 4.15, dass lediglich der Ausdruck

$$h(\epsilon) := \left(1 + \frac{1}{c}\right)(\delta - \epsilon)^2 + \epsilon^2 \qquad (4.45)$$

nach ϵ minimiert werden muss. Als Minimumstelle ermittelt man den oben angegebenen Wert. Einsetzen in die Parameterwahl und die Fehlerabschätzung aus Satz 4.15 liefern die Behauptung. □

4.5.3 TP-Verfahren mit Projektion

Die Fehlertheorie für das asymmetrische TP-Verfahren lässt sich einfach aus dem vorherigen Abschnitt als Spezialfall der Situation $\epsilon = 0$ übernehmen. Mit Satz 4.15 erhalten wir sofort die gewünschte Stabilitäts- und Fehlertheorie. Natürlich kann der Approximant $f^{\gamma,Y,\delta}$ nach wie vor über die Lösung des linearen Gleichungssystems (4.4) aus Lemma 4.1 berechnet werden.

Satz 4.18. *(L_2-Fehlerabschätzungen und Parameterwahlen)*
Es sei $H = H^\tau(\mathbb{R}^d)$, $\tau > \frac{d}{2}$ und es gelte $f^* \in H_Y$. Wählt man

$$\gamma_c := \frac{n\delta^2}{c\|f^*\|_H^2},$$

so ist durch

$$\|f^{\gamma_c,Y,\delta}\|_H \leq \sqrt{1+c}\,\|f^*\|_H$$

Stabilität garantiert. Der Approximationsfehler ist beschränkt durch

$$\|f^* - f^{\gamma_c,Y,\delta}\|_{L_2(\Omega)} \leq C\left(c_2^\tau h_X^\tau \left(1 + \sqrt{1+c}\right)\|f^*\|_{H^\tau(\Omega)} + h_X^{\frac{d}{2}-\alpha}\sqrt{n}\left(1 + \sqrt{1+\frac{1}{c}}\right)\delta\right).$$

Beweis. Folgt durch Einsetzen von $\epsilon = 0$ in den Fall $\epsilon < \delta$ von Satz 4.15. □

4.5.4 Vergleich der TP- und SVR-Verfahren

Um die bisher vorgestellten Verfahren besser vergleichen zu können, geben wir in diesem Abschnitt einen Überblick über die hergeleiteten Parameterwahlen sowie die resultierenden Stabilitäts- und Approximationsresultate an. In Tabelle 4.1 finden sich für die SVR-Methoden neben dem Regularisierungsparameter auch die Werte des zusätzlich stabilisierenden Parameters ϵ. In der mit „Stabilität" beschrifteten Zeilen ist jeweils der vom Parameter c abhängige Vorfaktor in der Stabilitätsabschätzung angegeben. In der mit „Approximation" gekennzeichneten Zeile ist jeweils der Vorfaktor des Leitterms in der L_2-Fehlerschranke aufgelistet.

Die beste Approximationsfehlerabschätzung erhält man für das symmetrische TP-Verfahren. Insbesondere konvergiert nur in diesem Fall für $c \to \infty$ der Vorfaktor in der Approximationsfehlerabschätzung gegen 1. Die Qualität der Fehlerschranken bei dieser Methode ist nicht weiter verwunderlich, da die Singulärwertzerlegung des semi-diskreten Operators eine bessere Fehlerabschätzung als die direkte Betrachtung des Zielfunktionals ermöglicht. Daher ist zur Abgrenzung der SVR-Methoden von der bekannten TP-Methode ein Vergleich mit der asymmetrischen Variante aufschlussreicher.

	sym. TP	lin. SVR	quad. SVR	quad. SVR	asym. TP
γ	$\frac{n\delta^2}{4c^2\rho^2}$	$\frac{2\delta}{c\rho^2}$	$\frac{n\delta^2}{c\rho^2}$	$\frac{c}{(1+2c)^2}\frac{n\delta^2}{\rho^2}$	$\frac{n\delta^2}{c\rho^2}$
ϵ	–	δ	δ	$\frac{1+c}{1+2c}\delta$	–
Stabilität	$1+c$	1	1	$\sqrt{1+c}$	$\sqrt{1+c}$
Approx.	$1+\frac{1}{4c}$	$2\left(1+\frac{1}{c}\right)$	$1+\sqrt{1+\frac{1}{c}}$	$1+\sqrt{\frac{1+c}{1+2c}}$	$1+\sqrt{1+\frac{1}{c}}$

Tabelle 4.1: Vergleich der TP- und SVR-Verfahren: optimale Parameter und Vorfaktoren der Stabilitäts- und Approximationsfehler-Abschätzungen.

Desweiteren ist zu bedenken, dass lediglich bei den beiden SVR-Verfahren mit der Wahl $\epsilon = \delta$ Stabilität in der starken Form $\|f^{\gamma,Y,\epsilon,\delta}\|_H \leq \|f^*\|_H$ für alle Parameter γ gesichert ist. Der Regularisierungsparameter dient hier ausschließlich zur Gewährleistung numerischer Stabilität, weshalb sehr große Werte für c gewählt werden können und der Vorfaktor der Approximationsfehlerabschätzung nahezu 2 wird. Ein Vergleich der beiden Verfahren untereinander zeigt, dass bei optimaler Parameterwahl die SVR mit stückweise quadratischem Bildfehler etwas bessere Ergebnisse erwarten lässt. Allerdings ist dieser Vorteil für große c marginal und in Testrechnungen nicht zu beobachten.

Für die quadratische SVR mit $\epsilon = \frac{1+c}{1+2c}\delta$ ist Stabilität nur noch in abgeschwächter Form garantiert. Allerdings ist im Vergleich zu den beiden SVR-Verfahren mit $\epsilon = \delta$ stets ein geringerer Approximationsfehler sichergestellt. Insbesondere ist dieser für alle $c > 0$ kleiner als 2 und konvergiert für $c \to \infty$ gegen $3/2$. Dies zeigt insbesondere, dass im Vergleich mit der asymmetrischen TP-Methode bei gleicher Stabilität stets ein geringerer Approximationsfehler gewährleistet wird. Die zusätzliche Wahlfreiheit für den Parameter ϵ wirkt sich also in der Tat vorteilhaft aus. Es zeigt sich außerdem, dass auch die quadratische SVR mit $\epsilon = \delta$ der asymmetrischen TP-Methode vorzuziehen ist. In diesem Fall stimmen die Approximationsfehlerschranken überein, während nur die SVR Stabilität in der starken Form ermöglicht.

Nicht in den Fehlerabschätzungen ablesbar sind zwei weitere Charakteristika der unterschiedlichen Verfahren. Zum einen bedingt die Anwendung der symmetrischen TP-Methode die Auswertung von n^2 Doppelintegralen, während für die asymmetrischen Verfahren lediglich nm Einfachintegrale berechnet werden müssen. Zum anderen haben wir uns bisher lediglich mit der Sicherstellung von Stabilität im Funktionenraum bei gleichzeitiger Gewährleistung guter Approximationsresultate beschäftigt. Der Aspekt der numerischen Stabilität ist bis jetzt außen vor geblieben. Im nächsten Abschnitt untersuchen wir daher diesbezügliche Unterschiede der vorgestellten Methoden. Die SVR-Verfahren werden sich bei diesem Vergleich als deutlich vorteilhaft erweisen.

4.6 Numerische Stabilität bei den SVR-Verfahren

In diesem Abschnitt werden wir zeigen, dass die Kondition der Nebenbedingungsmatrix bei den SVR-Methoden weitaus besser ist als die Kondition der Kollokationsmatrizen bei der symmetrischen bzw. asymmetrischen TP-Methode. Genauer gesagt weisen wir nach, dass in den quadratischen Programmen (4.28) und (4.37) alle auftauchenden Größen unabhängig von den kleinen Singulärwerten der asymmetrischen Kollokationsmatrix sind, obwohl diese Matrix in den Nebenbedingungen auftaucht.

Um dies einzusehen bemerken wir zunächst, dass im Regularisierungsterm der SVR-Verfahren nur die diskrete Kernmatrix Φ_Y vorkommt, die bei geeigneter Kernwahl relativ gut konditioniert ist. Die Konditionszahl von Φ_Y bezüglich der Spektralnorm ist als Quotient des maximalen und des minimalen Eigenwerts gegeben:

$$\operatorname{cond}(\Phi_Y) = \frac{\lambda_{\max}(\Phi_Y)}{\lambda_{\min}(\Phi_Y)}. \tag{4.46}$$

Gemäß [101], Kapitel 12 erhält man mit dem Satz von Gerschgorin für radiale Kerne

$$\lambda_{\max}(\Phi_Y) \leq m \max_{k=1,\ldots,m} \{\Phi(y_k, y_k)\} \leq m\, \phi(0). \tag{4.47}$$

Die Abschätzung des minimalen Eigenwerts gestaltet sich deutlich schwieriger und muss separat für verschiedene Basisfunktionen durchgeführt werden. Beispielsweise für die Wendlandkerne $\phi_{d,k}$ wird in [101] die Abschätzung

$$\lambda_{\min}(\Phi_Y) \geq C q_Y^{2k+1} \tag{4.48}$$

gezeigt, wobei q_Y der Separierungsabstand aus (3.23) ist. Für quasi-uniforme Daten gilt $m \simeq q_Y^{-d}$, und somit kann man die Kondition der diskreten Kernmatrix zum Wendlandkern $\phi_{d,k}$ durch

$$\operatorname{cond}(\Phi_Y) \leq C q_Y^{-(2k+d+1)} \tag{4.49}$$

abschätzen. Generell zeigen zahlreiche Testrechnungen mit den TP-Methoden, dass die Kondition der diskreten Kernmatrix ein untergeordnetes Problem darstellt, da die Kondition der asymmetrischen bzw. symmetrischen Kollokationsmatrix viel größere Schwierigkeiten bereitet. Auch in diesem Fall erweist sich der kleinste Eigenwert als Ursache der Instabilität. Das folgende Lemma liefert den Grund für den Stabilitätsvorteil der Support-Vektor-Regression verglichen mit der asymmetrischen bzw. symmetrischen TP-Methode.

Lemma 4.19. *(Numerische Stabilität bei den SVR-Methoden)*

1. *Die asymmetrische Kollokationsmatrix $N = N_{A,\Phi,X,Y} \in \mathbb{R}^{m \times n}$ habe maximalen Spaltenrang n und die Singulärwerte $\sigma_1 \geq \ldots \geq \sigma_n$. Dann hat lediglich der größte Singulärwert Einfluss auf die Kondition der Nebenbedingungsmatrix*

$$M = \begin{bmatrix} N^T & -I_n & \mathcal{O}_n \\ -N^T & \mathcal{O}_n & -I_n \end{bmatrix} \in \mathbb{R}^{2n \times (m+2n)}$$

der quadratischen Programme aus (4.28) und (4.37). Genauer gilt:
$$\text{cond}(M) = \sqrt{1 + 2\sigma_1^2} = \mathcal{O}(\sigma_1).$$

2. Für Regressionsprobleme ist bei Verwendung eines radialen Kerns zusätzlich die Abschätzung
$$\sigma_1 \leq \sqrt{nm}\,\phi(0)$$
erfüllt, so dass in diesem Fall folgt:
$$\text{cond}(M) = \mathcal{O}(\sqrt{nm}).$$

Beweis.

1. Wir betrachten die Eigenwerte der Matrix
$$MM^T = \begin{bmatrix} N^T N + I_n & -N^T N \\ -N^T N & N^T N + I_n \end{bmatrix} \in \mathbb{R}^{2n \times 2n}.$$

Die Eigenwertgleichung $MM^T z = \mu z$ lässt sich für $z = (x^T, y^T)^T$ mit $x, y \in \mathbb{R}^n$ als Gleichungssystem
$$\begin{aligned} N^T N x + x - N^T N y &= \mu x, \\ -N^T N x + N^T N y + y &= \mu y \end{aligned} \tag{4.50}$$
schreiben. Formt man die erste Gleichung zu
$$N^T N y = N^T N x + (1 - \mu) x$$
um und setzt sie in die zweite ein, so ergibt sich
$$(1 - \mu) x = (\mu - 1) y.$$

a) Ist $\mu \neq 1$, so ist die Gleichung genau für $x = -y$ erfüllt. Einsetzen in das Ausgangssystem (4.50) zeigt, dass dieses genau unter der Bedingung
$$N^T N x = \frac{\mu - 1}{2} x$$
gelöst wird. Somit ist $\mu \neq 1$ genau dann Eigenwert von $M^T M$, wenn $\frac{\mu-1}{2}$ Eigenwert von $N^T N$ ist. Umgekehrt sind somit für alle Eigenwerte $\lambda \neq 0$ von $N^T N$ die Zahlen $\mu = (1 + 2\lambda)$ Eigenwerte von $M^T M$.

b) Ist $\mu = 1$, so vereinfacht sich das System (4.50) zu den Gleichungen
$$\begin{aligned} N^T N (x - y) &= 0, \\ N^T N (y - x) &= 0. \end{aligned}$$
Ist nun $\text{rg}(N) = n$, so ist $N^T N$ invertierbar und es ergibt sich die Bedingung $x = y$.

Da $M^T M$ in Vielfachheiten gezählt $2n$ Eigenwerte besitzt und n viele davon nach a) ungleich 1 sind und mittels der Eigenwerte $\lambda_i \neq 0$ der invertierbaren Matrix $N^T N$ als $\mu_i = 1 + 2\lambda_i$ ermittelt wurden, müssen die restlichen n Eigenwerte gleich 1 sein. Sind also die Singulärwerte von N durch $\sigma_1, \ldots, \sigma_n$ gegeben, so besitzt M die Singulärwerte

$$\sqrt{1+2\sigma_1^2}, \ldots, \sqrt{1+2\sigma_n^2}, 1,$$

wobei der Singulärwert 1 die Vielfachheit n hat. Das zeigt die erste Behauptung.

2. In der Situation $X = Y$ folgt die Abschätzung (4.47) für den größten Eigenwert von Φ_X direkt aus der für positiv definite, radiale Kerne bekannten Tatsache $|\phi(x)| \leq \phi(0)$ und dem Kreissatz von Gerschgorin (siehe [101], Kapitel 12). Die Behauptung ergibt sich dann mit dem ersten Teil, da dort gezeigt wurde, dass der kleinste Eigenwert von M gleich 1 ist.

Für $X \neq Y$ definieren wir

$$\Psi(x,y) := \Psi_{\Phi,Y}(x,y) := \sum_{k=1}^{m} \Phi(x, y_k) \Phi(y, y_k).$$

Der Satz von Gerschgorin angewendet auf $\Psi_X = \Phi_{X,Y} \Phi_{X,Y}^T \in \mathbb{R}^{n \times n}$ garantiert für den maximalen Eigenwert λ_1 von Ψ_X die Existenz eines Index $i \in \{1, \ldots, n\}$ mit

$$|\lambda_1(\Psi_X) - \Psi(x_i, x_i)| \leq \sum_{l \in \{1, \ldots, n\} \setminus \{i\}} \Psi(x_l, x_i).$$

Daraus lässt sich für das Quadrat des größten Singulärwerts von $\Phi_{X,Y}$

$$\begin{aligned} |\sigma_1^2(\Phi_{X,Y})| &\leq \sum_{l=1}^{n} \Psi(x_l, x_i) = \sum_{l=1}^{n} \sum_{k=1}^{m} \Phi(x_l, y_k) \Phi(x_i, y_k) \\ &\leq nm \left(\phi(0) \right)^2 \end{aligned}$$

folgern, und mit Teil 1 des Beweises ergibt sich wieder die Behauptung.

□

Vergleicht man das Ergebnis aus Teil b) mit (4.48) bzw. (4.49), so sieht man, dass für Regressionsprobleme mit Wendlandkern $\phi_{d,k}$ und $X = Y$ die Kondition der Nebenbedingungsmatrix M des quadratischen Programms aus (4.28) um den Faktor q_X^{2k+1} besser abgeschätzt werden kann als die Kondition der diskreten Kernmatrix Φ_X. Für andere Kerne tritt der Einfluss des minimalen Singulärwerts der diskreten Kernmatrix sogar noch deutlicher hervor, weshalb die quadratischen Programme (4.28) und (4.37) schon im Regressionsfall stabiler gelöst werden können als die TP-Gleichungssysteme.

Noch entscheidender ist der numerische Vorteil der SVR-Verfahren bei Integralgleichungen mit kompaktem Operator. Die kleinsten Singulärwerte der Kollokationsmatrizen streben in diesem Fall extrem schnell gegen Null, während die großen Singulärwerte moderat bleiben.

4.7 Numerische Beispiele

Wir vergleichen in den folgenden Beispielen das semi-diskrete symmetrische bzw. asymmetrische TP-Verfahren (Algorithmen 3.1 und 4.1) mit den SVR-Methoden mit stückweise linearem bzw. quadratischem Bildfehlerterm (Algorithmen 4.2 und 4.3). Dabei werden die Einträge der Kollokationsmatrizen numerisch mit einer Genauigkeit von 10^{-6} berechnet. Zur Lösung der quadratischen Programme kommt die Matlab-Routine *quadprog* zum Einsatz, die auf Algorithmen aus [30] basiert und eine Aktive-Menge-Strategie ausnutzt. Um die beschriebenen Methoden bestmöglich voneinander abgrenzen zu können und die hergeleiteten Parameterwahlen zu testen, verwenden wir stets den Startwert $z = 0$ und führen maximal 1000 Iterationen durch. Das Iterationsverfahren stoppt jedoch in den meisten Fällen nach weit weniger Schritten, und durch die Wahl einer TP-Lösung als Startwert kann die numerische Konvergenz zudem stark beschleunigt werden. Wir beginnen mit dem Spezialfall eines Regressionsproblems.

Beispiel 4.20. *Wir betrachten $n = 100$ äquidistante Datenpunkte aus $\Omega = [-3, 3]$ und die Funktion $f^*(x) = \phi_{1,0}(x-2) + 2\phi_{1,0}(x-1)$. Den Operator A wählen wir als Identität und stören die diskrete Lösung mit einer auf $[-1, 1]$ gleichverteilten Zufallsvariable, d.h. es gilt $\delta = 1$. Zur Entrauschung dieser stark gestörten Daten verwenden wir den passenden Wendlandkern $\phi_{1,0}(r) = (1-r)_+$, so dass die Lösung für alle betrachteten Verfahren im Raum $H = H^1(\Omega)$ liegt. Man rechnet leicht nach, dass $\|f^*\|_H^2 = 5$ gilt. Für das symmetrische TP-Verfahren ergibt sich mit Satz 3.20 und der Wahl $c = 2$ der Parameter*

$$\gamma = \left(\frac{\delta}{2c\|f^*\|_H}\right)^2 n = \frac{5}{4},$$

der Stabilität in der Form $\|f^{\gamma,\delta}\|_H \leq 3\|f^*\|_H$ garantiert. Für das asymmetrische Verfahren wählen wir $X = Y$ und verwenden die Parameterwahl aus Satz 4.18. Um dieselbe Stabilitätsschranke zu erhalten, wird $c = 8$ gesetzt, wodurch

$$\gamma = \frac{n\delta^2}{c\|f^*\|_H^2} = \frac{5}{2}$$

resultiert. Zur SVR benutzen wir den optimalen Parameter $\epsilon = \delta$ und wählen für den stückweise linearen wie für den stückweise quadratischen Bildterm zur Sicherstellung numerischer Stabilität $\gamma = 10^{-4}$. In Abb. 4.2 ist deutlich zu erkennen, dass die SVR-Lösungen, die in diesem einfachen Beispiel vollkommen identisch sind, weitaus besser ausfallen als die Rekonstruktionen mittels der TP-Verfahren.

Als nächstes untersuchen wir die Rekonstruktion von Dichtefunktionen aus Messwerten der Verteilungsfunktion und betrachten dementsprechend den Operator

$$Af(x) = \int_{-\infty}^{x} f(t)\, dt. \tag{4.51}$$

Da eine Dichtefunktion gesucht ist, muss eine Lösung die Normierungseigenschaft

$$\int_{-\infty}^{\infty} f(t)\, dt = 1$$

4 Projektion und Support-Vektor-Regression   83

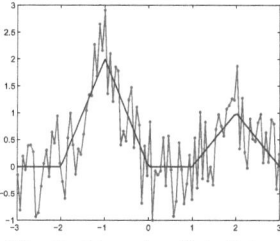

4.2,a: Exakte und gestörte Daten.

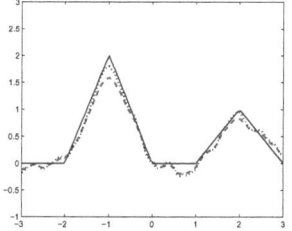   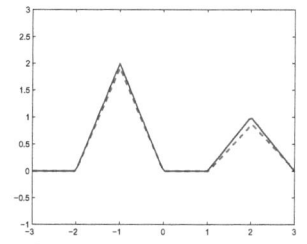

4.2,b: Asymmetrische TP-Lösung (gestrichelt), sym. TP-Lösung (gepunktet).   4.2,c: SVR mit stückw. lin. bzw. stückw. quad. Bildterm (gestrichelt, identisch).

Abbildung 4.2: Gestörte Daten und Rekonstruktionen mit den TP- und SVR-Verfahren in Beispiel 4.20 (Regression).

erfüllen und zusätzlich positiv sein. Die erste Bedingung lässt sich durch Hinzunahme des linearen Funktionals

$$\lambda_{n+1}(f) := \int_{-\infty}^{\infty} f(t)\, dt$$

in den semi-diskreten Operator integrieren. Als entsprechender exakter Messwert ist $g_{n+1} := 1$ einzufügen. Diese Vorgehensweise ist generalisierbar und zeigt, dass Volumenerhaltung in den vorgestellten semi-diskreten Verfahren stets ohne Zusatzaufwand sichergestellt werden kann.

Ein Vorteil der SVR-Verfahren wird bei der Berücksichtigung der Positivität der Rekonstruktion deutlich. Während sich diese Forderung in den TP-Verfahren nicht ohne Weiteres sicherstellen lässt, kann in den quadratischen Programmen einfach die Nebenbedingung eines positiven Koeffizientenvektors ergänzt werden. Wegen der Positivität des Hilbertraumkerns stellt dies die gewünschte Eigenschaft sicher. Allerdings kann durch Übergang zu Iterationsverfahren auch für die TP-Methode Positiviät erreicht werden [23].

Beispiel 4.21. *Gesucht ist die Dichte der Standardnormalverteilung, d.h.*

$$f^*(x) = \frac{1}{\sqrt{2\pi}}\, e^{-\frac{1}{2}x^2}.$$

Als Rekonstruktionsgebiet betrachten wir $\Omega = [-5, 5]$. *Weiterhin werden* $n = 100$ *uniforme Datenpunkte verwendet, die Bilddaten stören wir durch gleichverteiltes Rauschen mit* $\delta = 0.1$.

Als Kernfunktion setzen wir den skalierten Gaußkern $\phi(r) = e^{-\frac{1}{2}r^2}$ *an, um die Parameterwahl optimal testen zu können. Da die gesuchte Funktion* $\|f^*\|_H = 1$ *erfüllt, lassen sich trotz der fehlenden* L_2-*Fehlertheorie die vorgestellten Parameterstrategien anwenden.*

Die symmetrische Kollokationsmethode liefert in diesem Beispiel keine guten Ergebnisse. Vermutlich ist das darauf zurückzuführen, dass hier eine sehr genaue Berechnung der in den Kollokationsmatrizen auftretenden Integrale nötig ist und sich diese Instabilität auf die Berechnung von Doppelintegralen besonders stark auswirkt. Daher vergleichen wir in diesem Beispiel nur die asymmetrische TP-Methode mit den SVR-Verfahren.

Für das asymmetrische TP-Verfahren wählen wir den Regularisierungsparameter gemäß Satz 4.18 als $\gamma = \frac{n\delta^2}{c\|f^*\|_H^2}$ *und setzen* $c = 3$, *wodurch* $\gamma = 1/3$ *und die Stabilitätsschranke* $\|f^{\gamma,\delta}\|_H \leq 2\|f^*\|_H$ *resultieren. Bei den SVR-Methoden setzen wir das Datenfehlerniveau als gegeben voraus und wählen* $\epsilon = \delta$. *Im Falle eines stückweise linearen Bildfehlerterms wählen wir gemäß Korollar 4.11 den Regularisierungsparameter* $\gamma = \frac{2\delta}{c\|f^*\|_H^2}$ *und setzen hier* $c = 2$, *so dass sich* $\gamma = 0.1$ *ergibt. Man beachte, dass Stabilität im Funktionenraum in dieser Situation stets in der starken Form garantiert ist und* γ *lediglich zur Sicherstellung numerischer Stabilität dient. Da in diesem Beispiel keine weitere Regularisierung nötig ist, können wir bei der SVR mit stückweise quadratischem Bildfehler* $\gamma = 0$ *setzen.*

Die Ergebnisse sind in Abb. 4.3 dargestellt. Im Hinblick auf die starke Datenstörung führen die SVR-Verfahren zu ausgezeichneten Rekonstruktionen. Außerdem ist zu erkennen, dass die Positivität nur im Fall der SVR gewährleistet ist und zudem eine deutlich bessere Approximation erreicht wurde. Es sei jedoch erwähnt, dass sich mit dem TP-Verfahren für schwach gestörte Daten ebenfalls gute Ergebnisse erzielen lassen.

Wir betrachten im Folgenden die Situation, dass der Ansatzraum (wie fast immer in realen Problemen) nicht optimal für die zu rekonstruierende Funktion ist. Es zeigt sich, dass die SVR-Methoden auch dann ein deutlich besseres Verhalten bei Vorliegen von Datenfehlern aufweisen.

Beispiel 4.22. *Gesucht ist die Dichte der t-Verteilung, die durch*

$$f^*(x) = \frac{1}{\pi(1+x^2)}$$

gegeben ist. Die entsprechende Verteilungsfunktion ergibt sich als

$$g(x) = \frac{1}{2} + \frac{1}{\pi}\arctan(x).$$

Da die Dichte der t-Verteilung langsamer abfällt als diejenige der Gauß'schen Normalverteilung, wählen wir diesmal $\Omega = [-10, 10]$ *als Rekonstruktionsbereich. Wie im letzten Beispiel verwenden wir* $\phi(r) = e^{-\frac{1}{2}r^2}$ *und* $n = 100$ *uniforme Datenpunkte. Die Datenstörung wählen wir gleichverteilt mit* $\delta = 0.05$. *Eine Parameterstrategie steht in diesem Fall nicht zur Verfügung.*

Es zeigt sich, dass beim asymmetrischen TP-Verfahren der Parameter $\gamma = 1$ *nahezu optimale Ergebnisse liefert und Abweichungen einen starken Einfluss auf die Qualität der Rekonstruktion*

4 Projektion und Support-Vektor-Regression   85

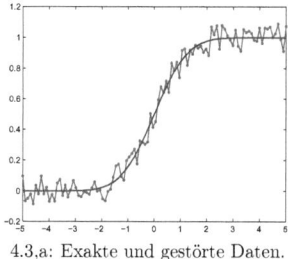

4.3,a: Exakte und gestörte Daten.

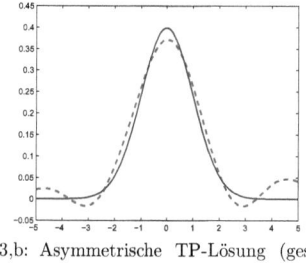

4.3,b: Asymmetrische TP-Lösung (gestrichelt).

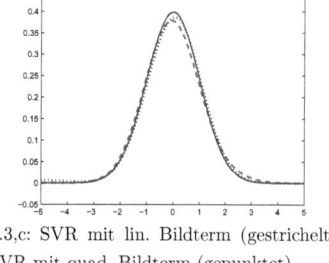

4.3,c: SVR mit lin. Bildterm (gestrichelt), SVR mit quad. Bildterm (gepunktet).

Abbildung 4.3: Gestörte Daten und Rekonstruktionen mit den TP- und SVR-Verfahren in Beispiel 4.21 (Standardnormalverteilung).

haben. *Bei der SVR spielt der Regularisierungsparameter nur eine untergeordnete Rolle, daher wurde in beiden Methoden* $\gamma = 10^{-2}$ *gewählt. Auch auf die Wahl des Parameters* ϵ *reagiert die Rekonstruktion robust, solange* $\epsilon < \delta$ *bleibt und nicht sehr klein gewählt wird. Anschaulich bedeutet dies, dass nicht zu viel der gegebenen Information vernachlässigt werden darf, exemplarisch wählen wir* $\epsilon = \frac{\delta}{2}$. *Die Ergebnisse der numerischen Tests sind in Abb. 4.4 zu sehen. Offensichtlich wirkt sich auch hier der zusätzliche Stabilisierungsparameter der SVR-Methoden vorteilhaft auf das Ergebnis aus.*

Ein Verfahren zur Dichteschätzung mittels SVR wurde bereits in [91] behandelt. Allerdings wurde dort die erwünschte Bildapproximation durch Nebenbedingungen im quadratischen Programm und nicht durch Minimierung des Defektes mittels der Zielfunktion realisiert. Im Vergleich zur bekannten Parzen-Fenster-Methode erwies sich die SVR-Methode als klar überlegen. Dieses Verfahren sowie die Methode der strukturellen Risikominimierung stellt Vapnik in [92] detailliert vor. Auch das folgende Beispiel wird dort knapp umrissen.

Beispiel 4.23. *In der Nuklearspektroskopie beschäftigt man sich mit der Ermittlung der Frequenzverteilung* f^* *eines Energiestrahls aus Messwerten* g_X *des Energiespektrums. Ein Modell dieses physikalischen Zusammenhangs ist nach [92] durch den Operator*

$$Af(x) = \int_a^b \left(1 - \frac{t}{x}\right)_+ f(t)\,dt$$

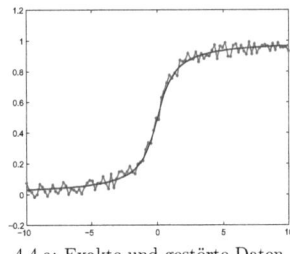

4.4,a: Exakte und gestörte Daten.

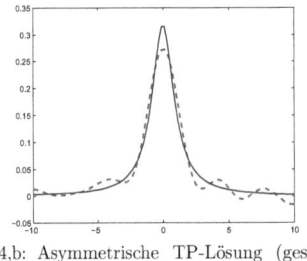

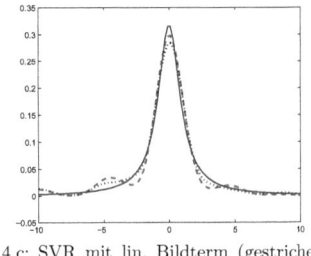

4.4,b: Asymmetrische TP-Lösung (gestrichelt).

4.4,c: SVR mit lin. Bildterm (gestrichelt), SVR mit quad. Bildterm (gepunktet).

Abbildung 4.4: Gestörte Daten und Rekonstruktionen mit den TP- und SVR-Verfahren in Beispiel 4.22 (t-Verteilung).

gegeben, wobei a und b die Endpunkte des emittierten Spektrums sind. Bezeichnen F eine Stammfunktion und $\overline{F}$ eine zweimalige Stammfunktion zu f, so ermittelt man die rechte Seite der Gleichung $Af = g$ durch Integration als

$$g(x) = \frac{\overline{F}(x) - \overline{F}(a) + aF(a)}{x} - F(a).$$

Umgekehrt ergibt sich die Lösung für die Datenfunktion g als $f(x) = xg''(x) + 2g'(x)$. Als Testwerte wählen wir $a := 0.01$, $b := 0.01 + \pi$ und betrachten die Funktion $f^*(x) = \sin(x)$. Eine stabile Vorwärtsanwendung des Operators A ist durch die Wahl der Intervallgrenzen garantiert. Zur Rekonstruktion von f^* ziehen wir Werte für die rechte Seite g in $n = 100$ äquidistanten Datenpunkten heran, die gleichverteilt mit $\delta = 0.1$ gestört werden. Desweiteren verwenden wir den dritten Wendlandkern

$$\phi_{1,2}(r) = (1-r)^5_+(8r^2 + 5r + 1).$$

Für die beiden TP-Methoden erweist sich $\gamma = 0.05$ als gute Wahl, für kleinere Parameter wird das Ergebnis hochfrequent. Die SVR-Methoden führen für die Parameter $\gamma = 10^{-4}$ und $\epsilon = \delta$ auf etwas stabilere Rekonstruktionen, die voneinander kaum zu unterscheiden sind. Die Ergebnisse sind in Abb. 4.5 zu sehen.

Ein grundsätzlicher Unterschied zwischen den beiden SVR-Methoden kann im Fall $\epsilon < \delta$ beobachtet werden. Beispielsweise für $\epsilon = \frac{\delta}{2}$ und $\gamma = 10^{-2}$ erhält man für die SVR mit stückweise

4 Projektion und Support-Vektor-Regression   87

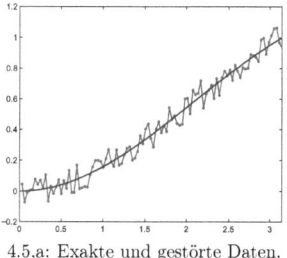

4.5,a: Exakte und gestörte Daten.

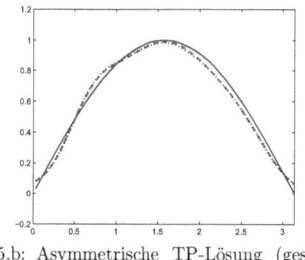   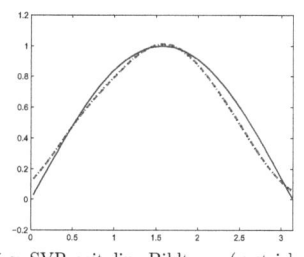

4.5,b: Asymmetrische TP-Lösung (gestrichelt), sym. TP-Lösung (gepunktet).   4.5,c: SVR mit lin. Bildterm (gestrichelt), SVR mit quad. Bildterm (gepunktet).

Abbildung 4.5: Gestörte Daten und Rekonstruktionen mit den TP- und SVR-Verfahren in Beispiel 4.23 (Nuklearspektroskopie).

quadratischem Bildfehler weiterhin gute Ergebnisse, die SVR mit stückweise linearem Bildfehler liefert hingegen nur noch stark instabile Näherungen der Lösung. Diese Beobachtung deckt sich mit der in Satz 4.15 und Bemerkung 4.16 festgehaltenen Erkenntnis, dass lediglich im Falle der SVR mit stückweise quadratischem Bildfehler für $\epsilon < \delta$ die optimale Fehlerordnung garantiert ist.

Im letzten Beispiel wurde der Vorteil der SVR im Vergleich zum asymmetrischen TP-Verfahren bei gestörten Daten deutlich. Auch der geringere Einfluss des Regularisierungsparameters ist klar ablesbar. Beide Aspekte zeigen sich auch im nächsten Beispiel. Motiviert ist die folgende Integralgleichung durch das physikalische Verhalten eines hängenden Kabels.

Beispiel 4.24. *Wir betrachten den Integraloperator*

$$Af(x) = \int_0^1 k(x,t)\, f(t)\, dt$$

mit

$$k(x,t) = \begin{cases} x(1-t), & x \leq t \\ t(1-x), & t \leq x \end{cases}.$$

Der Integralkern ist gerade die Green'sche Funktion des Randwertproblems $-g'' = f$ mit $g(0) = g(1) = 0$, d.h. die Gleichung $Af = g$ ist genau dann erfüllt, wenn f dieses Randwertproblem *zu den Daten g löst. Wir betrachten die zulässige rechte Seite*

$$g(x) = \frac{1}{10}\left(3x^5 - 5x^4 + 2x\right),$$

für die sich die Lösung $f^*(x) = 6x^2(1-x)$ ergibt. Es werden wieder $n = 100$ äquidistante Datenpunkte aus $[0,1]$ verwendet, die rechte Seite wird mit gleichverteiltem Rauschen der Stärke $\delta = 0.01$ gestört. Zum Einsatz kommt diesmal der skalierte zweite Wendlandkern $\phi(r) = \phi_{1,1}(5r)$ mit

$$\phi_{1,1}(r) = (1-r)_+^3(3r+1).$$

Für die TP-Verfahren erweist sich $\gamma = 10^{-3}$ als gute Wahl. Bei den SVR-Verfahren benutzen wir wieder $\epsilon = \delta$ und verwenden als Regularisierungsparameter $\gamma = 10^{-4}$. Das Ergebnis der numerischen Tests wird in Abb. 4.6,a - 4.6,c veranschaulicht. Auch in diesem Beispiel erhält man mit den SVR-Methoden bessere Ergebnisse, insbesondere das Verfahren mit stückweise linearem Bildterm liefert eine sehr gute Näherung.

Die SVR-Methode mit stückweise linearem Bildterm bietet zudem die Möglichkeit, mittels einiger Rekonstruktionen das Fehlerniveau in den Daten zu schätzen. Da für kleine Regularisierungsparameter die Wahl $\epsilon \geq \delta$ entscheidend für Stabilität ist, sollte sich dies auch in der Numerik niederschlagen. Dass diese Vermutung in der Tat zutrifft, zeigen die Abbildungen 4.6,d - 4.6,e, in denen weitere Testrechnungen des letzten Beispiels illustriert werden. Selbst für das niedrigere Fehlerniveau $\delta = 0.005$ wirken sich mit dem unveränderten Regularisierungsparameter $\gamma = 10^{-4}$ die Parameter $\epsilon = 0.8\,\delta$ und $\epsilon = 0.9\,\delta$ sehr destabilisierend aus. Für $\epsilon > \delta$ lassen sich dagegen gute Ergebnisse erzielen, allerdings ist erkennbar, dass für $\epsilon = 2\delta$ zu stark regularisiert wird.

Die vorgestellten Beispiele zeigen, dass die SVR-Methoden bei optimaler Parameterwahl bessere Ergebnisse als die TP-Verfahren liefern. Auch ist die Abhängigkeit vom Regularisierungsparameter γ viel schwächer ausgeprägt. Allerdings ist der Aufwand zur Bestimmung des Approximanten deutlich höher, da ein quadratisches Programm statt eines LGS zu lösen ist. Außerdem muss zur optimalen Parameterwahl das Fehlerniveau δ bekannt sein. Dieses kann jedoch, wie soeben gesehen, durch einige Testrechnungen mittels SVR mit stückweise linearem Bildterm aus den Daten geschätzt werden. Weitere numerische Experimente zeigen, dass mit der SVR-Methode mit stückweise quadratischem Bildterm für nicht zu kleine Parameter $\epsilon < \delta$ gute Ergebnisse erzielt werden können. Allerdings haben Parameterwahlen $\epsilon \gg \delta$ einen stark nachteiligen Effekt. Anschaulich ist dies plausibel, da in dieser Situation ein zu großer Teil der vorliegenden Informationen vernachlässigt wird.

Die symmetrische TP-Methode liefert, sofern die symmetrische Kollokationsmatrix stabil berechnet werden kann, etwas schlechtere Ergebnisse als die SVR-Methoden. Zudem erfordert dieses TP-Verfahren die Auswertung von Doppelintegralen, je nach Problemstellung mit einer großen Genauigkeit. Somit ist die Methode wesentlich zeitintensiver, falls nur für eine einzige rechte Seite ein Problem der Form $Af = g$ gelöst werden muss.

4 Projektion und Support-Vektor-Regression   89

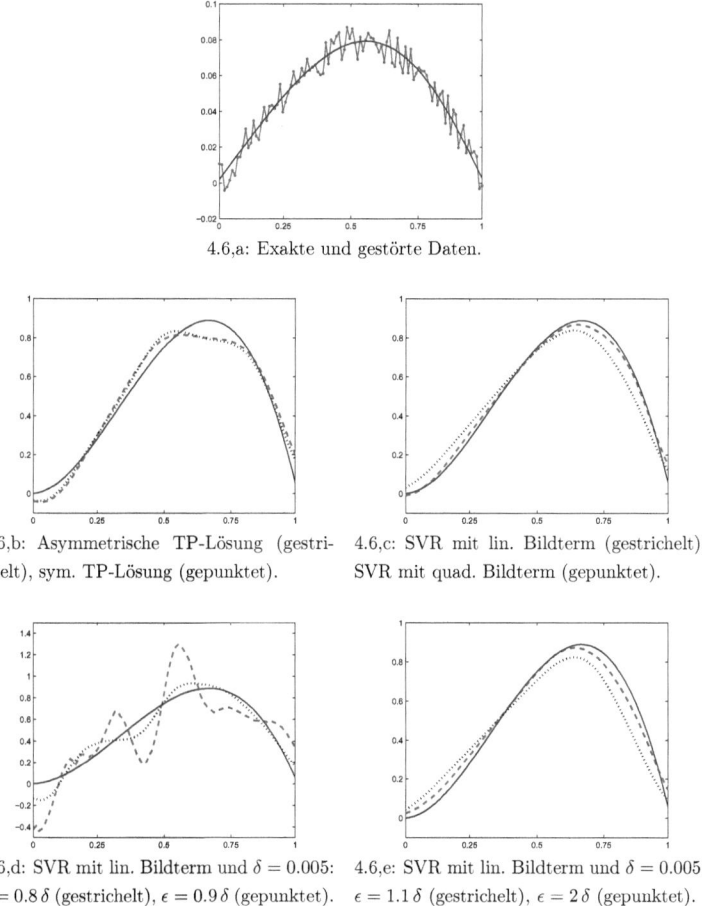

4.6,a: Exakte und gestörte Daten.

4.6,b: Asymmetrische TP-Lösung (gestrichelt), sym. TP-Lösung (gepunktet).

4.6,c: SVR mit lin. Bildterm (gestrichelt), SVR mit quad. Bildterm (gepunktet).

4.6,d: SVR mit lin. Bildterm und $\delta = 0.005$: $\epsilon = 0.8\,\delta$ (gestrichelt), $\epsilon = 0.9\,\delta$ (gepunktet).

4.6,e: SVR mit lin. Bildterm und $\delta = 0.005$: $\epsilon = 1.1\,\delta$ (gestrichelt), $\epsilon = 2\,\delta$ (gepunktet).

Abbildung 4.6: Gestörte Daten und Rekonstruktionen mit den TP- und SVR-Verfahren in Beispiel 4.24 (hängendes Kabel).

Insgesamt erweist sich die SVR als Verfahren, das den TP-Methoden signifikant überlegen ist und im Vergleich zu anderen Regularisierungsmethoden zumindest eine interessante Alternative darstellt.

5 Verfahren mit Operatordiskretisierung

Beim asymmetrischen Kollokationsansatz mit TP-Regularisierung bzw. Support-Vektor-Regression konnten wir Konvergenz im Fall exakter Daten nur garantieren, wenn die Lösung f^* mit wachsender Anzahl von Datenpunkten im Ansatzraum $H_Y = \text{span}\{\Phi(\cdot, y_k) \mid k = 1, \ldots, m\}$ liegt. Der Grund dafür war, dass die Minimum-Norm-Lösung f^+ unter allen Lösungen der Normalgleichung im Allgemeinen nicht in H_Y liegt, sondern in $H^*(A, X) = \text{span}\{\lambda_j^y \Phi(\cdot, y) \mid j = 1, \ldots, n\}$. Wir werden in diesem Kapitel zeigen, dass sich dieses Problem umgehen lässt, wenn man den Operator A durch eine Quadraturformel diskretisiert, in der nur die Punkte aus X vorkommen. Die Untersuchung des Verfahrens mit diskretisiertem Operator ist ohnehin von Interesse, da je nach Problem keine analytische Berechnung der in den Kollokationsmatrizen auftretenden Integrale möglich ist. Natürlich wird sich das Konvergenzverhalten der Quadraturmethode auf das Konvergenzverhalten der Verfahren auswirken.

Wir analysieren also in diesem Kapitel den Effekt der Substitution von A durch einen auf die Kollokationspunkte aus X diskretisierten Operator

$$A_n^w f(x) := \sum_{k=1}^n w_k k(x, x_k) f(x_k) \tag{5.1}$$

auf das TP-Verfahren und die SVR-Methoden. Dieser Operator ist von der Form (4.9), wenn Y gleich der Kollokationsmenge X gewählt wird. Daher bezeichnen wir den Füllabstand in diesem Abschnitt mit h und verzichten im Folgenden auf die Kennzeichnung der Abhängigkeit des diskretisierten Operators von der Anzahl der Kollokationspunkte. Wir stellen an die Diskretisierung die Anforderung

$$\forall f \in H \, \exists K = K(A, \Omega) > 0 \quad \text{mit} \quad \|(A - A^w) f\|_{L_\infty(\Omega)} \leq K \|f\|_H h^r. \tag{5.2}$$

Es ist zu beachten, dass diese Voraussetzung nicht direkt aus Annahme (4.10) folgt, da die Abhängigkeit der dort auftretenden Konstante von f nicht über $\|f\|_H$ gegeben sein muss. Betrachten wir jedoch exemplarisch die für die Trapezregel gegebene Abschätzung

$$\|(A - A^w) f\|_{L_\infty(\Omega)} \leq \frac{1}{12} h^2 (b - a) \max_{x, y \in \Omega} \left| \frac{\partial^2}{\partial y^2} (k(x, y) f(y)) \right|$$

aus Beispiel 4.3, so ist klar, dass unter leicht stärkeren Anforderung an den Integralkern eine explizite Abschätzung der Form (5.2) mit $r = 2$ angegeben werden kann. Völlig analog lässt sich für die Simpsonregel ein entsprechendes Resultat mit Konvergenzordnung $r = 4$ herleiten.

Lemma 5.1. *Es seien* $\Omega = [a,b]$, $f \in H^\tau(\Omega)$ *mit* $\tau \geq 2$ *und* $k \in C^2(\Omega \times \Omega)$. *Der mittels Trapezregel zu den Punkten* $x_k = a + kh$, $k = 0, \ldots, n$ *und der Schrittweite* $h = \frac{b-a}{n}$ *diskretisierte Operator ist gegeben durch*

$$A^w f(x) = h\left(\frac{1}{2}k(x,x_0)f(x_0) + \sum_{k=1}^{n-1} k(x,x_k)f(x_k) + \frac{1}{2}k(x,x_n)f(x_n)\right).$$

1. *Erfüllen die translatierten Kerne* $k_x(y) := k(x,y)$ *die Bedingung*

$$C_k := \max_{l=0,1,2} \max_{x,y \in \Omega} \left|k_x^{(l)}(y)\right| < \infty,$$

so gilt die Abschätzung

$$\|(A - A^w)f\|_{L_\infty(\Omega)} \leq \sqrt{\frac{b-a}{15}}\, C_k \, \|f\|_{H^\tau(\Omega)} \, h^2.$$

2. *Ist lediglich* $\max_{x \in \Omega} \|k_x\|_{H^2(\Omega)} < \infty$, *so existiert ein* $C = C(k) > 0$ *mit*

$$\|(A - A^w)f\|_{L_\infty(\Omega)} \leq C \, \|f\|_{H^\tau(\Omega)} \, h^2.$$

Beweis. Für beliebige Funktionen $F \in C^2(\Omega)$ besitzt das bei Approximation des Integrals mittels Trapezregel auftretende Restglied

$$R_T(F) := \int_a^b F(x)\,dx - h\left(\frac{1}{2}F(x_0) + \sum_{k=1}^{n-1} F(x_k) + \frac{1}{2}F(x_n)\right)$$

gemäß [49] die Darstellung

$$R_T(F) = -\int_a^b K_T(x) F''(x)\,dx, \tag{5.3}$$

wobei K_T der zur Trapezregel gehörige Peanokern

$$K_T(x) := \frac{1}{2}(x - x_{k-1})(x_k - x), \quad x_{k-1} \leq x \leq x_k, \quad k = 1, \ldots, n$$

ist. Eine kurze Rechnung zeigt

$$\|K_T\|_{L_2(\Omega)}^2 = n \int_0^h \left(\frac{1}{2}x(h-x)\right)^2 dx = \frac{1}{120}(b-a)h^4,$$

weshalb sich aus (5.3) folgende Restgliedabschätzung ergibt:

$$\begin{aligned}|R_T(F)| &= \left|\langle K_T, F''\rangle_{L_2(\Omega)}\right| \leq \|K_T\|_{L_2(\Omega)} \|F''\|_{L_2(\Omega)} \\ &\leq \sqrt{\frac{b-a}{120}}\, h^2 \, \|F''\|_{L_2(\Omega)}.\end{aligned} \tag{5.4}$$

Mit $F(y) := k_x(y)f(y)$ folgt somit

$$\|(A - A^w)f\|_{L_\infty(\Omega)} \leq \sqrt{\frac{b-a}{120}}\, h^2 \max_{x \in \Omega} \|(k_x f)''\|_{L_2(\Omega)}. \tag{5.5}$$

Da $(a_1+a_2)^2 \leq 2(a_1^2+a_2^2)$ für $a_1, a_2 \in \mathbb{R}$, vereinfacht sich der rechte Term zu

$$\begin{aligned}
\|(k_xf)''\|_{L_2(\Omega)}^2 &= \int_a^b ((k_xf)''(y))^2 \, dy \\
&= \int_a^b \left((k_x''(y)f(y) + 2k_x'(y)f'(y) + k_x(y)f''(y) \right)^2 dy \\
&\leq \int_a^b 2\left(\left(k_x''(y)f(y) + k_x(y)f''(y)\right)^2 + \left(2k_x'(y)f'(y)\right)^2 \right) dy \\
&\leq \int_a^b 8\left((k_x''(y)f(y))^2 + (k_x'(y)f'(y))^2 + (k_x(y)f''(y))^2\right) dy \\
&\leq 8 \max_{l=0,1,2} \max_{x,y \in \Omega} |k_x^{(l)}(y)|^2 \, \|f\|_{H^2(\Omega)}^2,
\end{aligned}$$

wodurch mit (5.5) und der Definition von C_k für $\tau \geq 2$ die erste Abschätzung folgt. Die zweite Behauptung ergibt sich aus (5.5) und

$$\|(k_xf)''\|_{L_2(\Omega)} \leq \|k_xf\|_{H^2(\Omega)} \leq c(\sigma,d) \, \|k_x\|_{H^2(\Omega)} \|f\|_{H^2(\Omega)},$$

wobei die letzte Ungleichung gilt, falls $\sigma > \frac{d}{2}$ und Ω ein Gebiet ist, das einer inneren Kegelbedingung genügt ([1], Theorem 5.23). □

Da wir auch in diesem Kapitel lediglich Abschätzungen des ℓ_2-Bildfehlers auf den Kollokationspunkten benötigen werden, können wir obiges Resultat ohne Schwierigkeiten auf die Situation erweitern, dass A ein Volterra-Operator ist und damit einen unstetigen Kern besitzt. In diesem Fall gilt

$$\begin{aligned}
|(A - A^w)f(x_i)| &= \left| \int_0^{x_i} k(x_i, y)f(y) \, dy - \sum_{k=1}^i w_k k(x_i, x_k) f(x_k) \right| \\
&= \left| \int_a^{x_i} K_T(y)(k_{x_i}f)''(y) \, dy \right| \\
&\leq \|K_T\|_{L_2(a,x_i)} \|(k_{x_i}f)''\|_{L_2(a,x_i)} \\
&\leq \|K_T\|_{L_2(\Omega)} \|(k_{x_i}f)''\|_{L_2(\Omega)},
\end{aligned}$$

und somit lässt sich der Approximationsfehler genau wie im Anschluss an die Abschätzung (5.5) beschränken.

5.1 Operatordiskretisierung im TP-Verfahren

Wir betrachten in diesem Abschnitt das Problem mit Operatordiskretisierung

$$\min_{f \in H}\{\|A_X^w f - g_X\|_{\ell_2}\} \tag{5.6}$$

und bezeichnen die entsprechende Minimum-Norm-Lösung gemäß Abschnitt 2.4 mit

$$f^+(A_X^w, g_X) := \arg\min_{f \in H}\{\|f\|_H \mid (A_X^w)^* A_X^w f = (A_X^w)^* g_X\}.$$

Die Lösung des regularisierten Problems

$$\min_{f \in H} \{ \|A_X^w f - g_X\|_{\ell_2}^2 + \gamma \|f\|_H^2 \} \tag{5.7}$$

nennen wir $f^\gamma(A_X^w, g_X)$, bei Vorliegen gestörter Daten kann lediglich $f^\gamma(A_X^w, g_X^\delta)$ berechnet werden. Nun ist zu beachten, dass selbst die exakte Datenfunktion g nicht mehr im Bild des diskretisierten Operators A^w liegen muss. Allerdings können wir

$$g^w := A^w f^* \tag{5.8}$$

definieren und erhalten mit der Konvergenzannahme aus (5.2) und der Notation $\|g\|_{\ell_2(X)} = \|g_X\|_{\ell_2}$ aus Satz 2.11 die Abschätzung

$$\|g - g^w\|_{\ell_2(X)} \leq \sqrt{n} \, \|(A - A^w)f^*\|_{\ell_\infty(X)} \leq K \|f^*\|_H \sqrt{n} \, h^r. \tag{5.9}$$

Nun betrachten wir das Hilfsproblem (A_X^w, g_X^w), d.h. wir untersuchen die Rekonstruktion von f^* aus dem Datenvektor g_X^w mittels des Operators A_X^w. Offensichtlich können wir in diesem Kontext g_X als verrauschte Version von g_X^w auffassen, wobei die Größe der Datenstörung für quasi-uniforme Daten gemäß (5.9) von der Ordnung $h^{r-\frac{d}{2}}$ ist. Als Erstes zeigen wir, dass für das Hilfsproblem (A_X^w, g_X^w) der Ansatzraum $H_X = \operatorname{span}\{\Phi(\cdot, x_i) \mid i = 1, \ldots, n\}$, welcher bei asymmetrischer Kollokation mit $Y = X$ verwendet wird, optimal ist.

Lemma 5.2. *Die Minimum-Norm-Lösung $f^+(A_X^w, g_X^w)$ liegt in H_X.*

Beweis. Wir definieren die Funktionale

$$\lambda_j^w(f) := A^w f(x_j) = \sum_{k=1}^n w_k k(x_j, x_k) f(x_k), \quad j = 1, \ldots, n.$$

Nach den Überlegungen aus Kapitel 3 ist klar, dass $f^+(A_X^w, g_X^w)$ in

$$H^*(A^w, X) = \operatorname{span}\{ \left(\lambda_j^w\right)^y \Phi(\cdot, y) \mid j = 1, \ldots, n \}$$

liegt. Da außerdem für $j = 1, \ldots, n$

$$\left(\lambda_j^w\right)^y \Phi(\cdot, y) = \sum_{k=1}^n w_k k(x_j, x_k) \Phi(\cdot, x_k) \in H_X$$

gilt, folgt $H^*(A^w, X) \subseteq H_X$ und damit die Behauptung. □

Damit steht für das Problem (A_X^w, g_X^w) die in Kapitel 3 entwickelte Fehlertheorie zur Verfügung. Die Fehlerschranke für die maximale punktweise Datenstörung bei Verwendung der Daten g_X statt der für den Operator A_X^w exakten Daten g_X^w ist gerade $\delta^w := K\|f^*\|_H h^r$. Für gestörte Daten g_X^δ ergibt sich die maximale Gesamtdatenstörung wegen

$$\|g^\delta - g^w\|_{\ell_\infty(X)} \leq \|g^\delta - g\|_{\ell_\infty(X)} + \|g - g^w\|_{\ell_\infty(X)} \leq \delta + K\|f^*\|_H h^r \tag{5.10}$$

als Summe der Einzelstörungen. Bevor wir uns näher mit der Fehleranalyse beschäftigen, geben wir zunächst das aus Algorithmus 4.1 resultierende Verfahren an.

5 Verfahren mit Operatordiskretisierung

Algorithmus 5.1. *(TP-Verfahren mit Operatordiskretisierung)*

Gegeben: $X = \{x_1, \ldots, x_n\} \subset \Omega$, diskrete Daten g_X^δ.

Gesucht: *Lösung* $f^* \in H$ *von* $Af = g$, *wobei* H *ein RKHS mit Kern* Φ *ist.*

1. *Wähle Quadraturgewichte* $w_1, \ldots, w_n$ *und* $\gamma > 0$.

2. *Berechne die Kollokationsmatrizen*

$$\begin{aligned}(\Phi_X)_{ij} &= \Phi(x_i, x_j), & i,j = 1, \ldots, n, \\ (N_{A^w,\Phi,X})_{ij} &= \sum_{k=1}^{n} w_k\, k(x_j, x_k)\, \Phi(x_i, x_k), & i,j = 1, \ldots, n, \\ G_{N,A^w,\Phi,X} &= N_{A^w,\Phi,X} N_{A^w,\Phi,X}^T.\end{aligned}$$

3. *Bestimme die Lösung* $\alpha^{\gamma,w,\delta}$ *des LGS*

$$(G_{N,A^w,\Phi,X} + \gamma \Phi_X)\, \alpha = N_{A^w,\Phi,X}\, g_X^\delta.$$

Ergebnis: $f^\gamma(A_X^w, g_X^\delta) = \sum_{k=1}^{n} \alpha_k^{\gamma,w,\delta} \Phi(\cdot, x_k)$ ist eine Approximation an f^*.

Die Norm der Rekonstruktion lässt sich dank der oberen Schranke $\delta + K\|f^*\|_H h^r$ für den punktweisen Datenfehler mit Lemma 3.10 sofort abschätzen.

Korollar 5.3. *(Hilbertraum-Stabilität)*
Die Rekonstruktion ist stabil im Sinne von

$$\|f^\gamma(A_X^w, g_X^\delta)\|_H \leq \|f^*\|_H + \frac{\delta + K\|f^*\|_H h^r}{2}\sqrt{\frac{n}{\gamma}}.$$

Anders als in Kapitel 3 muss der Regularisierungsparameter also auch im Fall exakter Daten über das Stabilitätskriterium ermittelt werden. Die Ungleichung

$$\|f^\gamma(A_X^w, g_X)\|_H \leq (1+c)\,\|f^*\|_H$$

ist gewährleistet, falls

$$\frac{K\|f^*\|_H h^r}{2}\sqrt{\frac{n}{\gamma}} = c\,\|f^*\|_H.$$

Das führt auf die Wahl

$$\gamma(A_X^w, g_X) = \left(\frac{K}{2c}\right)^2 h^{2r} n, \tag{5.11}$$

was insbesondere zeigt, dass die a-priori-Information $\|f^*\|_H$ im Fall exakter Daten nicht zur Parameterwahl benötigt wird.

Für gestörte Daten ist der dominierende Term offensichtlich $\frac{\delta}{2}\sqrt{\frac{n}{\gamma}}$, da der durch die Operatordiskretisierung verursachte Fehler nicht nur beschränkt, sondern von der Ordnung r ist.

Dementsprechend sollte der Regularisierungsparameter nicht wesentlich von den in Kapitel 3 und 4 hergeleiteten Parametern abweichen. Durch Einsetzen in Korollar 5.3 sieht man, dass die angestrebte Ungleichung

$$\|f^\gamma(A_X^w, g_X^\delta))\|_H \leq (1+c)\,\|f^*\|_H$$

genau dann erfüllt ist, wenn

$$\gamma(A_X^w, g_X^\delta) \geq \left(\frac{\delta + K\|f^*\|_H h^r}{2c\|f^*\|_H}\right)^2 n \qquad (5.12)$$

gilt. Wollen wir nun den diskreten Bildfehler abschätzen, so gelingt dies erneut durch Anwendung der Fehlertheorie aus Kapitel 3. Zu beachten ist, dass lediglich vom Ausgangsoperator A, nicht jedoch vom diskretisierten Operator A^w das Sobolev-Glättungsverhalten bekannt ist, weshalb wir für die Rekonstruktion mit dem diskretisierten Operator passende Bildfehlerabschätzungen bezüglich des Ausgangsoperators benötigen.

Lemma 5.4. *(Bildfehlerabschätzung)*
Wählt man γ gemäß (5.12), so ergibt sich folgende Bildfehlerschranke:

$$\|Af^\gamma(A_X^w, g_X^\delta) - Af^*\|_{\ell_2(X)} \leq \frac{\sqrt{\gamma}}{2}\|f^*\|_H + \left(\delta + (3+c)K\|f^*\|_H h^r\right)\sqrt{n}.$$

Beweis. Zunächst verlagern wir das Problem von A auf A^w, indem wir zu

$$\|Af^* - Af^\gamma(A_X^w, g_X^\delta)\|_{\ell_2(X)} \leq \|(A - A^w)f^*\|_{\ell_2(X)} + \|A^w(f^* - f^\gamma(A_X^w, g_X^\delta))\|_{\ell_2(X)}$$
$$+ \|(A^w - A)f^\gamma(A_X^w, g_X^\delta)\|_{\ell_2(X)}$$

übergehen. Mit der Operatordiskretisierungsannahme (5.2) können wir nun die beiden äußeren Terme beschränken. Der erste Summand lässt sich direkt durch $K\|f^*\|_H h^r \sqrt{n}$ abschätzen, für den dritten Summand liefert die Parameterwahl

$$\|(A^w - A)f^\gamma(A_X^w, g_X^\delta)\|_{\ell_2(X)} \leq K\|f^\gamma(A_X^w, g_X^\delta)\|_H \sqrt{n}\, h^r \leq (1+c)K\|f^*\|_H \sqrt{n}\, h^r.$$

An dieser Stelle geht also die Kopplung des Optimierungsprozesses und der Operatordiskretisierung über die jeweils verwendete Norm $\|\cdot\|_H$ ein. Wir erhalten somit

$$\|Af^* - Af^\gamma(A_X^w, g_X^\delta)\|_{\ell_2(X)}$$
$$\leq \|A^w(f^* - f^\gamma(A_X^w, g_X^\delta))\|_{\ell_2(X)} + (2+c)K\|f^*\|_H h^r \sqrt{n}. \qquad (5.13)$$

Für den verbleibenden Term können wir nun die Bildfehlerabschätzung aus Kapitel 3 für gestörte Daten anwenden. Da der punktweise maximale Fehler bei Verwendung von g_X^δ statt der für A^w exakten Daten g_X^w gemäß (5.10) höchstens $\delta + K\|f^*\|_H h^r$ ist, erhält man

$$\|A^w(f^* - f^\gamma(A_X^w, g_X))\|_{\ell_2(X)} \leq \frac{\sqrt{\gamma}}{2}\|f^*\|_H + \left(\delta + K\|f^*\|_H h^r\right)\sqrt{n},$$

und insgesamt folgt mit (5.13) die Behauptung. □

Ein Vergleich mit Lemma 3.11 zeigt, dass die hergeleitete obere Schranke für den Bildfehler bezüglich A um $(3+c)K\|f^*\|_H h^r \sqrt{n}$ größer ist als beim symmetrischen TP-Verfahren ohne Operatordiskretisierung. Mit der Urbild- und Bildfehlerabschätzung lässt sich nun wie in Kapitel 3 eine L_2-Fehlerabschätzung angeben.

Satz 5.5. *(L_2-Fehlerabschätzungen für exakte und gestörte Daten)*
Für $H = H^\tau(\Omega)$ mit $\tau > \frac{d}{2}$ gilt für die mit dem diskretisierten Operator A^w aus (5.1) berechnete TP-Rekonstruktion unter der Approximationsannahme (5.2) für hinreichend kleine Diskretisierungsfeinheiten h und mit der Parameterwahl (5.12) folgende Abschätzung:

$$\|f^\gamma(A_X^w, g_X^\delta) - f^*\|_{L_2(\Omega)}$$
$$\leq C \left[c_2^\tau h^\tau \left(2\|f^*\|_H + \frac{\delta + K\|f^*\|_H h^r}{2} \sqrt{\frac{n}{\gamma}} \right) \right.$$
$$\left. + h^{\frac{d}{2}-\alpha} \left(\frac{\sqrt{\gamma}}{2} \|f^*\|_H + \left(\delta + (3+c)K\|f^*\|_H h^r \right) \sqrt{n} \right) \right].$$

Beweis. Die in (3.20) hergeleitete Ungleichung mit $\theta = \tau + \alpha$ liefert

$$\|f^\gamma(A_X^w, g_X^\delta) - f^*\|_{L_2(\Omega)}$$
$$\leq C \left[c_2^\tau h^\tau \|f^\gamma(A_X^w, g_X^\delta) - f^*\|_H + h^{\frac{d}{2}-\alpha} \|Af^\gamma(A_X^w, g_X^\delta) - Af^*\|_{\ell_2(X)} \right].$$

Mit Korollar 5.3 und Lemma 5.4 folgt die Behauptung. □

Wir leiten nun die resultierende Fehlerordnung bei optimaler Parameterwahl her. Für exakte Daten führt die Parameterstrategie aus (5.11) mit Korollar 5.3 und Lemma 5.4 auf die Abschätzungen

$$\|f^\gamma(A_X^w, g_X)\|_H \leq (1+c)\|f^*\|_H, \tag{5.14}$$
$$\|Af^\gamma(A_X^w, g_X) - Af^*\|_{\ell_2(X)} \leq \left(3 + c + \frac{1}{4c} \right) K \|f^*\|_H h^r \sqrt{n}.$$

Daher ergibt sich wie im Beweis von Satz 5.5

$$\|f^\gamma(A_X^w, g_X) - f^*\|_{L_2(\Omega)}$$
$$\leq C \left[c_2^\tau (2+c) \|f^*\|_H h^\tau + \left(3 + c + \frac{1}{4c} \right) K \|f^*\|_H \sqrt{n}\, h^r h^{\frac{d}{2}-\alpha} \right].$$

Unter der Bedingung $\tau \geq r$, die bereits für die Konvergenz des Quadraturoperators benötigt wird, erhält man also für exakte, quasi-uniforme Daten die Asymptotik

$$\|f^\gamma(A_X^w, g_X) - f^*\|_{L_2(\Omega)} = \left(3 + c + \frac{1}{4c} \right) \mathcal{O}(h^{r-\alpha}). \tag{5.15}$$

Um das Ergebnis in der Situation gestörter Daten anschaulich angeben zu können, treffen wir die Annahme, dass die punktweise Datenstörung durch Operatordiskretisierung kleiner als die zusätzliche Datenstörung durch Messfehler ist. Dies ist insofern sinnvoll, als man sich ansonsten auf den soeben behandelten Fall exakter Daten zurückziehen kann. Wir nehmen also

$$\delta^w = K \|f^*\|_H h^r \leq \delta \tag{5.16}$$

an, wodurch die Parameterwahl

$$\gamma(A_X^\omega, g_X^\delta) = \left(\frac{\delta}{c\|f^*\|_H}\right)^2 n \qquad (5.17)$$

für (5.12) zulässig wird. Dies entspricht gerade dem Vierfachen des beim symmetrischen TP-Verfahren in Satz 3.20 eingeführten Parameters. Durch Einsetzen in Korollar 5.3 und Lemma 5.4 ergeben sich die Abschätzungen

$$\|f^\gamma(A_X^w, g_X^\delta))\|_H \leq (1+c)\|f^*\|_H, \qquad (5.18)$$
$$\|Af^\gamma(A_X^w, g_X^\delta) - Af^*\|_{\ell_2(X)} \leq \left(4 + c + \frac{1}{2c}\right)\delta\sqrt{n}.$$

Für den L_2-Fehler resultiert daraus die Schranke

$$\|f^\gamma(A_X^w, g_X^\delta) - f^*\|_{L_2(\Omega)} \leq C\left[c_2^\tau(2+c)\|f^*\|_H h^\tau + \left(4 + c + \frac{1}{2c}\right)\delta\sqrt{n}\, h^{\frac{d}{2}-\alpha}\right].$$

Da $r > 0$ ist, lässt sich dies noch weiter vereinfachen, und insgesamt erhalten wir für quasi-uniforme Daten folgendes Resultat.

Korollar 5.6. *(Parameterwahlen und optimale Fehlerordnungen)*
Für $H = H^\tau(\Omega)$ mit $\tau > \frac{d}{2}$ gelten für die mit dem diskretisierten Operator A^w aus (5.1) berechnete TP-Rekonstruktion unter der Approximationsannahme (5.2) und für $\tau \geq r$, quasi-uniforme Daten und eine hinreichend kleine Diskretisierungsfeinheit h folgende Abschätzungen:

1. *Exakte Daten: wählt man $\gamma \simeq h^{2r-d}$, so folgt gemäß (5.11) und (5.15)*

$$\|f^\gamma(A_X^w, g_X) - f^*\|_{L_2(\Omega)} = \mathcal{O}(h^{r-\alpha}).$$

2. *Gestörte Daten: wählt man $\gamma = \left(\frac{\delta}{c\|f^*\|_H}\right)^2 n$, so folgt mit (5.16)*

$$\|f^\gamma(A_X^w, g_X^\delta) - f^*\|_{L_2(\Omega)} = \left(4 + c + \frac{1}{2c}\right)\delta\,\mathcal{O}(h^{-\alpha}).$$

Stabilität im Funktionenraum ist gemäß (5.14) bzw. (5.18) sichergestellt.

5.2 SVR mit stückw. lin. Fehlerterm und Diskretisierung

Wir können nun für die SVR-Methoden weitgehend analog zum vorhergehenden Abschnitt verfahren. Es zeigt sich, dass sich die Fehlerschranken für die Verfahren mit der Wahl $\epsilon = \delta$ aus den Abschnitten 4.5.1 - 4.5.2 durch eine kleine Modifikation übertragen lassen. Wegen des zusätzlichen Diskretisierungsfehlers muss nun jedoch $\epsilon > \delta$ gewählt werden. Um dies einzusehen, leiten wir wieder eine Stabilitätsaussage und eine diskrete Bildfehlerabschätzung für gestörte Daten her. Wir betrachten zunächst das SVR-Verfahren mit stückweise linearem Bildfehlerterm. Von Interesse ist also die Lösung $f^{\gamma,\epsilon}(A^w, g^\delta, X)$ von

$$\min_{f \in H} \left\{ \sum_{i=1}^n |A^w f(x_i) - g_i^\delta|_\epsilon + \gamma\|f\|_H^2 \right\}. \qquad (5.19)$$

Gemäß Lemma 4.5 und dem Beweis von Lemma 5.2 liegt $f^{\gamma,\epsilon}(A^w, g^\delta, X)$ in

$$N(A_X^w)^\perp = H^*(A^w, X) = \mathrm{span}\{(\lambda_j^w)^y \Phi(\cdot, y) \mid j = 1, \ldots, n\} \subseteq H_X,$$

so dass sich analog zu (4.28) ein quadratisches Programm formulieren lässt.

Algorithmus 5.2. *(SVR mit stückw. lin. Bildfehler und Operatordiskretisierung)*

Gegeben: $X = \{x_1, \ldots, x_n\} \subset \Omega$, diskrete Daten g_X^δ.

Gesucht: Lösung $f^* \in H$ von $Af = g$, wobei H ein RKHS mit Kern Φ ist.

1. Wähle Quadraturgewichte $w_1, \ldots, w_n$ und $\gamma, \epsilon > 0$.
2. Berechne die Kollokationsmatrizen Φ_X und $N_{A^w,\Phi,X}$ wie in Algorithmus 5.1.
3. Bestimme den Koeffizientenvektor $\alpha^{\gamma,\epsilon,w,\delta}$ mittels des quadratischen Programms

$$\min_{z \in \mathbb{R}^{3n}} \left\{ z^T H z + d^T z \right\}$$
$$\text{u.d.N.} \quad Mz \leq c,$$
$$z_{n+1}, \ldots, z_{3n} \geq 0,$$

wobei

$$H = \begin{bmatrix} \gamma \Phi_X & \mathcal{O}_{n,2n} \\ \mathcal{O}_{2n,n} & \mathcal{O}_{2n,2n} \end{bmatrix} \in \mathbb{R}^{3n \times 3n},$$

$$M = \begin{bmatrix} N_{A^w,\Phi,X}^T & -I_{n,n} & \mathcal{O}_{n,n} \\ -N_{A^w,\Phi,X}^T & \mathcal{O}_{n,n} & -I_{n,n} \end{bmatrix} \in \mathbb{R}^{2n \times 3n},$$

$$d = \begin{bmatrix} \mathcal{O}_n \\ 1_{2n} \end{bmatrix} \in \mathbb{R}^{3n}, \quad c = \begin{bmatrix} g_X^\delta + \epsilon 1_n \\ -g_X^\delta + \epsilon 1_n \end{bmatrix} \in \mathbb{R}^{2n}.$$

Ergebnis: $f^{\gamma,\epsilon}(A^w, g^\delta, X) = \sum_{k=1}^{n} \alpha_k^{\gamma,\epsilon,w,\delta} \Phi(\cdot, x_k)$ ist eine Approximation an f^*.

Wir zeigen nun, wie die Fehlertheorie aus Kapitel 4 adaptiert werden kann.

Lemma 5.7. *(Hilbertraum-Stabilität)*
Die Rekonstruktion ist stabil im Sinne von

$$\|f^{\gamma,\epsilon}(A^w, g^\delta, X)\|_H \leq \sqrt{\|f^*\|_H^2 + \frac{n}{\gamma}(\delta + K\|f^*\|_H h^r - \epsilon)_+}.$$

Beweis. Dies folgt direkt aus Lemma 4.7 mit derselben Argumentation wie in Abschnitt 5.1, da sich im Vergleich zur SVR ohne Operatordiskretisierung im Hinblick auf Urbildabschätzungen lediglich die Schranke des punktweisen Datenfehlers von δ zu $\delta + K\|f^*\|_H h^r$ ändert. □

Eine Abschätzung des ℓ_∞-Bildfehlers erhält man ebenfalls mit der Vorgehensweise des vorherigen Abschnitts. Wieder gestaltet sich dies etwas komplizierter als die Urbildschranke, da eine Bildfehlerabschätzung unter dem Operator A benötigt wird, der Approximant jedoch mittels des diskretisierten Operators A^w ermittelt wird.

Lemma 5.8. *(Bildfehlerabschätzung)*
Für $\gamma, \epsilon \geq 0$ gilt folgende Bildfehlerschranke:

$$\|Af^{\gamma,\epsilon}(A^w, g^\delta, X) - Af^*\|_{\ell_\infty(X)}$$
$$\leq \gamma\|f^*\|_H^2 + (\epsilon + \delta) + n(\delta + K\|f^*\|_H h^r - \epsilon)_+$$
$$+ Kh^r \left(\|f^*\|_H + \sqrt{\|f^*\|_H^2 + \frac{n}{\gamma}(\delta + K\|f^*\|_H h^r - \epsilon)_+}\right).$$

Für $\epsilon > \delta$ und der Parameterwahl

$$\gamma_c := \frac{\epsilon + \delta}{c\|f^*\|_H^2}$$

folgt somit für hinreichend kleine Füllabstände h

$$\|Af^{\gamma,\epsilon}(A^w, g^\delta, X) - Af^*\|_{\ell_\infty(X)} \leq \left(1 + \frac{1}{c}\right)(\epsilon + \delta) + 2K\|f^*\|_H h^r.$$

Beweis. Zunächst geht man analog zu Lemma 5.4 vor und erhält

$$\|Af^* - Af^{\gamma,\epsilon}(A^w, g^\delta, X)\|_{\ell_\infty(X)}$$
$$\leq \|A^w(f^* - f^{\gamma,\epsilon}(A^w, g^\delta, X))\|_{\ell_\infty(X)} + Kh^r \left(\|f^*\|_H + \|f^{\gamma,\epsilon}(A^w, g^\delta, X)\|_H\right).$$

Der Term $\|f^{\gamma,\epsilon}(A^w, g^\delta, X)\|_H$ kann nun mit Lemma 5.7 weiter abgeschätzt werden. Da jetzt nur noch eine Bildabschätzung unter A^w gesucht ist und der Approximant $f^{\gamma,\epsilon}$ mittels A^w bestimmt wird, kann Lemma 4.8 für das punktweise maximale Fehlerniveau $\delta + K\|f^*\|_H h^r$ herangezogen werden, woraus sich die allgemeine Abschätzung ergibt. Der Rest des Lemmas folgt durch Einsetzen des speziellen Regularisierungsparameters. □

Der in Abschnitt 4.3 eingeführte Regularisierungsparameter erweist sich also auch im Verfahren mit diskretisiertem Operator als sinnvoll, wenn $\epsilon > \delta$ gewählt wird.

Korollar 5.9. *(L_2-Fehlerabschätzung und Parameterwahl)*
*Es sei $H = H^\tau(\mathbb{R}^d)$ mit $\tau > \frac{d}{2}$. Wählt man $\epsilon > \delta$, so ist für die SVR-Rekonstruktion mit dem diskretisierten Operator A^w aus (5.1) unter der Approximationsannahme (5.2) für hinreichend kleine Füllabstände h Stabilität in der starken Form $\|f^{\gamma,\epsilon}(A^w, g^\delta, X)\|_H \leq \|f^*\|_H$ sichergestellt.
Für*

$$\gamma_c := \frac{\epsilon + \delta}{c\|f^*\|_H^2}$$

und quasi-uniforme Daten gilt außerdem

$$\|f^* - f^{\gamma,\epsilon}(A^w, g^\delta, X)\|_{L_2(\Omega)} \leq C\|f^*\|_H \left(2c_2^\tau h^\tau + \left[\left(1 + \frac{1}{c}\right)(\epsilon + \delta) + 2Kh^r\right]h^{-\alpha}\right)$$
$$= \left(1 + \frac{1}{c}\right)(\epsilon + \delta)\,\mathcal{O}(h^{-\alpha}).$$

Beweis. Man geht wie in Satz 4.10 vor und setzt die geänderte Urbild- und Bildfehlerabschätzung aus Lemma 5.7 und Lemma 5.8 ein. □

Asymptotisch ergibt sich also für $\epsilon > \delta$ genau das Fehlerverhalten des Verfahrens ohne Operatordiskretisierung, lediglich $\epsilon = \delta$ ist als Parameterwahl nicht mehr angemessen.

5.3 SVR mit stückw. quad. Fehlerterm und Diskretisierung

Das SVR-Verfahren mit stückweise quadratischem Bildfehlerterm und diskretisiertem Operator lässt sich analog behandeln. Es zeigt sich auch hier, dass sich die Lösung $f^{\gamma,\epsilon}(A^w, g^\delta, X)$ des Optimierungsproblems

$$\min_{f \in H} \left\{ \sum_{i=1}^n |A^w f(x_i) - g_i^\delta|_\epsilon^2 + \gamma \|f\|_H^2 \right\} \quad (5.20)$$

im Wesentlichen wie die Lösung des Problems ohne Operatordiskretisierung verhält. Das resultierende quadratische Programm schreibt sich wie folgt.

Algorithmus 5.3. *(SVR mit stückw. quad. Bildfehler und Operatordiskretisierung)*
Gegeben: $X = \{x_1, \ldots, x_n\} \subset \Omega$, *diskrete Daten* g_X^δ.

Gesucht: *Lösung* $f^* \in H$ *von* $Af = g$, *wobei* H *ein RKHS mit Kern* Φ *ist.*

1. *Wähle Quadraturgewichte* $w_1, \ldots, w_n$ *und* $\gamma, \epsilon > 0$.

2. *Berechne die Kollokationsmatrizen* Φ_X *und* $N_{A^w, \Phi, X}$ *wie in Algorithmus 5.1.*

3. *Bestimme den Koeffizientenvektor* $\alpha^{\gamma, \epsilon, w, \delta}$ *mittels des quadratischen Programms*

$$\min_{z \in \mathbb{R}^{3n}} \left\{ z^T H z \right\}$$
$$u.d.N. \quad Mz \le c,$$
$$z_{n+1}, \ldots, z_{3n} \ge 0,$$

wobei

$$H = \begin{bmatrix} \gamma \Phi_X & \mathcal{O}_{n, 2n} \\ \mathcal{O}_{2n, n} & I_{2n, 2n} \end{bmatrix} \in \mathbb{R}^{3n \times 3n},$$

$$M = \begin{bmatrix} N_{A^w, \Phi, X}^T & -I_{n,n} & \mathcal{O}_{n,n} \\ -N_{A^w, \Phi, X}^T & \mathcal{O}_{n,n} & -I_{n,n} \end{bmatrix} \in \mathbb{R}^{2n \times 3n}, \quad c = \begin{bmatrix} g_X^\delta + \epsilon 1_n \\ -g_X^\delta + \epsilon 1_n \end{bmatrix} \in \mathbb{R}^{2n}.$$

Ergebnis: $f^{\gamma, \epsilon}(A^w, g^\delta, X) = \sum_{k=1}^n \alpha_k^{\gamma, \epsilon, w, \delta} \Phi(\cdot, x_k)$ ist eine Approximation an f^*.

Wie in den letzten beiden Abschnitten ergibt sich die Urbildabschätzung durch Ersetzen des Fehlerniveaus δ durch $\delta + K\|f^*\|_H h^r$ im entsprechenden Hilfslemma für das Problem ohne Operatordiskretisierung.

Korollar 5.10. *(Hilbertraum-Stabilität)*
Die Rekonstruktion ist stabil im Sinne von

$$\|f^{\gamma,\epsilon}(A^w, g^\delta, X)\|_H \leq \sqrt{\|f^*\|_H^2 + \frac{n}{\gamma}(\delta + K\|f^*\|_H h^r - \epsilon)_+^2}.$$

Beweis. Die Behauptung folgt mit Lemma 4.13. □

Die Abschätzung des diskreten ℓ_2-Fehlers ergibt sich analog zu Lemma 5.4 aus dem Resultat ohne Operatordiskretisierung und Einsetzen von Korollar 5.10.

Lemma 5.11. *(Bildfehlerabschätzung)*
Für $\gamma, \epsilon \geq 0$ gilt folgende Bildfehlerschranke:

$$\|Af^{\gamma,\epsilon}(A^w, g^\delta, X) - Af^*\|_{\ell_2(X)}$$
$$\leq \sqrt{\gamma\|f^*\|_H^2 + n\big(\epsilon^2 + (\delta + K\|f^*\|_H h^r - \epsilon)_+^2\big)} + \sqrt{n}(\delta + K\|f^*\|_H h^r)$$
$$+ K\sqrt{n} h^r \left(\|f^*\|_H + \sqrt{\|f^*\|_H^2 + \frac{n}{\gamma}(\delta + K\|f^*\|_H h^r - \epsilon)_+^2}\right).$$

Im Fall $\epsilon > \delta$ liefert die Parameterwahl

$$\gamma_c := \frac{n\epsilon^2}{c\|f^*\|_H^2}$$

für hinreichend kleine Füllabstände h die Fehlerschranke

$$\|Af^{\gamma,\epsilon}(A^w, g^\delta, X) - Af^*\|_{\ell_2(X)} \leq \sqrt{n}\left(\sqrt{1 + \frac{1}{c}}\,\epsilon + (\delta + 3K\|f^*\|_H h^r)\right).$$

Beweis. Analog zu Lemma 5.4 und Lemma 5.8 schätzt man den Bildfehler durch

$$\|Af^* - Af^{\gamma,\epsilon}(A^w, g^\delta, X)\|_{\ell_2(X)}$$
$$\leq \|A^w(f^* - f^{\gamma,\epsilon}(A^w, g^\delta, X))\|_{\ell_2(X)} + K\sqrt{n} h^r \left(\|f^*\|_H + \|f^{\gamma,\epsilon}(A^w, g^\delta, X)\|_H\right)$$

ab. Die allgemeine Abschätzung ergibt sich nun mit der Bildfehlerabschätzung aus Lemma 4.14 und der Urbildabschätzung aus Korollar 5.10, der Rest des Lemmas folgt durch Einsetzen. □

Damit lässt sich nun die L_2-Fehlertheorie übertragen, so dass man zu folgendem Resultat gelangt.

Korollar 5.12. *(L_2-Fehlerabschätzung und Parameterwahl)*
Es sei $H = H^\tau(\mathbb{R}^d)$ mit $\tau > \frac{d}{2}$. Wählt man $\epsilon > \delta$, so ist für die SVR-Rekonstruktion mit dem diskretisierten Operator A^w aus (5.1) unter der Approximationsannahme (5.2) für hinreichend kleine Füllabstände h Stabilität in der starken Form

$$\|f^{\gamma,\epsilon}(A^w, g^\delta, X)\|_H \leq \|f^*\|_H$$

sichergestellt. Für

$$\gamma_c := \frac{n\epsilon^2}{c\|f^*\|_H^2}$$

ergibt sich im Fall quasi-uniformer Daten

$$\begin{aligned}
&\|f^* - f^{\gamma_c,\epsilon}(A^w, g^\delta, X)\|_{L_2(\Omega)} \\
&\leq C\left(2c_2^\tau h^\tau \|f^*\|_H + h^{\frac{d}{2}-\alpha}\sqrt{n}\left[\sqrt{1+\frac{1}{c}}\,\epsilon + (\delta + 3K\|f^*\|_H h^r)\right]\right) \\
&= \left(\sqrt{1+\frac{1}{c}}\,\epsilon + \delta\right)\mathcal{O}(h^{-\alpha}).
\end{aligned}$$

Beweis. Dies folgt analog zu Satz 4.15 mit Lemma 5.10 und Lemma 5.11. □

5.4 Numerische Beispiele

Beispiel 5.13. *Zur Konvergenzuntersuchung für die TP-Methode mit Operatordiskretisierung betrachten wir $\Omega = [-1,1]$, den Stammfunktions-Operator*

$$Af(x) = \int_{-1}^{x} f(t)\,dt$$

und die Lösungsfunktion $f^*(x) = \phi_{1,2}(x,0)$. Für die Daten $g = Af^*$ treten wegen $f^*(-1) = f^*(1) = 0$ keine unerwünschten Randeffekte auf. Desweiteren benutzen wir $\phi_{1,1}$ als Kern, was $\tau = 2$ impliziert, da die gesuchte Lösung glatter ist als der Kern. Wir verwenden wieder äquidistante Daten und diskretisieren den Operator mit der Trapezregel, wodurch gemäß Lemma 5.1 die Konvergenzordnung $r = 2$ garantiert ist. Nun berechnen wir für $n = 2^k$ mit $k = 4, \ldots, 11$ die TP-Rekonstruktionen durch Lösung des Gram-Systems (4.4), wobei A entsprechend den Ausführungen dieses Kapitels durch den diskretisierten Operator ersetzt wird. Der Regularisierungsparameter ist für festes $n = h/2$ gemäß Korollar 5.6 als $\gamma = h^{2r-d} = h^3$ zu wählen. Damit ist eine Konvergenzordnung von $r - \alpha = 1$ zu erwarten, die in der Tat zu beobachten ist, wie Abb. 5.1 zeigt.

Da die Kondition der regularisierten Kollokationsmatrix für $n = 2^{11}$ bereits größer als 10^{21} ist, führt eine Untersuchung mit noch mehr Datenpunkten nicht weiter. Ein ähnliches Ergebnis erhält man für die Lösungsfunktion $f^*(x) = \phi_{1,1}(x,0)$.

Zum abschließenden Vergleich der TP-Methode mit den SVR-Verfahren greifen wir Beispiel 4.24 wieder auf, in dem das in eine Integralgleichung umgeformte Randwertproblem $-g'' = f$ mit $g(0) = g(1) = 0$ diskutiert wurde.

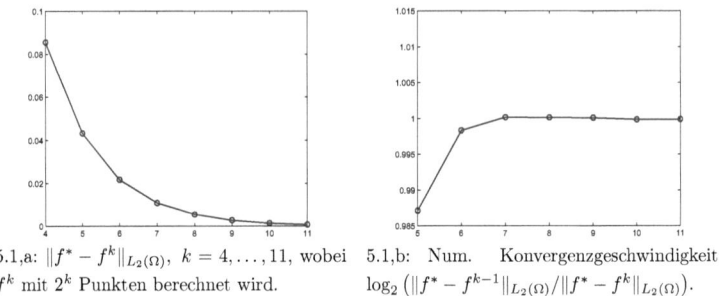

5.1,a: $\|f^* - f^k\|_{L_2(\Omega)}$, $k = 4, \ldots, 11$, wobei f^k mit 2^k Punkten berechnet wird.

5.1,b: Num. Konvergenzgeschwindigkeit $\log_2\left(\|f^* - f^{k-1}\|_{L_2(\Omega)}/\|f^* - f^k\|_{L_2(\Omega)}\right)$.

Abbildung 5.1: Konvergenzgeschwindigkeit des TP-Verfahrens in Beispiel 5.13 bei Operatordiskretisierung mittels Trapezregel.

Beispiel 5.14. *Wir wählen Lösungsfunktion, Daten und Hilbertraumkern wie in Beispiel 4.24 und betrachten wieder $n = 100$ Datenpunkte, jedoch Datenfehler der maximalen Größe $\delta = 0.02$. Die Diskretisierung des Operators führen wir mittels Simpson-Regel durch. Für die SVR-Verfahren wählen wir nun $\epsilon = 1.05\,\delta$ und $\gamma = 10^{-6}$, für das TP-Verfahren setzen wir $\gamma = 0.002$ an. Das Ergebnis ist in Abb. 5.2 zu sehen und unterstreicht erneut den stabilisierenden Effekt des zusätzlichen Parameters ϵ.*

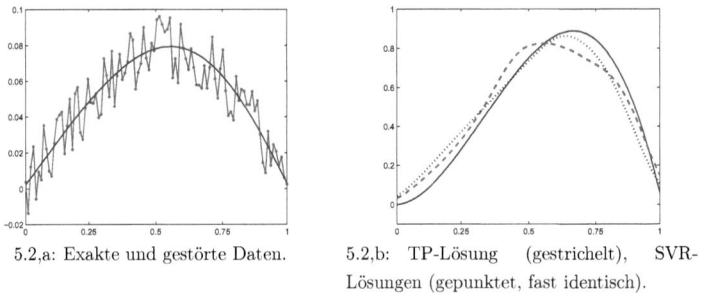

5.2,a: Exakte und gestörte Daten.

5.2,b: TP-Lösung (gestrichelt), SVR-Lösungen (gepunktet, fast identisch).

Abbildung 5.2: Gestörte Daten und Rekonstruktionen des TP- und der SVR-Verfahren in Beispiel 5.14 bei Operatordiskretisierung mittels Simpson-Regel.

6 Datenglättung mittels Faltungsoperatoren

6.1 Approximative Einheiten und Faltung

Wir untersuchen in diesem Kapitel die Anwendung von Faltungsoperatoren zur Datenvorglättung. Ein gegebenes Datenfehlerniveau soll auf diese Weise möglichst stark reduziert werden, bevor in einem weiteren Schritt die in den vorherigen Kapiteln vorgestellten Rekonstruktionsalgorithmen eingesetzt werden können. Die simple Grundidee des Verfahrens ist, dass Datenfehler durch geeignete Mittelung bis zu einem gewissen Grad ausgelöscht werden können. Bereits in [79] wurde gezeigt, wie diskrete Faltung zur Datenglättung im Kontext einer polynomialen Fehlerquadratmethode eingesetzt werden kann. Wir gehen jedoch einen anderen Weg, indem wir aus den zur Verfügung stehenden Daten g_X^δ neue Daten mittels eines Faltungsoperators

$$Tg(x) := (k * g)(x)$$

erzeugen, dessen Kern k als approximative Einheit in $L_2(\mathbb{R}^d)$ gewählt wird. Dies stellt den Zusammenhang der neuen Daten mit den Ursprungsdaten her. Da nur diskrete Werte zur Verfügung stehen, führen wir auch die Faltung diskret aus.

Die Approximation von Faltungsoperatoren mit approximativer Einheit als Integralkern wurde von Mas-Gallic und Raviart in [59] eingehend im Hinblick auf Partikelverfahren zur Lösung von Differentialgleichungen studiert, allerdings bleiben Datenfehler in ihren Analysen unberücksichtigt. Auf die dort hergeleiteten Ergebnisse gehen wir im Laufe des Kapitels näher ein.

Eine weitere Anwendung findet sich in der Arbeit [8] von Beatson und Bui, in der Funktionsapproximation mittels radialer Basisfunktionen mit Datenglättung durch Faltungsoperatoren verknüpft wird. Statt eines Approximationsschritts mit anschließender Glättung wird die Faltung direkt auf den Basisfunktionen ausgeführt, wodurch diese implizit durch entsprechende Änderung der Auswertfunktionen realisiert werden kann. Natürlich ist dazu eine angepasste Kopplung des Faltungskerns an die Basisfunktionen nötig.

Wir gehen nun auf die notwendigen Grundlagen von Approximation durch Faltung und die damit einhergehenden technischen Voraussetzungen ein. Um Konvergenz zu garantieren und die Fehlerentwicklung unter der Datentransformation kontrollieren zu können, setzen wir in diesem Kapitel stets $g \in H^\tau(\Omega)$ mit $\tau > \frac{d}{2}$ voraus und wählen den Faltungskern ebenfalls aus einem geeigneten Sobolevraum. Genauer betrachten wir eine Funktion $k \in L_1(\mathbb{R}^d) \cap H^\theta(\mathbb{R}^d)$ mit $\theta > \frac{d}{2}$ und

$$\int_{\mathbb{R}^d} k(x)\, dx = 1. \tag{6.1}$$

Die Annahme $g \in H^\tau(\Omega)$ entspricht der Voraussetzung der bisherigen Kapitel, da die Aufgabe der Reduktion von Datenfehlern implizit ein Regressionsproblem beinhaltet. Interessiert man sich hingegen für die Lösung einer Operatorgleichung $Af = g$ mit $f \in H^\tau(\mathbb{R}^d)$ und glättendem Integraloperator der Sobolev-Ordnung α, so ist entsprechend τ durch $\tau+\alpha$ zu ersetzen. Nach der Datenvorglättung mittels Faltung ist dann mit den Methoden der vorangegangenen Kapitel das eigentliche Rekonstruktionsproblem zu lösen. Wie bisher nehmen wir auch in diesem Kapitel an, dass Ω beschränkt ist mit Lipschitz-stetigem Rand, so dass ein stetiger Fortsetzungsoperator auf $\mathbb{R}^d$ existiert, der die Formulierung $g \in H^\tau(\mathbb{R}^d)$ rechtfertigt.

Wir betrachten nun für $s > 0$ die skalierten Kerne

$$k_s(x) := s^{-d} k\left(\frac{x}{s}\right) \tag{6.2}$$

und die entsprechenden Faltungsoperatoren

$$(T^s g)(x) := (k_s * g)(x). \tag{6.3}$$

Gemäß der Fourier'schen Umkehrformel gilt

$$(T^s g - g)(x) = (2\pi)^{-\frac{d}{2}} \int_{\mathbb{R}^d} \left((2\pi)^{\frac{d}{2}} \widehat{k_s}(\omega) - 1\right) \widehat{g}(\omega)\, e^{ix^T \omega}\, d\omega,$$

woraus nach zweimaliger Anwendung des Satzes von Lebesgue (Satz 2.1)

$$(k_s * g)(x) \xrightarrow{s \to 0} g(x) \quad \text{für fast alle } x \in \mathbb{R}^d \tag{6.4}$$

folgt. Unter schwachen Zusatzvoraussetzungen an k können wir auch von den in Kapitel 2.1 eingeführten stärkeren Approximationssätzen Gebrauch machen.

Lemma 6.1. *Seien $g \in H^\tau(\mathbb{R}^d)$ mit $\tau > \frac{d}{2}$ und $k \in L_1(\mathbb{R}^d)$ eine gemäß (6.1) normierte Funktion mit $\mathrm{supp}(k) \subset B_1(0)$. Dann gilt für den in (6.3) definierten Faltungsoperator:*

1. *Ist $\Omega \subset \mathbb{R}^d$ ein Gebiet und $\mathrm{supp}(g) \subset \Omega$, so konvergiert $T^s g$ für $s \to 0$ kompakt gleichmäßig auf Ω gegen g.*

2. *Ist k gerade, so konvergiert $T^s g$ für $s \to 0$ kompakt gleichmäßig auf $\mathbb{R}^d$ gegen g.*

Beweis. Die Behauptungen folgen mit $g \in H^\tau(\mathbb{R}^d) \subset C(\mathbb{R}^d)$ direkt aus Satz 2.4 und Lemma 2.5. □

Bemerkung 6.2. *Die Wendlandkerne erfüllen nach Skalierung gemäß (6.1) alle in Lemma 6.1 gestellten Anforderungen an den Integralkern k und eignen sich somit als Faltungskerne für den Operator T^s aus (6.3).*

Bei Hinzunahme von Momentenbedingungen an den Faltungskern erhält man außerdem für beliebige L_p-Normen mit $1 \leq p \leq \infty$ mittels Taylorentwicklung eine Konvergenzordnung für die Approximation durch Faltung. Wir verwenden im Folgenden die übliche Multiindexschreibweise $x^l = (x^1)^{l_1} \cdot \ldots \cdot (x^d)^{l_d}$ für $x = (x^1, \ldots, x^d) \in \mathbb{R}^d$ und $l \in \mathbb{N}^d$.

Lemma 6.3 ([74], Lemma 4.4). *Erfüllt der Faltungskern (6.1) und existiert zudem ein $r \in \mathbb{N}$ mit*

$$\int_{\mathbb{R}^d} x^l \, k(x) \, dx = 0 \quad \textit{für alle } l \in \mathbb{N}^d \textit{ mit } 1 \leq \|l\| \leq r-1,$$

$$\int_{\mathbb{R}^d} \|x\|^r \, |k(x)| \, dx < \infty,$$

so gibt es eine Konstante $C > 0$, so dass für alle Funktionen $g \in W_p^r(\mathbb{R}^d)$ und $1 \leq p \leq \infty$ gilt:

$$\|T^s g - g\|_{L_p(\mathbb{R}^d)} \leq Cs^r |g|_{W_p^r(\mathbb{R}^d)}.$$

Für nichtnegative Kernfunktionen kann somit höchstens die Konvergenzordnung $r = 2$ garantiert werden, da die Normierungsbedingung an k offensichtlich

$$\int_{\mathbb{R}^d} x^2 \, k(x) \, dx > 0$$

impliziert. Als Beispiele werden in [74] die verallgemeinerte Gaußfunktion und die B-Splines untersucht.

Beispiel 6.4. *(Verallgemeinerter Gaußkern, B-Splines)*

1. *Wählt man den Faltungskern k als geeignet normierte inverse Fouriertransformierte der verallgemeinerten Gaußfunktion $e^{-\|\xi\|^{2t}}$ mit einem Index $t \in \mathbb{N}$, so liegt k in $\mathcal{S}(\mathbb{R}^d)$, und Lemma 6.3 liefert die Konvergenzordnung $r = 2t$. Für $t = 1$ ist k selbst eine Gaußfunktion, und es ergibt sich die Ordnung 2.*

2. *Die B-Splines sind für $d = 1$ als Selbstfaltung der charakteristischen Funktion χ des Intervalls $[-\frac{1}{2}, \frac{1}{2}]$ definiert:*

$$B_N := \underbrace{\chi * \ldots * \chi}_{N \, \text{Faktoren}}.$$

Gemäß [74] ist B_N eine nichtnegative, gerade Funktion mit Träger $[-\frac{N}{2}, \frac{N}{2}]$. Desweiteren erfüllt B_N die Skalierungsbedingung (6.1) und die Momentenbedingungen aus Lemma 6.3 mit der maximalen Ordnung $r = 2$. In [55] wird anschließend an Bemerkung 1.7.3 außerdem gezeigt, dass B_N in $H^\theta(\mathbb{R})$ liegt für alle $\theta < N - \frac{1}{2}$, was später von Bedeutung sein wird. Für $N = 2$ erhält man die bekannte Hut-Funktion $B_2(r) = 2\phi_{1,0}(r)$.

Für die Wendlandkerne sind im Fall $d = 1$ auf Grund der Radialsymmetrie und des kompakten Trägers ebenfalls die Voraussetzungen aus Lemma 6.3 mit der Ordnung $r = 2$ erfüllt. Für $d = 2$

schreiben sich die Normierungsbedingung und die Anforderungen aus Lemma 6.3 gemäß [74] als Bedingungen an die eindimensionale Funktion $\overline{k}(\|x\|) := k(x)$ in folgender Form:

$$\int_0^\infty t\,\overline{k}(t)\,dt = \frac{1}{2\pi},$$
$$\int_0^\infty t^{l+1}\,\overline{k}(t)\,dt = 0, \quad \text{für alle } 1 \leq l \leq r-1,\ l \text{ gerade},$$
$$\int_0^\infty t^{r+1}\,|\overline{k}(t)|\,dt < \infty.$$

Für $r = 2$ ist die zweite Bedingung trivial, die dritte Anforderung ist auf Grund des kompakten Trägers stets erfüllt. Somit liefern die Wendlandkerne nach geeigneter Normierung auch für $d = 2$ die Konvergenzordnung 2.

Nachdem wir nun die Grundlagen von Approximation durch Faltung ausführlich erörtert haben, können wir uns dem Diskretisierungsaspekt zuwenden. Um die Notation überschaubar zu halten, gehen wir im gesamten Kapitel von äquidistanten Datenpunkten $(x_i)_{i=1}^n$ mit $x_i \in h\mathbb{Z}^d$ aus und betrachten den mittels Trapezregel diskretisierten Operator

$$(T_X^s g_X)(x) := h^d \sum_{i=1}^n k_s(x - x_i) g_i. \tag{6.5}$$

Die Größe h ist also hier der in (3.23) mit q_X bezeichnete Separierungsabstand. Wir klären nun, wie die Kernskalierung an die Diskretisierungsfeinheit h gekoppelt werden sollte, um für gestörte Daten eine bestmögliche Fehlerdämpfung zu gewährleisten. Dass dabei ein Kompromiss zwischen der Approximation der δ-Distribution und einem geringen Fehler bei Diskretisierung des Faltungsoperators eingegangen werden muss, wurde bereits in [74] und [59] dargelegt. Allerdings wurden dort Datenfehler, die in die folgende Analyse explizit einfließen, nicht berücksichtigt. Exemplarisch zitieren wir [59], Theorem 3. Dieses besagt, dass für $m > d$, $r \geq 1$, $t \geq 0$, $k \in W_1^{m+t}(\mathbb{R}^d)$ und $g \in W_p^\tau(\mathbb{R}^d)$ mit $\tau = \max\{r+t, m\}$ unter einigen Zusatzvoraussetzungen die Abschätzung

$$|T_X^s g_X - g|_{W_p^t(\mathbb{R}^d)} \leq C \left(s^r |g|_{W_p^{r+t}(\mathbb{R}^d)} + \frac{h^m}{s^{m+t}} \|g\|_{W_p^m(\mathbb{R}^d)} \right)$$

gilt. Bei der Wahl von s ist also in der Tat eine ausgewogene Kopplung an die Diskretisierungsfeinheit h entscheidend für die Approximationsgüte.

6.2 Sobolev-Abschätzungen für Faltungsoperatoren

In diesem Abschnitt klären wir für Faltungsoperatoren das punktweise Konvergenzverhalten des diskretisierten Operators gegen den Ausgangsoperator. Natürlich ist nur Konvergenz zu erwarten, wenn die zu integrierende Funktion und der Integralkern bzw. der Integraloperator eine gewisse Glattheit aufweisen. Wir fordern diese Glattheit bezüglich der Sobolev-Skala in $\mathbb{R}^d$ und betrachten Faltungsoperatoren der Form

$$A: L_2(\mathbb{R}^d) \to L_2(\mathbb{R}^d), \quad Af(x) = \int_\Omega k(x-t)\,f(t)\,dt \tag{6.6}$$

mit einem geraden Faltungskern k. Im Folgenden setzen wir $f \in H^\tau(\mathbb{R}^d)$ mit $\tau > \frac{d}{2}$ und supp$(f) \subset \Omega$ voraus, wodurch sich A als Faltung auf $\mathbb{R}^d$ schreiben lässt. Wir nehmen weiter an, dass k in einem Sobolevraum $H^\theta(\mathbb{R}^d)$ liegt und der Integraloperator gemäß Voraussetzung 3.12.2 um α Stufen auf der Sobolev-Skala glättet. Zunächst klären wir den Zusammenhang zwischen der Kernglattheit θ und der Glättungseigenschaft α des Operators.

Lemma 6.5. *Ist die Glattheit α des Integraloperators aus (6.6) gegeben und liegt der Integralkern k in einem Sobolevraum $H^\theta(\mathbb{R}^d)$, so folgt $\theta > \alpha - \frac{d}{2}$.*

Beweis. Wir benutzen die Charakterisierung von Sobolev-Glattheit aus Lemma 2.7, die besagt, dass die Fouriertransformation einer Funktion $f \in H^\tau(\mathbb{R}^d)$ das folgende Abklingverhalten besitzt:
$$|\widehat{f}(\omega)|^2 \leq c(\tau,d)\,(1+\|\omega\|_2^2)^{-(\tau+\frac{d}{2})} \quad \forall\, \omega \in \mathbb{R}^d.$$
Sind nun $f \in H^\tau(\mathbb{R}^d)$ und $k \in H^\theta(\mathbb{R}^d)$, so folgt mit dem Faltungssatz
$$\begin{aligned}|\widehat{Af}(\omega)|^2 &= |(2\pi)^{\frac{d}{2}}\,\widehat{k}(\omega)\,\widehat{f}(\omega)|^2 \\ &\leq (2\pi)^d\,c_1(\tau,d)\,c_2(\tau,d)\,(1+\|\omega\|_2^2)^{-(\tau+\frac{d}{2}+\theta+\frac{d}{2})} \\ &\simeq (1+\|\omega\|_2^2)^{-((\tau+\theta+\frac{d}{2}-\epsilon)+\frac{d}{2}+\epsilon)}\end{aligned}$$
für beliebiges $\epsilon > 0$. Der erste Teil von Lemma 2.7 liefert daher
$$Af \in H^{\tau+\theta+\frac{d}{2}-\epsilon}(\mathbb{R}^d). \tag{6.7}$$
Mit der Glättungseigenschaft α folgt also
$$Af \in H^{\tau+\theta+\frac{d}{2}-\epsilon}(\mathbb{R}^d) \stackrel{!}{\subset} H^{\tau+\alpha}(\mathbb{R}^d),$$
was die Behauptung zeigt. $\square$

Nachdem wir die Verbindung zwischen der Operatorglättung und der Faltungskernglattheit damit hergestellt haben, gehen wir nun auf den Diskretisierungsaspekt ein. Wir gebrauchen im Folgenden die Trapezregel zur Diskretisierung des Faltungsoperators aus (6.6). Die Poisson'sche Summenformel liefert für Funktionen $F \in \mathcal{S}$ folgende Aussage über die Approximation eines Integrals mittels Trapezregel (siehe [68], Kapitel 3):
$$h^d \sum_{l \in \mathbb{Z}^d} F(hl) - \int_{\mathbb{R}^d} F(x)\,dx = (2\pi)^{\frac{d}{2}} \sum_{l \in \mathbb{Z}^d \setminus \{0\}} \widehat{F}\left(\frac{2\pi}{h}l\right). \tag{6.8}$$
Für $F \in L_2(\mathbb{R}^d)$ mit hinreichend schnell abklingender Fouriertransformation ergibt sich damit folgende Fehlerabschätzung.

Lemma 6.6. *Sei $F \in H^\sigma(\mathbb{R}^d)$ mit $\sigma > \frac{d}{2}$. Dann ist der in (6.8) durch Diskretisierung mittels Trapezregel hervorgerufene Fehler von der Ordnung $\sigma + \frac{d}{2}$.*

Beweis. Wir schätzen die rechte Seite von (6.8) mittels der Charakterisierung von Sobolevglattheit über das Abklingverhalten der Fouriertransformierten ab. Gemäß Lemma 2.7 existiert eine Konstante $c = c(\sigma, d)$ mit

$$\left| \sum_{l \in \mathbb{Z}^d \setminus \{0\}} \widehat{F}\left(\frac{2\pi}{h}l\right) \right| \leq \sum_{l \in \mathbb{Z}^d \setminus \{0\}} c \left(1 + \left\|\frac{2\pi}{h}l\right\|_2^2\right)^{-\frac{1}{2}(\sigma + \frac{d}{2})}$$

$$\leq c \sum_{l \in \mathbb{Z}^d \setminus \{0\}} \left(\left\|\frac{2\pi}{h}l\right\|_2^2\right)^{-\frac{1}{2}(\sigma + \frac{d}{2})}$$

$$= c\, (2\pi)^{-(\sigma + \frac{d}{2})} \left(\sum_{l \in \mathbb{Z}^d \setminus \{0\}} \|l\|_2^{-(\sigma + \frac{d}{2})}\right) h^{\sigma + \frac{d}{2}}$$

$$= c\, (2\pi)^{-(\sigma + \frac{d}{2})} 2^d \left(\sum_{l \in \mathbb{N}^d \setminus \{0\}} \|l\|_2^{-(\sigma + \frac{d}{2})}\right) h^{\sigma + \frac{d}{2}}.$$

Da die Reihe für $\sigma > \frac{d}{2}$ konvergiert, ist die Behauptung gezeigt. $\square$

Der von d abhängige Reihenwert kann außerdem explizit berechnet werden. Ein ähnlicher Approximationssatz wurde bereits von Raviart auf andere Weise hergeleitet. Nach äquidistanter Aufteilung des $\mathbb{R}^d$ in die Mengen

$$B_l := \left\{ x \in \mathbb{R}^d \mid \left(l_i - \frac{1}{2}\right) h \leq x_i \leq \left(l_i + \frac{1}{2}\right) h,\ i = 1, \ldots, d \right\}$$

mit $l = (l_1, \ldots, l_d) \in \mathbb{Z}^d$ gilt folgender Satz.

Satz 6.7 ([74], Theorem 3.1). *Seien $k \in \mathbb{N}$, $k > \frac{d}{p}$ und $q = \frac{p}{p-1}$. Desweiteren sei $F \in W_p^k(\mathbb{R}^d) \cap L_1(\mathbb{R}^d)$ für $d \leq 2$ bzw. $F \in W_p^k(\mathbb{R}^d) \cap W_1^{k-1}(\mathbb{R}^d)$ für $d \geq 3$. Dann existiert eine von h unabhängige Konstante $C > 0$ mit*

$$\left| h^d \sum_{l \in \mathbb{Z}^d} F(hl) - \int_{\mathbb{R}^d} F(x)\, dx \right| \leq C\, h^{k + \frac{d}{q}} \sum_{l \in \mathbb{Z}^d} |F|_{W_p^k(B_l)}.$$

Der Beweis wurde über den Sobolev'schen Einbettungssatz und ein Theorem von Bramble-Hilbert erbracht. Die Aussage aus Lemma 6.6 ist jedoch expliziter und gilt auch für nichtganzzahlige Glattheitsindizes τ. Um die Fehlerabschätzung auf den Faltungsoperator aus (6.6) zu übertragen, zitieren wir nun einen Satz über die Glattheit des Produkts zweier Sobolev-Funktionen.

Lemma 6.8. *Seien $\max\{\tau, \theta\} > \frac{d}{2}$, $\min\{\tau, \theta\} \geq 0$ und $f_1 \in H^\tau(\mathbb{R}^d)$, $f_2 \in H^\theta(\mathbb{R}^d)$.*

1. *Für $\sigma := \min\{\tau, \theta\}$ gilt $f_1 f_2 \in H^\sigma(\mathbb{R}^d)$, und es existiert ein $c(\tau, \theta, d) > 0$ mit*

$$\|f_1 f_2\|_{H^\sigma(\mathbb{R}^d)} \leq c(\tau, \theta, d)\, \|f_1\|_{H^\tau(\mathbb{R}^d)} \|f_2\|_{H^\theta(\mathbb{R}^d)}.$$

2. *Gilt zusätzlich $\sigma > \frac{d}{2}$, so existiert ein $c(\sigma, d) > 0$ mit*

$$\|f_1 f_2\|_{H^\sigma(\mathbb{R}^d)} \leq c(\sigma, d)\, \|f_1\|_{H^\sigma(\mathbb{R}^d)} \|f_2\|_{H^\sigma(\mathbb{R}^d)}.$$

Beweis. Eine allgemeine Version des Satzes, die als Nash-Moser-Ungleichung bekannt ist, findet sich in [63]. Für $\sigma := \min\{\tau, \theta\} > \frac{d}{2}$ lässt sich die Behauptung einfacher zeigen und impliziert, dass $H^\sigma(\Omega)$ für Gebiete Ω mit innerer Kegelbedingung eine Banachalgebra ist (siehe [1], Theorem 5.23). □

Scharfe Abschätzungen der auftretenden Konstanten $c(\sigma, d)$ können in [64] nachgeschlagen werden. Der Integrand des in (6.6) eingeführten Faltungsoperators hat die Form $F_x := k_x f$ mit $k_x(t) := k(x - t)$. Da wir stets von der Annahme $f \in H^\tau(\mathbb{R}^d)$ mit $\tau > \frac{d}{2}$ ausgehen, ist die Bedingung $\max\{\tau, \theta\} > \frac{d}{2}$ erfüllt. Für reellwertige gerade Kernfunktionen folgt nun

$$|\widehat{k_x}(\omega)| = |e^{-ix^T\omega}\mathcal{F}^{-1}k(\omega)| = |e^{-ix^T\omega}\widehat{k}(\omega)| = |\widehat{k}(\omega)| \quad \forall \omega \in \mathbb{R}^d,$$

und somit haben die translatierten Kerne k_x dieselbe Sobolev-Glattheit wie k selbst. Zur Anwendung von Lemma 6.8 muss somit lediglich an den Integralkern $k \in H^\theta(\mathbb{R}^d)$ die Bedingung $\theta \geq 0$ gestellt werden. Da die Fehlerabschätzung der Trapezregel aus Lemma 6.6 jedoch $F_x \in H^\sigma(\mathbb{R}^d)$ mit einem Exponent $\sigma > \frac{d}{2}$ erfordert, muss $\sigma = \min\{\tau, \theta\} > \frac{d}{2}$ vorausgesetzt werden. Dies stellt die punktweise Konvergenz des Summenoperators gegen den Ausgangsoperator sicher und garantiert auch die Anwendbarkeit des zweiten Teils von Lemma 6.8. Es zeigt sich, dass die Konvergenz wie benötigt gleichmäßig auf Ω ist.

Satz 6.9. *Es seien $\tau, \theta > \frac{d}{2}$, $f \in H^\tau(\mathbb{R}^d)$ mit $supp(f) \subset \Omega$ und $k \in H^\theta(\mathbb{R}^d)$ eine gerade Funktion. Für den Integraloperator*

$$Af(x) = \int_\Omega k(x-t)\,f(t)\,dt = (k * f)(x)$$

und den mittels Trapezregel zur Schrittweite h diskretisierten Operator

$$A^h f(x) = h^d \sum_{l \in \mathbb{Z}^d,\ hl \in \Omega} k(x - hl) f(hl)$$

besteht dann für $h \to 0$ der Zusammenhang

$$\|(A - A^h)f\|_{L_\infty(\Omega)} = \mathcal{O}(h^{\min\{\tau,\theta\}+\frac{d}{2}}).$$

Insbesondere ist die Konvergenzordnung mindestens d.

Beweis. Für $\sigma := \min\{\tau, \theta\} > \frac{d}{2}$ gilt nach Lemma 6.8 für alle $x \in \Omega$

$$\begin{aligned}
\|k_x f\|_{H^\sigma(\mathbb{R}^d)} &\leq c(\sigma, d) \|k_x\|_{H^\sigma(\mathbb{R}^d)} \|f\|_{H^\sigma(\mathbb{R}^d)} \\
&= c(\sigma, d) \|k\|_{H^\sigma(\mathbb{R}^d)} \|f\|_{H^\sigma(\mathbb{R}^d)}.
\end{aligned}$$

Daher existiert gemäß Lemma 2.7 eine Konstante $c = c(\sigma, d, x)$ mit

$$|\mathcal{F}(k_x f)(\omega)|^2 \leq c(\sigma, d, x)\,(1 + \|\omega\|_2^2)^{-(\sigma + \frac{d}{2})} \quad \forall \omega \in \mathbb{R}^d. \tag{6.9}$$

Die obere Ungleichung lässt bereits vermuten, dass die Konstante unabhängig von x gewählt werden kann. Wir zeigen dies durch den Nachweis, dass $\mathcal{F}(k_x f)(\omega)$ stetig von x abhängt. Der Faltungssatz liefert

$$\mathcal{F}(k_x f) = (2\pi)^{-\frac{d}{2}}(\mathcal{F} k_x * \mathcal{F} f),$$

weshalb der Satz von der majorisierten Konvergenz für die gerade Funktion k

$$\begin{aligned}\lim_{x\to 0}\mathcal{F}(k_x f)(\omega) &= (2\pi)^{-\frac{d}{2}}\int_{\mathbb{R}^d}\lim_{x\to 0}e^{-ix^T(\omega-t)}\widehat{k}(\omega-t)\,\widehat{f}(t)\,dt \\ &= (2\pi)^{-\frac{d}{2}}(\widehat{k}*\widehat{f})(\omega) = \mathcal{F}(kf)(\omega)\end{aligned}$$

garantiert. Also ist die Abbildung

$$\overline{\Omega} \to \mathbb{R}_0^+, \quad x \mapsto |\mathcal{F}(k_x f)(\omega)|^2$$

stetig, und aus (6.9) ergibt sich mit $C(\sigma, d, \Omega) := \max_{x \in \overline{\Omega}}\{c(\sigma, d, x)\}$

$$\max_{x\in\overline{\Omega}}\left\{|\mathcal{F}(k_x f)(\omega)|^2\right\} \leq C(\sigma, d, \Omega)\,(1+\|\omega\|_2^2)^{-(\sigma+\frac{d}{2})} \quad \forall \omega \in \mathbb{R}^d.$$

Folglich lässt sich die in (6.9) auftretende Konstante in der Tat unabhängig von x wählen. Daher kann man nun mit der Hilfsfunktion $F_x = k_x f$ wie in Lemma 6.6 vorgehen, wodurch sich die behauptete gleichmäßige Konvergenz auf Ω ergibt:

$$\|(A - A^h)f\|_{L_\infty(\Omega)} = \mathcal{O}(h^{\sigma+\frac{d}{2}}).$$

□

6.3 Fehlertheorie und Anpassung der Kernskalierung

Im Folgenden untersuchen wir, inwieweit sich die exakten Daten g_X von den transformierten gestörten Daten $(T_X^s g_X^\delta)_X$ unterscheiden. Dazu betrachten wir eine Aufspaltung in drei Fehlerterme:

$$\begin{aligned}&\|T_X^s g_X^\delta - g\|_{\ell_\infty(X)} \\ &\leq \|T_X^s g_X^\delta - T_X^s g_X\|_{\ell_\infty(X)} + \|T_X^s g_X - T^s g\|_{\ell_\infty(X)} + \|T^s g - g\|_{\ell_\infty(X)}.\end{aligned} \quad (6.10)$$

Der erste Summand beschreibt die Fehlerentwicklung unter der Datentransformation. Insbesondere ist von Interesse, ob sich die punktweise Fehlerschranke von δ auf die transformierten Daten überträgt. Der zweite Term ist der bei Diskretisierung des Faltungsoperators hervorgerufene Fehler. Der dritte Term quantifiziert schließlich die Approximation der unbekannten Datenfunktion mittels der approximativen Einheit. Hier spielt lediglich die Approximation der δ-Distribution durch k_s eine Rolle, und für geeignete approximative Einheiten ist gemäß der Vorbemerkungen Konvergenz gesichert.

6 Datenglättung mittels Faltungsoperatoren   113

Als entscheidend für die Qualität der Datenglättung erweist sich die Wahl der Kernskalierung s. Es zeigt sich, dass s an die Diskretisierungsfeinheit h gekoppelt werden muss, um für $h \to 0$ sinnvolle Ergebnisse zu erzielen. Um diese Verbindung zu klären, betrachten wir nochmals Lemma 6.8. Dieses garantiert, dass für $g \in H^\tau(\mathbb{R}^d)$ und $k_s \in H^\theta(\mathbb{R}^d)$ das Produkt $k_s g$ in $H^{\min\{\tau,\theta\}}(\mathbb{R}^d)$ liegt, sofern $\tau > \frac{d}{2}$ und $\theta \geq 0$ gelten. Natürlich hängt die Norm $\|k_s g\|_{H^{\min\{\tau,\theta\}}(\mathbb{R}^d)}$ von $\|g\|_{H^\tau(\mathbb{R}^d)}$ und $\|k_s\|_{H^\theta(\mathbb{R}^d)}$ ab. Nun stellt sich die Frage, wie sich die Kernskalierung s auf die Sobolevnorm des Kerns auswirkt. Die Antwort liefert folgende Rechnung, deren Grundidee aus [80] stammt.

Gemäß Lemma 2.7 ist die Fouriertransformierte von $k \in H^\theta(\mathbb{R}^d)$ durch

$$|\widehat{k}(\omega)|^2 \leq c(\theta,d)\,(1+\|\omega\|_2^2)^{-(\theta+\frac{d}{2})} \quad \forall\, \omega \in \mathbb{R}^d$$

beschränkt. Für die Fouriertransformierte des skalierten Kerns ergibt sich dann

$$\begin{aligned}
|\widehat{k_s}(\omega)|^2 &= |\widehat{k}(s\omega)|^2 \\
&\leq c(\theta,d)\,(1+\|s\omega\|_2^2)^{-(\theta+\frac{d}{2})} \\
&= \left(\frac{1+\|s\omega\|_2^2}{1+\|\omega\|_2^2}\right)^{-(\theta+\frac{d}{2})} c(\theta,d)\,(1+\|\omega\|_2^2)^{-(\theta+\frac{d}{2})} \\
&= s^{-2(\theta+\frac{d}{2})}\left(\frac{1+\|\omega\|_2^2}{\frac{1}{s^2}+\|\omega\|_2^2}\right)^{(\theta+\frac{d}{2})} c(\theta,d)\,(1+\|\omega\|_2^2)^{-(\theta+\frac{d}{2})},
\end{aligned}$$

und für $s \in (0,1)$ folgt

$$|\widehat{k_s}(\omega)|^2 \leq s^{-2(\theta+\frac{d}{2})}\, c(\theta,d)\,(1+\|\omega\|_2^2)^{-(\theta+\frac{d}{2})}. \tag{6.11}$$

Wir erhalten also

$$\left|\mathcal{F}\left(s^{\theta+\frac{d}{2}} k_s\right)(\omega)\right|^2 \leq c(\theta,d)\,(1+\|\omega\|_2^2)^{-(\theta+\frac{d}{2})} \tag{6.12}$$

und haben somit gezeigt, dass für $s^{\theta+\frac{d}{2}} k_s$ dieselbe Abschätzung der Fouriertransformation und damit der $H^\theta(\mathbb{R}^d)$-Norm zur Verfügung steht wie für den Ausgangskern. Insbesondere haben wir nachgewiesen, dass für $s \to 0$

$$\|k_s\|_{H^\theta(\mathbb{R}^d)} = \mathcal{O}(s^{-(\theta+\frac{d}{2})}) \tag{6.13}$$

gilt. Mit dieser Vorüberlegung sind wir nun in der Lage, auch die beiden ersten Terme aus (6.10) abzuschätzen und eine sinnvolle Kopplung der Kernskalierung an die Diskretisierungsfeinheit herzuleiten.

Lemma 6.10. *Der transformierte Datenfehler lässt sich durch*

$$\|T_X^s g_X^\delta - T_X^s g_X\|_{\ell_\infty(X)} \leq \delta\left(1+\mathcal{O}\left(\frac{h}{s}\right)^{\theta+\frac{d}{2}}\right)$$

abschätzen. Für eine Kernskalierung der Form $s = h^t$ mit $t \in (0,1)$ ergibt sich

$$\|T_X^s g_X^\delta - T_X^s g_X\|_{\ell_\infty(X)} \leq \delta\left(1+\mathcal{O}\left(h^{(1-t)(\theta+\frac{d}{2})}\right)\right).$$

Beweis. Die Datenfehlerschranke und die Wahl der Datenpunkte liefert

$$\begin{aligned}
\|T_X^s g_X^\delta - T_X^s g_X\|_{\ell_\infty(X)} &= \|h^d \sum_{i=1}^n k_s(\cdot - x_i)(g_i^\delta - g_i)\|_{\ell_\infty(X)} \\
&\leq \delta \|h^d \sum_{i=1}^n k_s(\cdot - x_i)\|_{\ell_\infty(X)} \\
&\leq \delta \|h^d \sum_{l \in \mathbb{Z}^d} k_s(\cdot - hl)\|_{\ell_\infty(X)} \\
&= \delta \left| h^d \sum_{l \in \mathbb{Z}^d} k_s(hl) \right|. \quad (6.14)
\end{aligned}$$

Mit der Darstellung (6.8) aus der Poisson'schen Summenformel gelangt man wegen $k_s \in H^\theta(\mathbb{R}^d)$ und (6.11) zu der Abschätzung

$$\begin{aligned}
\left| h^d \sum_{l \in \mathbb{Z}^d} k_s(hl) \right| &= \left| \int_{\mathbb{R}^d} k_s(t)\,dt + (2\pi)^{\frac{d}{2}} \sum_{l \in \mathbb{Z} \setminus \{0\}} \widehat{k}_s\left(\frac{2\pi l}{h}\right) \right| \\
&\leq 1 + (2\pi)^{\frac{d}{2}} \sum_{l \in \mathbb{Z}^d \setminus \{0\}} c\, s^{-(\theta + \frac{d}{2})} \left(1 + \|\frac{2\pi}{h} l\|_2^2 \right)^{-\frac{1}{2}(\theta + \frac{d}{2})}.
\end{aligned}$$

Mit der Vorgehensweise aus Lemma 6.6 schließt man nun

$$\left| h^d \sum_{l \in \mathbb{Z}^d} k_s(hl) \right| \leq 1 + \mathcal{O}\left(\frac{h}{s}\right)^{\theta + \frac{d}{2}},$$

was zusammen mit (6.14) die Behauptung zeigt. □

Somit ändert sich das maximale Datenfehlerniveau beim Übergang zu gefalteten Daten praktisch nicht, sofern die Kernskalierung von der Form $s = h^t$ mit einem Exponenten $t \in (0, 1)$ gewählt wird. Nun können wir uns dem zweiten Term in (6.10) zuwenden, der den Fehler durch Diskretisierung des Faltungsoperators beschreibt. Dieser kann mit den angestellten Vorüberlegungen ebenfalls abgeschätzt werden.

Lemma 6.11. *Der durch Diskretisierung des Faltungsoperators mittels Trapezregel hervorgerufene Fehler ist von der Größenordnung*

$$\|T_X^s g_X - T^s g\|_{\ell_\infty(X)} = \mathcal{O}\left(\frac{h}{s}\right)^{\min\{\tau,\theta\} + \frac{d}{2}}.$$

Für die Kernskalierung $s = h^t$ mit $t \in (0,1)$ erhält man also

$$\|T_X^s g_X - T^s g\|_{\ell_\infty(X)} = \mathcal{O}\left(h^{(1-t)(\min\{\tau,\theta\} + \frac{d}{2})}\right).$$

Beweis. Wir betrachten zunächst den Fall $\theta < \tau$. Zur Beschränkung von

$$\|T_X^s g_X - T^s g\|_{\ell_\infty(X)} = \|h^d \sum_{i=1}^n k_s(\cdot - x_i) g_i - \int_{\mathbb{R}^d} k_s(\cdot - t) g(t)\,dt\|_{\ell_\infty(X)}$$

benötigt man wie im vorherigen Kapitel Lemma 6.8. Da $s^{\theta+\frac{d}{2}}k_s$ für $s \in (0,1)$ in $H^\theta(\mathbb{R}^d)$ liegt und $\|s^{\theta+\frac{d}{2}}k_s\|_{H^\theta(\mathbb{R}^d)}$ nach (6.13) gleichmäßig in s beschränkt ist, liefert Lemma 6.8 für $g \in H^\tau(\mathbb{R}^d)$, dass $s^{\theta+\frac{d}{2}}k_s g$ in $H^\theta(\mathbb{R}^d)$ liegt und die Norm $\|s^{\theta+\frac{d}{2}}k_s g\|_{H^\theta(\mathbb{R}^d)}$ gleichmäßig in s beschränkt ist. Dies überträgt sich nun wieder gleichmäßig bezüglich x auf den Integranden $s^{\theta+\frac{d}{2}}k_s(\cdot - x)g$, weshalb Satz 6.9

$$\|h^d \sum_{i=1}^n s^{\theta+\frac{d}{2}}k_s(\cdot - x_i)g_i - \int_{\mathbb{R}^d} s^{\theta+\frac{d}{2}}k_s(\cdot - t)g(t)\,dt\|_{\ell_\infty(X)} = \mathcal{O}(h^{\theta+\frac{d}{2}})$$

liefert. Somit folgt wie behauptet

$$\|T_X^s g_X - T^s g\|_{\ell_\infty(X)} = \mathcal{O}\left(\frac{h}{s}\right)^{\theta+\frac{d}{2}}.$$

Im Fall $\tau \leq \theta$ ist lediglich eine kurze Vorüberlegung nötig. Da k in $H^\theta(\mathbb{R}^d) \subset H^\tau(\mathbb{R}^d)$ liegt, lässt sich für $s \in (0,1)$ völlig analog zu (6.12) zeigen, dass

$$|\mathcal{F}\left(s^{\tau+\frac{d}{2}}k_s\right)(\omega)|^2 \leq c(\tau,d)\,(1+\|\omega\|_2^2)^{-(\tau+\frac{d}{2})}$$

gilt, wobei die Konstante in dieser Situation nicht mehr von θ, sondern von τ abhängt. Nun kann man wieder wie im ersten Fall fortfahren, um

$$\|T_X^s g_X - T^s g\|_{\ell_\infty(X)} = \mathcal{O}\left(\frac{h}{s}\right)^{\tau+\frac{d}{2}}$$

herzuleiten, was den Beweis vollendet. □

Für die Wahl $s = h^t$ mit $t \in (0,1)$ ist somit für $h \to 0$ das Verschwinden aller drei Fehlerterme aus (6.10) gewährleistet. Für den Fehler durch Übergang von der δ-Distribution zu einer approximativen Einheit ist das Konvergenzverhalten nur unter Gültigkeit der Bedingungen aus Lemma 6.3 explizit bekannt, jedoch ist die Geschwindigkeit stets monoton wachsend in t. Dagegen zeigen Lemma 6.10 und Lemma 6.11, dass sich der transformierte Datenfehler sowie der Fehler durch Diskretisierung der Faltung monoton fallend in t verhalten. Zusammengefasst ergeben die Überlegungen dieses Kapitels folgendes Resultat.

Korollar 6.12. *(Datenglättung durch Faltung)*
Es sei $g \in H^\tau(\Omega)$ mit $\tau > \frac{d}{2}$. Die Daten $X = (x_i)_{i=1}^n$ seien uniform verteilt mit $x_i \in \Omega \cap h\mathbb{Z}^d$. Wählt man den Faltungskern wie in Lemma 6.1 und skaliert man k mittels $s = h^t$ mit $t \in (0,1)$, so folgt für den diskreten Faltungsoperator aus (6.3)

$$\|T_X^s g_X^\delta - g\|_{\ell_\infty(X)} = \delta + R(h), \tag{6.15}$$

wobei $R(h) \xrightarrow{h \to 0} 0$ gilt. Erfüllt k zusätzlich die Momentenbedingungen aus Lemma 6.3 für ein $r \in \mathbb{N}$, so folgt

$$\|T_X^s g_X^\delta - g\|_{\ell_\infty(X)} = \delta + \mathcal{O}(h^\nu) \tag{6.16}$$

mit

$$\nu := \min\left\{tr, (1-t)\left(\min\{\tau,\theta\} + \frac{d}{2}\right)\right\}.$$

Beweis. Die erste Behauptung erhält man aus (6.10) und den Fehlerschranken aus Lemma 6.1, Lemma 6.10 und Lemma 6.11. Die zweite Aussage folgt unter Hinzunahme von Lemma 6.3 mit der Wahl $p = \infty$, da sich für $s = h^t$

$$\|T^s g - g\|_{L_\infty(\mathbb{R}^d)} = \mathcal{O}(h^{tr})$$

ergibt. □

Insbesondere ist für die Dimensionen $d = 1, 2$ unter Verwendung geeignet skalierter Wendlandkerne $\phi_{d,k}$ mit $\tau > \frac{d}{2}$ als Faltungskern Konvergenz gemäß (6.16) mit

$$\nu = \min\left\{2t, (1-t)\left(\min\{\tau, \theta\} + \frac{d}{2}\right)\right\} \qquad (6.17)$$

sichergestellt, wie die Ausführungen nach Beispiel 6.4 zeigen. Für $d = 1$ und $N \geq 2$ eignen sich auch die B-Splines B_N als Faltungskern. In diesem Fall erhält man gemäß Beispiel 6.4 für beliebiges $\epsilon > 0$ die Konvergenzordnung

$$\nu = \min\left\{2t, (1-t)\min\left\{\tau + \frac{1}{2}, N - \epsilon\right\}\right\}, \qquad (6.18)$$

da B_N in $H^{N-\frac{1}{2}-\epsilon}(\mathbb{R})$ liegt. Bei Verwendung des Gaußkerns ist in Lemma 6.3 für beliebige Dimensionen $r = 2$ gewährleistet, weshalb Korollar 6.12 die Konvergenzordnung

$$\nu = \min\left\{2t, (1-t)\left(\tau + \frac{d}{2}\right)\right\} \qquad (6.19)$$

vermuten lässt. Allerdings ist wegen des fehlenden kompakten Trägers Lemma 6.1 nicht anwendbar, so dass lediglich Konvergenz fast überall sichergestellt wird. Zudem erschwert der unbeschränkte Träger die numerische Auswertung der diskreten Faltung.

Bemerkung 6.13. *Um gute Approximationsresultate zu erhalten, sollte der Parameter t nicht zu nahe an den Intervallgrenzen 0 bzw. 1 liegen. Zwar zeigt beispielsweise (6.17) für Wendlandkerne, dass für große Werte τ und θ der Parameter t recht nahe bei 1 gewählt werden kann. Allerdings ist dies nicht empfehlenswert, da in diesem Fall so gut wie keine Fehlerdämpfung zu erwarten ist.*

Zusammenfassend haben wir für den Datentransformationsoperator T_X^s explizit nachgewiesen, dass höchstens eine vernachlässigbare Fehlerverstärkung vorliegt, sofern die Kernskalierung angemessen gewählt wird. Durch die Mittelung der gegebenen Werte g_X^δ durch T_X^s ist außerdem eine Fehlerreduktion zu erwarten. Natürlich lässt sich obige Aussage nicht weiter verbessern, da eine garantierte Reduktion eines gegebenen Fehlerniveaus sukzessive angewandt werden könnte, wodurch das Wegglätten sämtlicher Datenfehler möglich würde. Dies ist selbstverständlich nur unter Aufgabe der approximativen Einheit zu erreichen. Die neuen Daten könnten dann zwar stärker geglättet werden, allerdings würden dadurch relevante Informationen wie beispielsweise Kanten verwischt. In diesem Fall müsste der Rekonstruktionsoperator geändert werden, und die neue Rekonstruktionsaufgabe wäre schlechter gestellt als das Ausgangsproblem.

6.4 Numerische Beispiele

Anhand dreier einfacher Beispiele sollen die Ergebnisse nun illustriert werden.

Beispiel 6.14. *Wir setzen $\Omega = [-3,3]$ und wählen die glatte Datenfunktion*

$$g(x) = \phi_{1,2}(x-2) + 2\phi_{1,2}(x-1).$$

Diese stören wir durch eine gleichverteilte Zufallsvariable auf $[-\delta, \delta]$ mit $\delta = 0.3$ und betrachten $n = 400$ äquidistante Datenpunkte auf Ω. Als Faltungskern verwenden wir den Wendlandkern $\phi_{1,1}$, der mit dem Faktor $5/4$ gemäß der Integrationsbedingung (6.1) normiert und mit $s = h^t$ und dem Parameter $t = 0.4$ bzw. $t = 0.25$ skaliert wird. Das Ergebnis der diskreten Faltung mit den gestörten Daten ist in Abb. 6.1 abgebildet. Eine deutliche Fehlerdämpfung ist gut zu erkennen. Das tatsächliche Fehlerverhalten entspricht somit dem Ergebnis von Korollar 6.12.

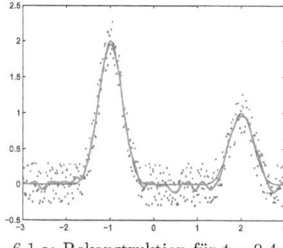
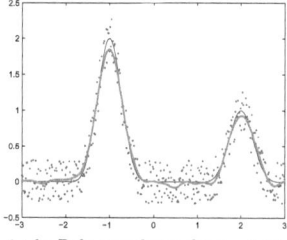

6.1,a: Rekonstruktion für $t = 0.4$.   6.1,b: Rekonstruktion für $t = 0.25$.

Abbildung 6.1: Fehlerdämpfung mittels des Faltungsoperators aus Beispiel 6.14: gestörte Daten (rot) und geglättete Daten (grün).

Das nächste Beispiel zeigt, dass auch der Gaußkern, der in allen Sobolevräumen $H^\theta(\mathbb{R}^d)$ liegt, als Faltungskern zur Datenvorglättung geeignet ist. Obwohl das Fehlen eines kompakten Trägers lediglich punktweise fast überall Konvergenz garantiert, wirkt sich dies nicht auf die numerische Verwendbarkeit aus.

Beispiel 6.15. *Erneut setzen wir $\Omega = [-3,3]$, wählen diesmal jedoch die stetige, aber nicht differenzierbare Datenfunktion*

$$g(x) = \phi_{1,0}(x-2) + 2\phi_{1,0}(x-1).$$

Für das Fehlerniveau $\delta = 0.3$ benutzen wir den mit dem Faktor $s = h^t$ zum Parameter $t = 0.7$ bzw. $t = 0.5$ skalierten und normierten Gaußkern, um die gestörten diskreten Daten zu falten. Das Ergebnis ist in Abb. 6.2 zu sehen. Erneut ist die zu erwartende Fehlerdämpfung durch die angepasste Skalierung erreicht worden.

Beispiel 6.16. *Wir betrachten nun die zweidimensionale Mexican-hat Funktion, die in radialer Darstellung durch $g(r) = (1-r^2)e^{-r^2/2}$ gegeben ist. Wir setzen $\Omega = [-2,2]^2$ und verwenden*

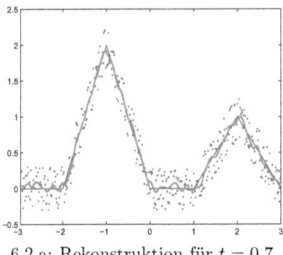
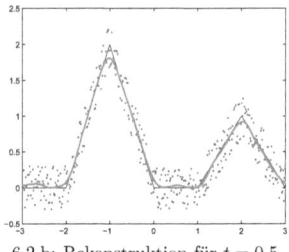

6.2,a: Rekonstruktion für $t = 0.7$.   6.2,b: Rekonstruktion für $t = 0.5$.

Abbildung 6.2: Fehlerdämpfung mittels des Faltungsoperators aus Beispiel 6.15: gestörte Daten (rot) und geglättete Daten (grün).

gestörte Daten auf $n = 2500$ uniformen Punkten mit Störung $\delta = 0.5$. Zur Entrauschung benutzen wir den Wendlandkern $\phi_{3,3}(r) = (1-r)_+^8 (32r^3 + 25r^2 + 8r + 1)$, der mit dem Faktor $\frac{78}{7\pi}$ normiert wird. Die Ergebnisse für $t = 0.5$ und $t = 0.25$ sind in Abb. 6.3 dargestellt.

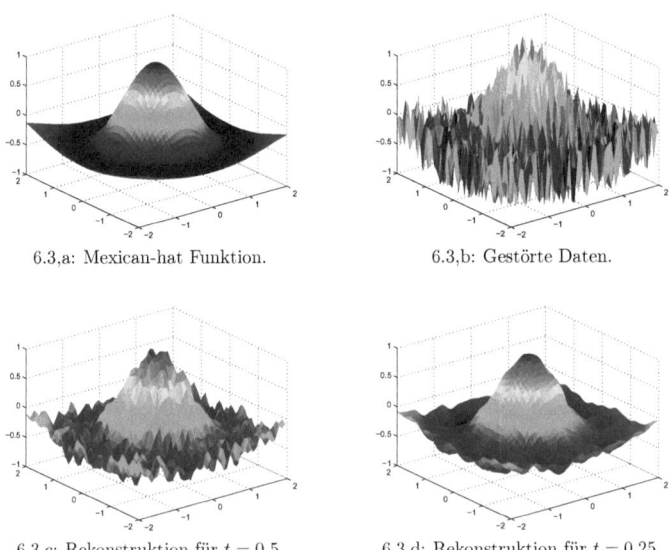

6.3,a: Mexican-hat Funktion.   6.3,b: Gestörte Daten.

6.3,c: Rekonstruktion für $t = 0.5$.   6.3,d: Rekonstruktion für $t = 0.25$.

Abbildung 6.3: Fehlerdämpfung mittels des Faltungsoperators aus Beispiel 6.16.

Generell zeigen weitere numerische Tests die Tendenz, dass der Parameter t umso größer gewählt werden sollte, je glatter der Faltungskern ist.

7 Beschleunigung durch Zerlegung der Eins

Die Fragestellung, wie auftretende Datenfehler gezielt bei Rekonstruktionsaufgaben berücksichtigt werden können, haben wir in den Kapiteln 3 bis 5 durch Angabe von Fehlerabschätzungen und Parameterwahlen sowie im letzten Kapitel durch die Herleitung eines Verfahrens zur Datenvorglättung ausführlich erörtert. Wir wenden uns in diesem Kapitel einem weiteren Aspekt zu, nämlich wie die vorgestellten Methoden ohne großen Verlust an Genauigkeit beschleunigt werden können.

7.1 Überblick über bekannte Verfahren

Die bekanntesten Verfahren zur Komplexitätsreduktion sind Multipolentwicklung, Gebietszerlegung und Zerlegung der Eins. Wir verwenden in dieser Arbeit nur das Verfahren der Zerlegung der Eins, stellen die beiden anderen Methoden jedoch kurz vor, um eine Einordnung zu ermöglichen.

Die Methode der Multipolentwicklung hat eine schnelle Berechnung auftretender Auswertungen von Approximanten zum Ziel. Dies spielt vor allem bei iterativen Ansätzen, die in Kapitel 9 behandelt werden, eine Rolle. Zu Grunde liegt ein hierarchischer Algorithmus zur disjunkten Aufspaltung des betrachteten Gebietes Ω in Zellen durch Angabe sogenannter Zellmittelpunkte. Im Fall von Regressionsproblemen wird für jeden dieser Punkte t_0 eine Fernfeldentwicklung des Kerns berechnet, d.h. eine Approximation von $\Phi(x,t)$ für t in der Nähe von t_0 und hinreichend weit entfernte Punkte x. Durch geeignete Zusammensetzung der lokalen Approximanten über die zu Grunde liegende Baumstruktur der Gebietszerlegung lässt sich so ein schnell auszuwertender globaler Approximant erzeugen. Ein detaillierterer Überblick zur Multipolentwicklung findet sich in [103].

Bei Verfahren zur Gebietszerlegung betrachtet man eine Überdeckung $X_1, \ldots, X_k$ der Datenmenge X. Die wohl einfachste Variante zur iterativen Interpolation wurde in [7] vorgestellt. Dabei wird auf der Menge X_1 ein Interpolant berechnet, dann wird das diskrete Residuum gebildet, und dieses wird daraufhin auf X_2 interpoliert. Sukzessive führt man dieses Verfahren bis zur k-ten Partitionsmenge durch, bei immer noch großem Residuum kann die Prozedur dann von vorne ausgeführt werden. Unter schwachen Anforderungen an die Partitionierung, beispielsweise wenn in jeder Menge X_j ein Punkt liegt, der in keiner anderen Menge enthalten ist, liefert die Methode Konvergenz gegen die Bestapproximation [7, 101].

Das Verfahren der Zerlegung der Eins, das wir näher betrachten werden, wird in seiner Basisform bereits seit langem im Kontext von Interpolation verwendet [61]. Der Grundgedanke ist eine Aufspaltung der Approximationsaufgabe in lokale Probleme und ein Zusammensetzen der lokalen Approximationen durch geeignete Mittelung. Dies geschieht hier über wählbare Gewichtsfunktionen, deren Summe an jedem Punkt des betrachteten Rekonstruktionsgebiets Eins ist. Damit einher geht eine Zerlegung des zu Grunde liegenden Gebietes Ω. Diese sollte im Gegensatz zur Multipolentwicklung nicht disjunkt sein, um Glattheit der Rekonstruktion auch an den Partitionsrändern zu gewährleisten.

Der multivariate Fall wurde in [27] ausführlich behandelt. Auch wurden dort verschiedene Gewichtsfunktionen und lokale Approximationsprozesse getestet. Im Zusammenhang mit gitterfreien Verfahren zur Lösung partieller Differentialgleichungen erfreut sich die Methode großer Beliebtheit. Eine eingehende Untersuchung mit Anwendung auf die Helmholtz-Gleichung wurde in [4] angestellt. Konvergenzbetrachtungen für Interpolation mit radialen Basisfunktionen wurden in [100] durchgeführt und können außerdem in [101] nachgelesen werden. Die dort gestellten Anforderungen sind etwas stärker als die im Folgenden eingeführten elementaren Voraussetzungen. Anwendungen auf elliptische, parabolische und hyperbolische partielle Differentialgleichungen mit flexiblen Überdeckungen und Multilevel-Verfahren werden beispielsweise in [31, 32, 33] beschrieben.

7.2 Zerlegung der Eins

Definition 7.1. *Sei $\Omega \subset \mathbb{R}^d$ beschränkt. Es sei $(\Omega_j)_{j=1}^M$ eine offene und beschränkte Überdeckung von Ω, d.h. alle Ω_j seien offen und beschränkt und $\Omega \subset \bigcup_{j=1}^M \Omega_j$. Eine Folge $(w_j)_{j=1}^M$ heißt Zerlegung der Eins bezüglich $(\Omega_j)_{j=1}^M$, falls*

1. $supp(w_j) \subset \overline{\Omega}_j, \quad j = 1, \ldots, M,$
2. $\sum_{j=1}^M w_j(x) = 1 \quad \forall\, x \in \Omega.$

Häufig wird an $(\Omega_j)_{j=1}^M$ zusätzlich die Überlappungsbedingung gestellt, dass für jedes $x \in \Omega$ die Anzahl der x enthaltenden Partitionsmengen maximal $K \leq M$ ist, d.h.

$$\text{card}\{j \in \{1, \ldots, M\} \mid x \in \Omega_j\} \leq K \quad \forall\, x \in \Omega. \tag{7.1}$$

Auf jeder Partitionsmenge Ω_j wird nun ein lokaler Approximant f_j für $f^*|_{\Omega_j}$ mit einem der in den vorherigen Kapiteln beschriebenen Verfahren berechnet. Als globalen Approximanten bezüglich $(\Omega_j)_{j=1}^M$ bezeichnen wir dann die Funktion

$$f^M(x) := \sum_{j=1}^M w_j(x) f_j(x). \tag{7.2}$$

Man überzeugt sich leicht davon, dass f^M im Regressionsfall ein Interpolant bleibt, sofern die lokalen Approximanten in den Datenpunkten interpolieren. Für allgemeine Inversionsprobleme übertragen sich die Bildinterpolationsbedingungen zwar nicht, allerdings bleibt die gewünschte Approximation im Urbild erhalten.

Satz 7.2. *Es bezeichne f^M den globalen Approximanten gemäß (7.2). Die Gewichtsfunktionen erfüllen die Bedingungen aus Definition 7.1 und seien zusätzlich nichtnegativ. Dann gilt offenbar*

$$\|w_j\|_{L_\infty(\Omega)} \leq 1, \quad j=1,\ldots,M,$$

und der globale L_2-Fehler ist wie folgt durch die lokalen L_2-Fehler beschränkt:

$$\|f^M - f^*\|_{L_2(\Omega)} \leq \left(\sum_{j=1}^M \|f_j - f^*\|_{L_2(\Omega \cap \Omega_j)}^2\right)^{1/2}.$$

Beweis. Da $(w_j)_{j=1}^M$ eine Zerlegung der Eins mit nichtnegativen Gewichten ist, gilt:

$$\begin{aligned}
\|f^M - f^*\|_{L_2(\Omega)}^2 &= \int_\Omega \left(\sum_{j=1}^M w_j(x) f_j(x) - f(x)\right)^2 dx \\
&= \int_\Omega \left(\sum_{j=1}^M w_j(x)(f_j(x) - f(x))\right)^2 dx \\
&= \int_\Omega \left(\sum_{j=1}^M \sqrt{w_j(x)}\left(\sqrt{w_j(x)}(f_j(x) - f(x))\right)\right)^2 dx.
\end{aligned}$$

Mit der Chauchy-Schwarz-Ungleichung im $\mathbb{R}^m$ erhalten wir nun

$$\|f^M - f^*\|_{L_2(\Omega)}^2 \leq \int_\Omega \left(\sum_{j=1}^M w_j(x)\right)\left(\sum_{j=1}^M w_j(x)(f_j(x) - f^*(x))^2\right) dx.$$

Die Normierungsbedingung, die Voraussetzung an die Träger der Gewichte sowie deren Beschränktheit liefern schließlich

$$\begin{aligned}
\|f^M - f^*\|_{L_2(\Omega)}^2 &\leq \int_\Omega \sum_{j=1}^M w_j(x)(f_j(x) - f^*(x))^2 dx \\
&= \sum_{j=1}^M \int_{\Omega \cap \Omega_j} w_j(x)(f_j(x) - f^*(x))^2 dx \\
&\leq \sum_{j=1}^M \int_{\Omega \cap \Omega_j} (f_j(x) - f^*(x))^2 dx \\
&= \sum_{j=1}^M \|f_j - f^*\|_{L_2(\Omega \cap \Omega_j)}^2.
\end{aligned}$$

□

Der Beweis wurde im Wesentlichen bereits in [4] erbracht, allerdings ist die dort gezeigte Aussage etwas schwächer, da der zusätzliche Faktor $\sqrt{K}$ auf der rechten Seite auftaucht, wohingegen die Überlappungsbedingung (7.1) hier nicht gebraucht wurde. Eine Möglichkeit für die Wahl der Gewichtsfunktionen ist der Ansatz über sogenannte Sheppard-Funktionen, welche die grundlegende Gestalt

$$w_j(x) = \frac{\varphi_j(x)}{\sum\limits_{m=1}^{M} \varphi_m(x)} \qquad (7.3)$$

mit $\varphi_j : \Omega \to \mathbb{R}$ haben. In diesem Fall ist insbesondere $||w_j||_{L_\infty(\Omega)} \leq 1$ sichergestellt.

Gemäß Satz 7.2 ist der L_2-Fehler des globalen Approximanten auf ganz Ω maximal $\sqrt{M}$ mal so groß ist wie der maximale lokale L_2-Fehler. Setzt man für die rechte Seite eine der in den letzten Kapiteln hergeleiteten Abschätzungen der lokalen Fehler bezüglich des Füllabstands $h_{X,\Omega}$ ein, so lässt sich eine weitere Interpretation angeben. Der Fehler bei Verwendung des Verfahrens der Zerlegung der Eins ist maximal um den Faktor $\sqrt{M}$ größer, als wenn auf ganz Ω das zu Grunde liegende Approximationsverfahren ohne Zerlegung der Eins mit der Diskretisierungsfeinheit der vorher betrachteten lokalen Probleme angewendet wird. Der Berechnungsaufwand wächst lediglich linear in der Anzahl M der lokalen Probleme.

Dagegen hängt der prozentuale Aufwandszuwachs bei Lösung des globalen statt eines lokalen Problems sehr vom verwendeten Approximationsverfahren ab. Für uniforme Daten und eine äquidistante Gebietszerlegung lässt sich dies genauer spezifizieren. Beispielsweise unter Verwendung eines TP-Verfahrens steigt der numerische Aufwand in dieser Situation um einen Faktor der Größenordnung M^3, da die Lösung des relevanten Gleichungssystems kubischen Aufwand in der Anzahl der Datenpunkte bedingt.

Die tatsächliche Aufwandsersparnis bei Verwendung einer Zerlegung der Eins ist allerdings auch problemabhängig. Da Integraloperatoren üblicherweise nicht lokal sind, müssen im Allgemeinen alle verfügbaren Daten zur Berechnung jedes lokalen Approximanten verwendet werden. Hat der betrachtete Operator aber eine schwache Lokalisierungseigenschaft, d.h. gehen für $x \in \Omega$ vor allem die Werte $f(t)$ mit t nahe bei x in den Funktionswert $f(x)$ ein, so reichen auch lokale Bildinformationen zur Berechnung der lokalen Approximanten aus. In diese Klasse fallen Blurring-Operatoren, die zwar im Gegensatz zu Differentialoperatoren glätten, aber trotzdem schwach lokalisieren. Verdeutlicht wird dies im Folgenden anhand der asymmetrischen TP-Methode mit Operatordiskretisierung.

7.3 Numerische Beispiele

Beispiel 7.3. *Wir untersuchen in diesem Beispiel die Rekonstruktion eines Bildes, das zuvor mit einem Faltungsoperator der Form*

$$Af(x) = \int_{\mathbb{R}^2} k(x,t) f(t) \, dt$$

verwischt wird. Als radialen Faltungskern verwenden wir $k_s(r) = \frac{1}{2\pi} s^{-2} e^{-r/s}$. Der Normierungsfaktor sorgt dafür, dass k_s für $s \to 0$ eine approximative Einheit ist. Als Daten betrachten wir ein Bild mit 256×256 Pixeln und wählen die beiden Skalierungsfaktoren $s \in \{\frac{1}{128}, \frac{1}{64}\}$. Weiter setzen wir $\Omega = \left[\frac{1}{256}, 1\right]^2$, $n = 256$ sowie $t_k := \frac{k}{n}$ für $k = 1, \ldots, n$, und identifizieren die Bilddaten mit den Werten einer unbekannten Funktion f an den Stellen (t_k, t_l) mit $\mathrm{supp}(f) \subset \Omega$. Im Folgenden benutzen wir die Notation

$$x_{(k-1)n+l} := (t_k, t_l), \quad k, l = 1, \ldots, n,$$

wodurch sich die Datenpunkte in der Form $X = \{x_i \mid i = 1, \ldots, n^2\}$ schreiben lassen. Zur numerischen Ermittlung der rechten Seite benutzen wir die Rechtecksregel, so dass der diskretisierte Operator durch

$$A^n f(x) = \frac{1}{n^2} \sum_{i=1}^{n^2} k_s(\|x - x_i\|_2) f(x_i)$$

gegeben ist. Zur lokalen Inversion verwenden wir $m = 32$ Datenpunkte pro Raumdimension und wählen die Partitionsmengen stark überlappend, um die auf Grund der fehlenden Nullrandbedingungen unvermeidlichen Randeffekte durch mehrere unverfälschte lokale Rekonstruktionen ausgleichen zu können. Genauer betrachten wir

$$\Omega_1 = \left(0, \frac{33}{256}\right)^2, \quad \Omega_2 = \left(0, \frac{33}{256}\right) \times \left(\frac{16}{256}, \frac{49}{256}\right), \ldots, \Omega_{225} = \left(\frac{224}{256}, \frac{257}{256}\right)^2.$$

Die $M = 15^2 = 225$ Partitionsmengen enthalten die lokalen Datenpunkte

$$\begin{aligned} X_{15(j_1-1)+j_2} &:= X \cap \Omega_{15(j_1-1)+j_2} \\ &= \{(t_{j_1 k}, t_{j_2 l}), \mid k, l = 1, \ldots, 32\}, \quad j_1, j_2 = 1, \ldots, 15, \end{aligned}$$

wobei

$$t_{jk} := \frac{16(j-1) + k}{256}, \quad j = 1, \ldots, 15, \ k = 1, \ldots, 32.$$

Auch diese lokalen Datenpunkte schreiben wir mittels

$$x_{(15(j_1-1)+j_2)k} := (t_{j_1 k}, t_{j_2 k}), \quad j_1, j_2 = 1, \ldots, 15$$

in der Form

$$X_j = \{x_{jk} \mid k = 1, \ldots, m^2\}, \quad j = 1, \ldots, M.$$

Als Kernfunktion verwenden wir $\phi_{3,1}(r/s)$, wobei $\phi_{3,1}(r) = (1-r)_+^4 (4r+1)$ ist und mit dem Faktor $s = \frac{1}{128}$ skaliert wird. Die Definition der Gewichtsfunktionen ist nur in den lokalen Datenpunkten nötig, da der globale Approximant in den globalen Datenpunkten ausgewertet werden soll und $\mathrm{supp}(w_j) \subset \overline{\Omega}_j$ gelten muss. Wir verwenden für $j = 1, \ldots, M$ die Funktionen

$$\varphi_j((t_{jk}, t_{jl})) := \left[\left(\frac{m}{2} - \left|k - \frac{m}{2}\right|\right)\left(\frac{m}{2} - \left|l - \frac{m}{2}\right|\right)\right]^{10}, \quad k, l = 1, \ldots, m$$

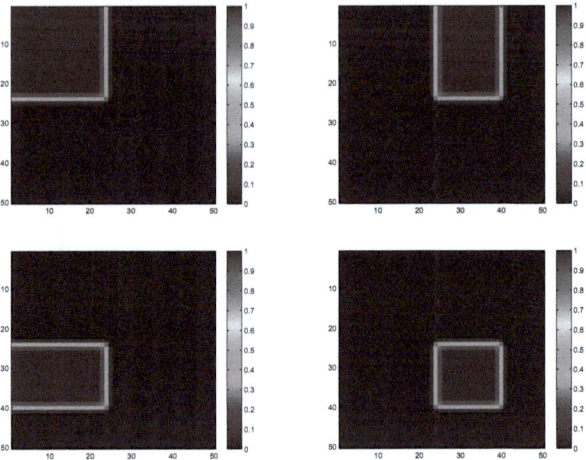

Abbildung 7.1: Ausschnitt der ersten vier Gewichtsfunktionen in Beispiel 7.3.

und erzeugen daraus die diskreten Gewichte mittels (7.3). Durch die Wahl der φ_j klingen die resultierenden Gewichte zu den Rändern der Partitionsmengen stark ab, was in Abbildung 7.1 deutlich erkennbar ist.

Zum Aufstellen der lokalen Probleme gibt es nun zwei Möglichkeiten. In jedem Fall sollte für das j-te lokale Problem die Auswertmenge $Y = X_j$ gewählt werden. Als Berechnungsmenge kann natürlich stets die globale Datenmenge X verwendet werden. Dies ist auch im Allgemeinen nötig, da durch die fehlende Lokalisierungseigenschaft von Integraloperatoren selbst für lokale Rekonstruktionen globale Daten benötigt werden. Die allgemeine Variante zur Bestimmung des Koeffizientenvektors des j-ten lokalen Approximanten schreibt sich daher unter Verwendung des asymmetrischen TP-Verfahrens gemäß Lemma 4.1 als

$$\left(G^j_{N,A^n,\Phi,X,X_j} + \gamma\Phi_{X_j}\right)\alpha^\gamma_{X_j} = N^j_{A^n,\Phi,X,X_j}\, g_X, \tag{7.4}$$

wobei die lokale Kernmatrix Φ_{X_j} für alle Partitionen dieselbe bleibt und die asymmetrische Kollokationsmatrix $N^j_{A^n,\Phi,X,X_j} \in \mathbb{R}^{m^2 \times n^2}$ durch

$$\begin{aligned}(N^j_{A^n,\Phi,X,X_j})_{kl} &= (A^n\Phi(x_{jk},\cdot))(x_l)\\ &= \frac{1}{n^2}\sum_{i=1}^{n^2} k_s(\|x_l - x_i\|_2)\Phi(x_{jk},x_i), \quad k=1,\ldots,m^2,\ l=1,\ldots,n^2\end{aligned}$$

gegeben ist. Obwohl die Berechnung dieser Matrix sehr aufwändig ist, wurde immerhin die Berechnungsdimension auf $m^2 \times m^2$ reduziert. Der auf die Datenmenge X_j eingeschränkte lokale Approximant ergibt sich dann als $f_j|_{X_j} = \Phi_{X_1}\alpha^\gamma_{X_j}$.

Für das betrachtete Problem genügt jedoch zur Ermittlung der lokalen Approximanten auch die Beschränkung auf lokale Bilddaten, da der Integraloperator schwach lokalisiert. Zur Bestimmung des j-ten Approximanten begnügen wir uns daher mit den Daten $g_{X_j} := g(x_{jk})_{k=1}^{m^2}$, *und ersetzen dementsprechend im System (7.4) die Menge X durch die lokale Datenmenge X_j. Wegen der lokalen Intervall-Länge von $\frac{1}{8}$ pro Raumdimension ändert sich die Operatordiskretisierung zu*

$$A_j^m f(x) = \frac{1}{64m^2} \sum_{k=1}^{m^2} k_s(\|x - x_{jk}\|_2) f(x_{jk}). \quad (7.5)$$

Daraus resultiert das System

$$\left(G_{N,A^m,\Phi,X_j,X_j}^j + \gamma \Phi_{X_j}\right) \alpha_{X_j}^\gamma = N_{A^m,\Phi,X_j,X_j}^j g_{X_j}, \quad (7.6)$$

wobei die j-te lokale asymmetrische Kollokationsmatrix nun durch

$$(N_{A^m,\Phi,X_j,X_j}^j)_{kl} := (A^m \Phi(x_{jk}, \cdot))(x_{jl}), \quad k,l = 1, \ldots, m^2$$

berechnet wird, wodurch der numerische Aufwand enorm reduziert wird.

Da außerdem der Faltungskern als radial vorausgesetzt wurde, sind alle lokalen Kollokationsmatrizen identisch, und es genügt die Betrachtung des Operators

$$A^m f(x) := \frac{1}{64m^2} \sum_{k=1}^{m^2} k_s(\|x - x_{1k}\|_2) f(x_{1k}) \quad (7.7)$$

sowie die Vorberechnung der Matrix

$$(N_{A^m,\Phi})_{kl} := (A^m \Phi(x_{1k}, \cdot))(x_{1l}), \quad k,l = 1, \ldots, m^2 \quad (7.8)$$

und der entsprechenden Gram-Matrix. Der Koeffizientenvektor des j−ten Problems kann somit durch Lösung des Systems

$$(G_{N,A^m,\Phi} + \gamma \Phi_{X_1}) \alpha_{X_j}^\gamma = N_{A^m,\Phi} g_{X_j} \quad (7.9)$$

bestimmt werden. Der lokal ausgewertete j-te Approximant ist dann wieder durch $f_j|_{X_j} = \Phi_{X_1} \alpha_{X_j}^\gamma$ gegeben, und die globale Rekonstruktion ergibt sich durch (7.2). Die Ergebnisse dieses Verfahrens bei Verwendung des Parameters $\gamma = 10^{-5}$ sind in Abb. 7.2 zu sehen.

Wir sind bisher davon ausgegangen, dass der zu invertierende Blurring-Operator bekannt ist, was jedoch in Anwendungen nicht immer der Fall ist. Liegen über den Operator keinerlei Informationen vor, so spricht man von einem Blind Deconvolution Problem [41]. Ist immerhin eine Approximation bzw. eine Schätzung des Operators gegeben, so heißt die Aufgabe entsprechend vom Semi-blind Deconvolution Typ. In dieser Situation ist eine nichtlineare Zielfunktion zu minimieren, in die sowohl die Daten als auch der Operator einfließen [44]. Gebräuchliche Deblurring-Verfahren sind das klassische Wiener-Filtering, das nichtlineare Richardson-Lucy-Verfahren und variationale Methoden, die zumeist in der numerischen Lösung partieller Differentialgleichungen resultieren [96, 97]. Einen Überblick über stochastische Ansätze mit Hinblick auf den Einfluss des Fehlermodells kann man sich in [9] verschaffen.

7.2,a: Testbild „Cameraman".

7.2,b: Verwischte Daten mit $s = \frac{1}{128}$. 　　7.2,c: Verwischte Daten mit $s = \frac{1}{64}$.

7.2,d: Rekonstruktion für $s = \frac{1}{128}$. 　　7.2,e: Rekonstruktion für $s = \frac{1}{64}$.

7.2,f: Detail der optisch perfekten Rekon- 7.2,g: Detail der Rekonstruktion für $s = \frac{1}{64}$.
struktion für $s = \frac{1}{128}$.

Abbildung 7.2: Durch Zerlegung der Eins beschleunigtes TP-Verfahren aus Beispiel 7.3 zum Deblurring des mit Faltungskernen der Form $e^{-r/s}$ verwischten, 256×256 Pixel großen Cameraman-Testbildes (Courtesy of Massachusetts Institute of Technology).

Beispiel 7.4. *Wir betrachten nun ein Semi-blind Deconvolution Problem, indem wir annehmen, dass die Gestalt des Operators gegeben, jedoch die genaue Skalierung der Faltung unbekannt ist. Um zu veranschaulichen, dass in dieser Situation ebenfalls gute Ergebnisse erzielt werden können, wurden die mit dem Skalierungsfaktor $s = \frac{1}{64}$ verwischten Daten aus Beispiel 7.3 mit Faltungsoperatoren zu den Faktoren $s \in \{\frac{1}{128}, \frac{1}{64}, \frac{3}{128}\}$ entfaltet. Die Skalierung des Hilbertraumkerns wurde jeweils als $s = \frac{1}{128}$ gewählt. In Abb. 7.3 ist in allen Fällen eine Schärfung der Bilddaten erkennbar, die bei zu kleiner Skalierung des vermuteten Operators zu gering ausfällt und bei zu großer Skalierung übermäßig stark entglättet, wodurch die Zerlegung der Eins sichtbar wird. Offenbar ist den Rekonstruktionen deutlich anzusehen, in welche Richtung der vermutete Skalierungsparameter des Operators zur Verbesserung des Ergebnisses angepasst werden sollte.*

7.3,a: Verwischte Daten mit $s = \frac{1}{64}$.

7.3,b: Rekonstruktion mit $s = \frac{1}{128}$.

7.3,c: Rekonstruktion mit $s = \frac{1}{64}$.

7.3,d: Rekonstruktion mit $s = \frac{3}{128}$.

Abbildung 7.3: Inversion des Faltungsoperators mit Kern $e^{-r/s}$ und $s = \frac{1}{128}$ mit dem strukturell richtigen Kern zu unterschiedlichen Skalierungen in Beispiel 7.4. Dabei Verwendung einer Zerlegung der Eins mit lokaler TP-Methode.

Natürlich kann das Verfahren auch im Fall gestörter Daten eingesetzt werden. In Abb. 7.4 sind die mit dem Faltungsoperator zur Skalierung $s = \frac{1}{128}$ und mit gleichverteiltem Rauschen der Größe $\delta = 0.01$ bzw. $\delta = 0.03$ gestörten Daten abgebildet. Zur Rekonstruktion setzen wir nun wieder den Operator als bekannt voraus. Im Vergleich zum Fall exakter Daten wurde außerdem der Regularisierungsparameter von $\gamma = 10^{-5}$ auf $\gamma = 10^{-3}$ bzw. $\gamma = 10^{-2}$ erhöht.

Schließlich betrachten wir ein Blind Deconvolution Problem, bei dem lediglich einige a-priori-Informationen vorausgesetzt werden. Wie bisher gehen wir von der Radialität des Faltungskerns

7.4,a: Verwischte Daten mit $\delta = 0.01$.   7.4,b: Rekonstruktion für $\delta = 0.01$.

7.4,c: Verwischte Daten mit $\delta = 0.03$.   7.4,d: Rekonstruktion für $\delta = 0.03$.

Abbildung 7.4: Inversion des Faltungsoperators mit Kern $e^{-r/s}$ und $s = \frac{1}{128}$ aus Beispiel 7.3 bei Datenstörung mit Zerlegung der Eins und lokaler TP-Methode.

aus und nehmen weiter an, dass zumindest ein einziges verwischtes Bild vorliegt, zu dem die exakte Lösung bekannt ist. Dabei genügt es, diese Information für die Größe der lokalen Probleme zu besitzen. Auch die Beschränkung auf inexakte a-priori-Informationen ist möglich, wie wir im Folgenden zeigen.

Beispiel 7.5. *Den als unbekannt vorausgesetzten Faltungskern wählen wir nur zur Datenerzeugung wie in Beispiel 7.3, wobei der Skalierungsparameter $s = \frac{1}{128}$ verwendet wird. Auch den Hilbertraumkern $\phi_{3,1}(r/s)$ behalten wir bei. Zur Approximation des lokalen Faltungskerns machen wir den Ansatz*

$$k(r) \approx \sum_{l=1}^{N} \beta_l \psi_l(r), \tag{7.10}$$

wobei die Funktionen ψ_l gemäß

$$\psi_l(r) = \frac{3}{\pi} s_l^{-2} \phi_{3,2}(r/s_l) \tag{7.11}$$

mittels des Wendlandkerns $\phi_{3,2}(r) = (1-r)_+^6 (35r^2 + 18r + 3)$ und den Skalierungsfaktoren $s_l = 2^{-3-l}$, $l = 1, \ldots, N$ mit $N = 5$ erzeugt werden. Als bekannte Lösungsfunktion $\overline{f}$ wählen wir das in Matlab integrierte Shepp-Logan-Phantom der Größe (32×32). Die Anzahl $m = 32$ der Datenpunkte pro Raumdimension entspricht somit den vormals lokalen Problemen. Da wir den lokalen Faltungskern zur Schärfung eines Bildes der Größe (256×256) durch Identifikation der Daten mit einer Funktion auf $[\frac{1}{256}, 1]^2$ berechnen wollen, wählen wir nun Datenpunkte aus

$[\frac{1}{256}, \frac{1}{8}]^2$. *Die Funktionswerte $\overline{g}_X$ des Shepp-Logan-Phantoms stören wir mit einer gleichverteilten Zufallsvariable der Größe $\delta = 0.01$. Zur Schätzung des Faltungskerns setzen wir zunächst die Operatordiskretisierung aus (7.7) ein und erhalten*

$$\frac{1}{64m^2} \sum_{k=1}^{m^2} k_s(\|x - x_k\|_2) \overline{f}(x_k) \approx \overline{g}(x), \quad x \in X.$$

Mit der Approximation (7.10) ergibt sich daraus für gestörte Daten das LGS

$$\sum_{l=1}^{N} \beta_l \sum_{k=1}^{m^2} \psi_l(\|x_i - x_k\|_2) \overline{f}(x_k) = 64m^2 g_i^\delta, \quad i = 1, \ldots, m^2,$$

das sich mit der Definition

$$(M^{\overline{f}, \psi})_{kl} := \sum_{k=1}^{m^2} \psi_l(\|x_i - x_k\|_2) \overline{f}(x_i), \quad i = 1, \ldots, m^2, \; l = 1, \ldots, N$$

in die Form

$$M^{\overline{f}, \psi} \beta = 64m^2 \overline{g}_X^\delta$$

bringen lässt. Durch Übergang zum Gram-System

$$(M^{\overline{f}, \psi})^T M^{\overline{f}, \psi} \beta = 64m^2 (M^{\overline{f}, \psi})^T \overline{g}_X^\delta \tag{7.12}$$

erhält man somit den gesuchten Koeffizientenvektor. Das hergeleitete (5×5)-System ist so gut konditioniert, dass es ohne Regularisierung gelöst werden kann.

Die Ergebnisse sind in Abb. 7.5,a - 7.5,h dargestellt. In Abb. 7.5,e - 7.5,f ist deutlich erkennbar, dass selbst für die fehlerbehaftete a-priori-Information eine gute Approximation des Faltungskerns erzielt wurde. Abb. 7.5,h zeigt einen Ausschnitt der Rekonstruktionen des Cameraman-Testbildes mit dem geschätzten Faltungskern im Vergleich mit den in Abb. 7.5,g zu sehenden Daten. Diese wurden genau wie die Daten des Shepp-Logan-Phantoms mit einer gleichverteilten Zufallsvariable zu $\delta = 0.01$ gestört.

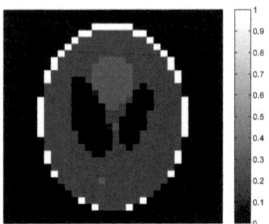
7.5,a: (32×32)-Shepp-Logan-Phantom.

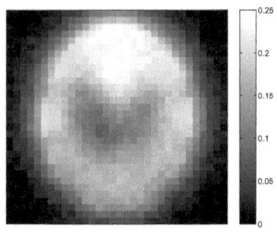
7.5,b: Verwischte, gestörte Daten des als bekannt vorausgesetzten Bildes.

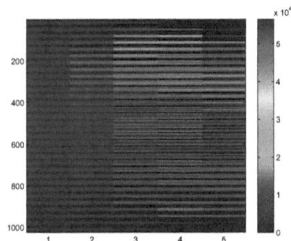
7.5,c: Matrix $M^{\overline{f},\psi}$, die zur Approximation des lokalen Faltungskerns verwendet wird.

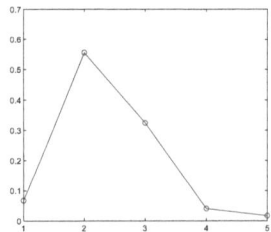
7.5,d: Über (7.12) ermittelte Koeffizienten in der Darstellung (7.11) zu den Skalierungen $s_l = 2^{-3-l}$, $l = 1, \ldots, 5$.

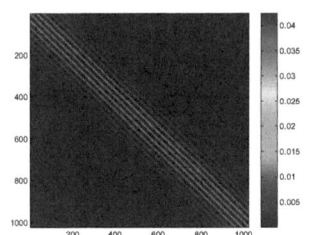
7.5,e: Approximation des lokalen Faltungskerns.

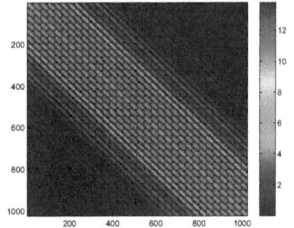
7.5,f: Betragsmäßige Abweichung des berechneten vom exakten Faltungskern.

7.5,g: Detail der gestörten Daten zu $\delta = 0.01$.

7.5,h: Detail der Rekonstruktion mit dem zuvor approximierten Faltungskern.

Abbildung 7.5: Faltungskernschätzung und Rekonstruktion des Cameraman-Testbildes mit Zerlegung der Eins und lokaler TP-Methode in Beispiel 7.5.

8 Semi-diskrete Approximative Inverse

Nachdem wir im vorherigen Kapitel ein Verfahren zur Zerlegung von Inversionsproblemen diskutiert haben, wenden wir uns nun wieder den Approximationsverfahren selbst zu. Wir zeigen, wie das u.a. in der Computer-Tomographie äußerst erfolgreich eingesetzte Verfahren der Approximativen Inversen auf die durch einen reproduzierenden Kern gegebene Struktur des Ansatzraums adaptiert werden kann. Der Einfachheit halber betrachten wir zunächst den Spezialfall der Regression, anschließend übertragen wir die Vorgehensweise auf den allgemeinen Fall der Operatorinversion. Die im Folgenden vorgestellte Methode ermöglicht nach Abschluss zweier Vorberechnungsschritte die Berechnung eines kontinuierlichen Approximanten durch Matrix-Vektor-Multiplikation mit den Daten.

8.1 Approximative Inverse zur Regression

Wir betrachten in diesem Abschnitt den Spezialfall eines Regressionsproblems, d.h. A sei nun die Identität auf H. Folglich untersuchen wir den Sampling-Operator

$$S_X : H \to \mathbb{R}^n, \qquad S_X f = (f(x_j))_{j=1}^n,$$

für den sich die Operatoren aus Lemma 3.1 deutlich vereinfachen:

$$S_X^* : \mathbb{R}^n \to H, \qquad S_X^* g_X = \sum_{j=1}^n g_j \Phi(\cdot, x_j),$$

$$S_X^* S_X : H \to H, \qquad S_X^* S_X f = \sum_{j=1}^n f(x_j) \Phi(\cdot, x_j),$$

$$S_X S_X^* : \mathbb{R}^n \to \mathbb{R}^n, \qquad S_X S_X^* = \Phi_X.$$

Wir wenden nun das Verfahren der Approximativen Inversen auf diese spezielle Situation an. Dazu rekapitulieren wir kurz die in [53, 54] eingeführte und bereits in Kapitel 2.4 vorgestellte Methode zur Lösung der Gleichung $Af = g$ für einen beliebigen Operator $A : \mathcal{X} \to \mathcal{Y}$ zwischen Hilberträumen $\mathcal{X}$ und $\mathcal{Y}$, und spezifizieren anschließend $A = S_X : H \to \mathbb{R}^n$.

Nach Wahl eines Mollifiers e^γ muss zunächst ein Rekonstruktionskern ψ^γ durch Lösen der Gleichungen

$$A^* \psi^\gamma(\cdot, x) = e^\gamma(\cdot, x), \quad x \in \Omega \tag{8.1}$$

ermittelt werden. Eine Approximation der gesuchten Lösung f^* ist dann durch

$$f^\gamma(x) = \langle \psi^\gamma(\cdot, x), g \rangle_\mathcal{Y}$$

gegeben. Speziell für den Sampling-Operator S_X schreiben sich die Bestimmungsgleichungen des Rekonstruktionskerns als

$$S_X^* \psi_x^\gamma = e^\gamma(\cdot, x), \quad x \in \Omega, \tag{8.2}$$

wobei $e^\gamma(\cdot, x) \in H$ und $\psi_x^\gamma \in \mathbb{R}^n$ sind. Wir verwenden ab sofort die Bezeichnung

$$\psi^\gamma(x) := \left(\psi_j^\gamma(x)\right)_{j=1}^n := \psi_x^\gamma, \tag{8.3}$$

mit der sich die Approximation der gesuchten Funktion $f^* \in H$ zu

$$f^\gamma(x) = \langle \psi_x^\gamma, g_X \rangle_{\ell_2(\mathbb{R}^n)} = \sum_{j=1}^n g_j \psi_j^\gamma(x) \tag{8.4}$$

ergibt. Bevor wir das Rekonstruktionsverfahren näher erläutern, betrachten wir nochmals die durch den Kern Φ gegebene spezielle Struktur. In einem RKHS H mit Kern Φ gilt bekanntermaßen für alle $x \in \Omega$ und $f \in H$ die Reproduktionsgleichung

$$f(x) = \langle f, \Phi(\cdot, x) \rangle_H.$$

Anders als beispielsweise in $L_2(\Omega)$ benötigen wir also keinen Mollifier als Ersatz für eine multiplikative Einheit, sofern wir keine zusätzliche Glättung der Rekonstruktion in das Verfahren integrieren wollen. Wir zeigen im Folgenden, dass der Kern selbst nicht glättend auf eine Funktion wirkt und die exakte Reproduktion gegebener Daten ermöglicht. Einerseits gilt nämlich für $e^\gamma = \Phi$ gemäß (8.2)

$$S_X^* \psi_{x_i} = \Phi(\cdot, x_i), \quad i = 1, \ldots, n,$$

andererseits folgt durch Einsetzen von S_X^*

$$S_X^* \psi_{x_i} = \sum_{j=1}^n (\psi_{x_i})_j \Phi(\cdot, x_j), \quad i = 1, \ldots, n.$$

Damit gilt $(\psi_{x_i})_j = \delta_{ij}$, und man erhält

$$f^\gamma(x_i) = \langle \psi_{x_i}, g_X \rangle_{\ell_2(\mathbb{R}^n)} = g(x_i), \quad i = 1, \ldots, n.$$

Demzufolge ist die diskrete Rekonstruktion f_X^γ gerade der Datenvektor g_X. Für gestörte Daten g_X^δ werden entsprechend statt einer geglätteten Version die verrauschten Daten rekonstruiert, das Verfahren ist in dieser Form also ungeeignet. Wir werden jedoch sehen, dass sich eine Regularisierung der Rekonstruktionskerngleichung (8.2) als hilfreich erweist. Gemäß (8.3) gilt außerdem

$$\psi_j(x_i) = (\psi_{x_i})_j = \delta_{ij}, \quad i, j = 1 \ldots, n. \tag{8.5}$$

Folglich kann das Verfahren der Approximativen Inversen, angewendet auf den Sampling-Operator mit Urbildkern $e^\gamma = \Phi$, schlicht als Basiswechsel in die kardinale Basis bzw. Lagrange-Basis $\{\psi_1, \ldots, \psi_n\}$ des Raumes H_X interpretiert werden [65].

Bemerkung 8.1. *Da die Funktion e^γ im betrachteten semi-diskreten Modell kein Mollifier im Sinne einer Approximation der δ-Distribution ist, bezeichnen wir sie von nun an als Urbildkern und verzichten auf den Parameter γ. Die Namensgebung ist insofern naheliegend, als für e die Kernfunktion im Urbild des Operators S_X gewählt werden kann, um dann den Rekonstruktionskern ψ, der auf die Daten angewendet werden soll, ermitteln zu können.*

Da $\Phi(\cdot, x_i)$ für $i = 1, \ldots, n$ im Bild von S_X^* liegt, ist (8.2) für die Wahl $e = \Phi$ und $x = x_i$ lösbar und äquivalent zur Normalgleichung

$$S_X S_X^* \psi_{x_i} = S_X \Phi(\cdot, x_i). \tag{8.6}$$

Eine Stabilisierung kann nun beispielsweise durch Übergang zum LGS

$$(S_X S_X^* + \gamma I_n)\psi_{x_i}^\gamma = S_X \Phi(\cdot, x_i) = (\Phi(x_j, x_i))_{j=1}^n \tag{8.7}$$

erreicht werden, wobei γ nun wieder wie in Kapitel 3 den TP-Regularisierungsparameter bezeichnet. Es ist zu beachten, dass γ nach wie vor an die zu rekonstruierende Funktion f^* und nicht an die Daten $(\Phi(x_j, x_i))_{j=1}^n$ von (8.7) angepasst werden muss. Beim Übergang vom TP-Verfahren zur Approximativen Inversen wird nämlich der Inversionsprozess von der eigentlichen Funktion auf den Urbildkern ausgelagert, und somit muss die regularisierende Wirkung auch bei dessen Berechnung eingehen. Auf diese weiterhin bestehende Abhängigkeit vom vorliegenden Fehlerniveau in den Daten gehen wir im Laufe des Kapitels noch näher ein.

8.1.1 Vorberechnung diskreter Rekonstruktionskerne

Wir wenden uns nun den Details der herzuleitenden Rekonstruktionsmethode zu und betrachten wieder allgemeine symmetrische Urbildkerne e, die als Approximation an Φ gewählt werden können. Die regularisierten Normalgleichungen von (8.2) schreiben sich bei Beschränkung auf eine Menge $Y \subset \Omega$ als

$$(S_X S_X^* + \gamma I_n)\psi_{y_k}^\gamma = S_X e(\cdot, y_k), \quad k = 1, \ldots, m.$$

Zusammengefasst ergibt sich das Gleichungssystem

$$(\Phi_X + \gamma I_n)\psi_{X,Y}^\gamma = e_{X,Y}, \tag{8.8}$$

wobei $\psi_{X,Y}, e_{X,Y} \in \mathbb{R}^{n \times m}$ durch

$$(\psi_{X,Y})_{jk} := \psi_j(y_k), \quad j = 1, \ldots, n, \ k = 1, \ldots, m,$$
$$(e_{X,Y})_{jk} := e(x_j, y_k), \quad j = 1, \ldots, n, \ k = 1, \ldots, m$$

definiert sind und als Rekonstruktions- bzw. Urbildkernmatrix bezeichnet werden. Die durch Lösen von (8.8) resultierende Rekonstruktionsmatrix kann nun zur Herleitung einer Approximation an f^* auf der Auswertmenge Y verwendet werden. Die Approximation im Punkt y_k ergibt sich mit (8.4) zu

$$f^\gamma(y_k) = \langle \psi_{y_k}, g_X \rangle_{l_2(\mathbb{R}^n)} = (\psi_{X,Y}^\gamma)_k^T g_X,$$

was sich durch Betrachtung der gesamten Menge Y zu

$$f_Y^\gamma = (\psi_{X,Y}^\gamma)^T g_X \qquad (8.9)$$

vereinfacht. Die Vorberechnung der Rekonstruktionskernmatrix $\psi_{X,Y}$ ermöglicht also die Berechnung diskreter Approximationen durch eine einfache Matrix-Vektor-Multiplikation an die diskreten Daten.

Das entwickelte Verfahren ist insofern noch nicht zufriedenstellend, als eine Näherung an f^* im Raum H gesucht ist, und nicht nur eine diskrete Approximation aus den verrauschten Daten rekonstruiert werden soll. Wir leiten in den nächsten Abschnitten her, wie sich dies durch die Einführung eines weiteren Präkalkulationsschritts beheben lässt. Insbesondere ist dies unter numerischen Gesichtspunkten von Bedeutung, da auf kontinuierliche Approximanten wieder eine direkte Anwendung von Operatoren möglich ist. Wir zeigen in Kapitel 9, dass iterative Lösungsverfahren dadurch besonders effektiv gestaltet werden können. In Kapitel 10 benötigen wir außerdem kontinuierliche Approximationen zur Bestimmung linearer Transformationen Lf^* der Lösung f^* von $Af = g$.

8.1.2 Vorberechnung kontinuierlicher Rekonstruktionskerne

Eine kontinuierliche Approximation von f^* kann formal mittels Gleichung (8.4) berechnet werden, allerdings kennen wir statt der Rekonstruktionskerne ψ_j^γ nur die Rekonstruktionskernmatrix $\psi_{X,Y}^\gamma$. Daher liegt es nahe, die Rekonstruktionskernmatrix nun zeilenweise zu betrachten und für $j = 1, \ldots, n$ eine Approximation an ψ_j^γ mittels der diskreten Werte $\psi_j^\gamma(y_1), \ldots, \psi_j^\gamma(y_m)$ zu ermitteln. Es sind also im Unterschied zur Bestimmung der Rekonstruktionskernmatrix nicht m, sondern n Regressionsprobleme zu lösen. Für jedes dieser Probleme ist der optimale Ansatzraum durch H_Y gegeben, da die unbekannten Funktionen ψ_j^γ auf der Menge Y bekannt sind. Somit sind die optimalen Approximanten von der Form

$$\psi_j^\gamma = \sum_{k=1}^m \alpha_{jk}^\gamma \Phi(\cdot, y_k), \quad j = 1, \ldots, n. \qquad (8.10)$$

Eine stabile Approximation des Koeffizientenvektors $\alpha_j^\gamma \in \mathbb{R}^m$ der Lösung des j-ten Regressionsproblems wird nun bei erneuter Anwendung des TP-Verfahrens zur Regression über das Gleichungssystem

$$(\Phi_Y + \mu I_m)\alpha_j^{\gamma,\mu} = (\psi_j^\gamma)_Y \qquad (8.11)$$

bestimmt. Fasst man diese Gleichungssysteme zusammen und definiert man die Koeffizientenmatrix $M_{\psi,X,Y}^{\gamma,\mu} \in \mathbb{R}^{m \times n}$ durch

$$(M_{\psi,X,Y}^{\gamma,\mu})_{kj} := \alpha_{jk}^{\gamma,\mu}, \quad k = 1, \ldots, m, \quad j = 1, \ldots, n,$$

so ist insgesamt die Matrixgleichung

$$(\Phi_Y + \mu I_m) M_{\psi,X,Y}^{\gamma,\mu} = (\psi_{X,Y}^\gamma)^T \qquad (8.12)$$

zu lösen. Damit haben wir nun sowohl eine Approximation der kontinuierlichen Rekonstruktionskerne als auch eine approximative Darstellung des Approximanten mittels der Rekonstruktionskerne hergeleitet. Wir können also eine Approximation $f^{\gamma,\mu}$ des nach dem ersten Präkalkulationsschritts auf der Menge Y berechneten Approximanten f^γ auch direkt durch die Koeffizientenmatrix $M_{\psi,X,Y}^{\gamma,\mu}$ ausdrücken. Mit (8.4), (8.10) und der Definition der Koeffizientenmatrix erhalten wir

$$\begin{aligned} f^\gamma &= \sum_{j=1}^n g_j \psi_j^\gamma = \sum_{j=1}^n g_j \sum_{k=1}^m \alpha_{jk}^\gamma \Phi(\cdot, y_k) = \sum_{k=1}^m \left(\sum_{j=1}^n \alpha_{jk}^\gamma g_j \right) \Phi(\cdot, y_k) \\ &\approx \sum_{k=1}^m \left(\sum_{j=1}^n \alpha_{jk}^{\gamma,\mu} g_j \right) \Phi(\cdot, y_k) = \sum_{k=1}^m \left(M_{\psi,X,Y}^{\gamma,\mu} g_X \right)_k \Phi(\cdot, y_k). \end{aligned} \quad (8.13)$$

Daher definieren wir eine kontinuierliche Approximation an f^* durch

$$f^{\gamma,\mu} := \sum_{k=1}^m \left(M_{\psi,X,Y}^{\gamma,\mu} g_X \right)_k \Phi(\cdot, y_k). \quad (8.14)$$

Da nach Konstruktion aus (8.10) und (8.11)

$$\alpha_j^{\gamma,\mu} = (\Phi_Y + \mu I_m)^{-1} \Phi_Y \alpha_j^\gamma, \quad j = 1, \ldots, n$$

folgt, ist $f^{\gamma,\mu} \xrightarrow{\mu \to 0} f^\gamma$ sichergestellt, allerdings ist die Güte der Approximation in (8.13) offenbar abhängig von einer stabilen Näherung des Koeffizientenvektors. Für den durch die Lösung von (8.11) bestimmten Approximanten

$$\psi_j^{\gamma,\mu} = \sum_{k=1}^m \alpha_{jk}^{\gamma,\mu} \Phi(\cdot, y_k), \quad j = 1, \ldots, n \quad (8.15)$$

des j-ten Rekonstruktionskerns ψ_j^γ wird jedoch durch den Parameter μ lediglich die Norm $\|\psi_j^{\gamma,\mu} - \psi_j^\gamma\|_H$ kontrolliert, und nicht wie zusätzlich gewünscht $\|\alpha_j^{\gamma,\mu} - \alpha_j^\gamma\|_{\ell_2(\mathbb{R}^m)}$. Auf diesen Sachverhalt gehen wir im nächsten Abschnitt näher ein.

8.1.3 Stabilität durch Beschränkung des Koeffizientenvektors

In Gleichung (8.13) wird deutlich, dass bei der Berechnung der Rekonstruktionskernkoeffizienten Stabilität von großer Wichtigkeit ist. Allerdings garantieren die bisher verwendeten TP-Verfahren zwar bei richtiger Parameterwahl Stabilität im Funktionenraum, nicht jedoch hinsichtlich der Basisdarstellung. Ein Approximant kann nämlich in der Hilbertraumnorm beschränkt bleiben, ohne dass dies für die Einträge des Koeffizientenvektors gilt.

Dieses Problem ist eng verbunden mit der Suche nach einer stabileren Basis, die das Alternieren der Koeffizienten unterbindet. Die tiefere Ursache hierfür ist, dass verschiedene translatierte Kerne sich bei dichter Datenpunktwahl nur wenig unterscheiden, weshalb Approximanten als Linearkombination der Funktionen $\Phi(\cdot, y_1), \ldots, \Phi(\cdot, y_m)$ häufig stark oszillierende und betragsmäßig große Koeffizienten haben. Auf die Basiswahl gehen wir im Folgenden nicht näher ein.

Stattdessen zeigen wir, wie eine Beschränkung des Koeffzientenvektors in der gewählten Darstellung durch Anpassung des Approximationsprozesses erreicht werden kann.

Dazu betrachten wir wieder das allgemeine semi-diskrete Problem $A_X f = g_X$. Wie in (8.10) beschränken wir uns hier auf den Ansatzraum H_Y. Um die Komplexität des Koeffzientenvektors bei der Minimierung mit zu berücksichtigen, führen wir das Minimierungsproblem

$$\min_{f \in H_Y} \left\{ \|A_X f - g_X\|^2_{\ell_2(\mathbb{R}^n)} + \mu \|f\|^2_H + \eta \|\alpha\|^2_{\ell_2(\mathbb{R}^m)} \;\middle|\; f = \sum_{k=1}^{m} \alpha_k \Phi(\cdot, y_k) \right\} \qquad (8.16)$$

mit einem zusätzlichen Regularisierungsparameter $\eta > 0$ ein. Wir definieren nun analog zum Beweis von Lemma 4.1 die Zielfunktion

$$J(\alpha) = \sum_{i=1}^{n} \left(\sum_{k=1}^{m} \alpha_k \lambda_i^y \Phi(y_k, y) - g_i \right)^2 + \mu \alpha^T \Phi_Y \alpha + \eta \alpha^T \alpha.$$

Für $l = 1, \ldots, m$ ergibt sich die Optimalitätsbedingung

$$\frac{\partial J}{\partial \alpha_l} = 2 \sum_{i=1}^{n} \left(\sum_{k=1}^{m} \alpha_k \lambda_i^y \Phi(y_k, y) - g_i \right) \lambda_i^y \Phi(y_l, y) + 2 \sum_{k=1}^{m} \alpha_k \left(\mu \Phi(y_k, y_l) + \eta \delta_{kl} \right) \stackrel{!}{=} 0.$$

Durch Vertauschen der Summationsreihenfolge und Zusammenfassen der Terme des Koeffzientenvektors schreiben sich die Gleichungen in der Form

$$\left(G_{N,A,\Phi,X,Y} + \mu \Phi_Y + \eta I_m \right) \alpha = N_{A,\Phi,X,Y} \, g_X, \qquad (8.17)$$

wobei $G_{N,A,\Phi,X,Y}$ die Gram-Matrix zur asymmetrischen Kollokationsmatrix aus (4.2) ist.

Kommen wir nun wieder auf den in (8.10) untersuchten Regressionsfall $A = \mathrm{id}$ zurück, so ist zur Erzeugung von Stabilität hinsichtlich des Koeffzientenvektors das Gleichungssystem

$$\left(G_{\Phi,X,Y} + \mu \Phi_Y + \eta I_m \right) \alpha = \Phi_{X,Y} \, g_X \qquad (8.18)$$

zu lösen mit $(\Phi_{X,Y})_{kj} := \Phi(y_k, x_j)$ und $G_{\Phi,X,Y} := \Phi_{X,Y} \Phi_{X,Y}^T$.

Damit ist nun eine Anpassung von Gleichung (8.12) zur Einbeziehung der Koeffizienten möglich. Da zur Bestimmung der Koeffizientenmatrix $M^{\gamma,\mu}_{\psi,X,Y} \in \mathbb{R}^{m \times n}$ die n Gleichungssysteme (8.11) mit den rechten Seiten $(\psi_j^\gamma)_Y \in \mathbb{R}^m$ gelöst werden müssen, kann (8.12) durch das Matrixsystem

$$\left(G_{\Phi,Y} + \mu \Phi_Y + \eta I_m \right) M^{\gamma,\mu,\eta}_{\psi,X,Y} = \Phi_Y (\psi^\gamma_{X,Y})^T \qquad (8.19)$$

ersetzt werden, wobei $G_{\Phi,Y} := G_{\Phi,Y,Y} = \Phi_Y^2 \in \mathbb{R}^{m \times m}$ ist. Ausgeschrieben bedeutet dies, dass die Gleichungen in (8.11) durch

$$\left(G_{\Phi,Y} + \mu \Phi_Y + \eta I_m \right) \alpha_j^{\gamma,\mu,\eta} = \Phi_Y (\psi_j^\gamma)_Y, \quad j = 1, \ldots, n \qquad (8.20)$$

ersetzt werden. Der Approximant $\psi_j^{\gamma,\mu,\eta} = \sum_{k=1}^{m} \alpha_{jk}^{\gamma,\mu,\eta} \Phi(\cdot, y_k)$ des j-ten kontinuierlichen Rekonstruktionskerns wird dann als Lösung von

$$\min_{f \in H_Y} \left\{ \|S_Y f - (\psi_j^{\gamma,\mu})_Y\|^2_{\ell_2(\mathbb{R}^m)} + \mu \|f\|^2_H + \|\alpha\|^2_{\ell_2(\mathbb{R}^m)} \;\middle|\; f = \sum_{k=1}^{m} \alpha_k \Phi(\cdot, y_k) \right\}$$

bestimmt, wobei der Ansatzraum optimal ist. Der im Vergleich zu (8.14) modifizierte Approximant ist nun durch

$$f^{\gamma,\mu,\eta} := \sum_{k=1}^{m} \left(M_{\psi,X,Y}^{\gamma,\mu,\eta} g_X\right)_k \Phi(\cdot, y_k) \tag{8.21}$$

gegeben. Aus der Cauchy-Schwarz-Ungleichung sieht man sofort, dass

$$\|M_{\psi,X,Y}^{\gamma,\mu,\eta} g_X\|_{\ell_2(\mathbb{R}^m)} \leq \left(\sum_{j=1}^{n} \|\alpha_j^{\gamma,\mu,\eta}\|_{\ell_2(\mathbb{R}^m)}^2\right)^{1/2} \|g_X\|_{\ell_2(\mathbb{R}^n)} \tag{8.22}$$

gilt, weshalb sich die Beschränkung der Koeffizientenvektoren der Approximationen für die Rekonstruktionskerne auf den Koeffizientenvektor der Approximation $f^{\gamma,\mu,\eta}$ aus (8.21) überträgt. Insgesamt ergibt sich aus (8.8) und (8.19) das folgende Verfahren zur Lösung von Regressionsproblemen.

Algorithmus 8.1. *(Semi-diskrete Approximative Inverse zur Regression)*

Gegeben: $X = \{x_1, \ldots, x_n\} \subset \Omega$, diskrete Daten g_X^δ.

Gesucht: Lösung $f^* \in H$ von $f = g$, wobei H ein RKHS mit Kern Φ ist.

1. *Wähle* $Y = \{y_1, \ldots, y_m\} \subset \Omega$, $\gamma, \mu, \eta > 0$ *und eine Funktion* $e \approx \Phi$ *bzw.* $e = \Phi$.

2. *Berechne die Kernmatrizen*

$$\begin{aligned}
(\Phi_X)_{ij} &= \Phi(x_i, x_j), \quad i,j = 1, \ldots, n, \\
(\Phi_Y)_{kl} &= \Phi(y_k, y_l), \quad k,l = 1, \ldots, m, \\
G_{\Phi,Y} &= \Phi_Y^2, \\
(e_{X,Y})_{jk} &= e(x_j, y_k), \quad j = 1, \ldots, n, \; k = 1, \ldots, m.
\end{aligned}$$

3. *Bestimme den diskreten Rekonstruktionskern durch Lösung des LGS*

$$(\Phi_X + \gamma I_n)\psi_{X,Y}^\gamma = e_{X,Y}.$$

4. *Bestimme die Matrix der Koeffizientenvektoren der Rekonstruktionskerne in der Basis* $\{\Phi(\cdot, y_k) \mid k = 1, \ldots, m\}$ *durch Lösung des LGS*

$$(G_{\Phi,Y} + \mu \Phi_Y + \eta I_m) M_{\psi,X,Y}^{\gamma,\mu,\eta} = \Phi_Y (\psi_{X,Y}^\gamma)^T.$$

Ergebnis: $f^{\gamma,\mu,\eta,\delta} = \sum_{k=1}^{m} \left(M_{\psi,X,Y}^{\gamma,\mu,\eta} g_X^\delta\right)_k \Phi(\cdot, y_k)$ ist eine Approximation an f^*.

8.2 Approximative Inverse für Integralgleichungen

Für Integralgleichungen $Af = g$ verfolgen wir eine zum Regressionsfall analoge Vorgehensweise. Im Folgenden führen wir erneut zwei Präkalkulationsschritte durch, um zu einem kontinuierlichen Rekonstruktionskern und einem kontinuierlichen Approximanten zu gelangen. Zunächst betrachten wir jedoch die Ausgangsgleichung zur Bestimmung der diskreten Rekonstruktionskerne für die Wahl $e = \Phi$, um die Situation vom Spezialfall der reinen Regression abzugrenzen. Analog zu (8.2) ist diese in den Datenpunkten durch

$$A_X^* \psi_{x_i} = \Phi(\cdot, x_i), \quad i = 1, \ldots, n \qquad (8.23)$$

gegeben. Die Darstellung von A_X^* aus Lemma 3.1 liefert

$$A_X^* \psi_{x_i} = \sum_{j=1}^n (\psi_{x_i})_j \lambda_j^y \Phi(\cdot, y), \quad i = 1, \ldots, n,$$

wodurch sich die Bestimmungsgleichungen für $\psi_{x_1}, \ldots, \psi_{x_n}$ als

$$\sum_{j=1}^n (\psi_{x_i})_j \lambda_j^y \Phi(\cdot, y) = \Phi(\cdot, x_i), \quad i = 1, \ldots, n \qquad (8.24)$$

schreiben. Dieses System ist im Gegensatz zum Regressionsfall im Allgemeinen nicht lösbar. Relaxieren wir die Gleichungen jedoch durch Anwendung von A_X zu

$$A_X A_X^* \psi_{x_i} = A_X \Phi(\cdot, x_i), \quad i = 1, \ldots, n,$$

so erhalten wir ein stets lösbares System, dessen Lösung genau dann eindeutig ist, wenn die Funktionale λ_j linear unabhängig über H sind. Die Notwendigkeit numerischer Stabilität bei der Inversion von $A_X A_X^*$ macht erneut eine Regularisierung notwendig, wodurch Eindeutigkeit auch für linear abhängige Funktionale gewährleistet wird. Durch Betrachtung von (8.24) sieht man, dass der i-te Lösungsvektor ψ_{x_i} gerade dem Koeffizientenvektor von $\Phi(\cdot, x_i)$ in einer approximativen Basisdarstellung mittels der Funktionen $\{\lambda_j^y \Phi(\cdot, y) \mid j = 1, \ldots, n\}$ entspricht. Gleichung (8.24) zeigt weiter, dass anders als im Spezialfall der Regression im Allgemeinen $(\psi_{x_i})_j \neq \delta_{ij}$ folgt, insbesondere gilt die Gleichheit auch nicht approximativ. Für Integraloperatoren berechnen wir also nicht mehr die Lagrange-Basis von H_X.

Wir übertragen nun die Vorgehensweise der vorherigen Abschnitte und beginnen mit der Adaption der Bestimmungsgleichungen der Rekonstruktionskerne, die für allgemeine Urbildkerne e unter Beschränkung auf eine Auswertmenge Y die Form

$$A_X^* \psi(\cdot, y_k) = e(\cdot, y_k), \quad k = 1, \ldots, m \qquad (8.25)$$

annehmen. Die regularisierten Normalgleichungen haben die Form

$$(A_X A_X^* + \gamma I_n)\psi_{y_k}^\gamma = A_X e(\cdot, y_k), \quad k = 1, \ldots, m. \qquad (8.26)$$

Somit entspricht $\psi_{y_k}^\gamma$ für $k = 1, \ldots, m$ dem Koeffizientenvektor einer approximativen Darstellung von $e(\cdot, y_k)$ mittels der Funktionen $\{\lambda_j^y \Phi(\cdot, y) \mid j = 1, \ldots, n\}$. Die Gleichungen (8.26) lassen sich nun wieder zu einem System zusammenfassen. Die verallgemeinerte Version von (8.8) hat dann die Gestalt

$$(M_{A,\Phi,X} + \gamma I_n)\psi_{X,Y}^\gamma = N_{A,e,X,Y}^T \qquad (8.27)$$

mit der durch

$$(N_{A,e,X,Y})_{kj} = \lambda_j^y e(y_k, y), \quad j = 1, \ldots, n, \ k = 1, \ldots, m \tag{8.28}$$

definierten asymmetrischen Kollokationsmatrix $N_{A,e,X,Y} \in \mathbb{R}^{m \times n}$ zu e und der symmetrischen Kollokationsmatrix $M_{A,\Phi,X}$. Die positive Definitheit der regularisierten symmetrischen Kollokationsmatrix stellt die eindeutige Lösbarkeit dieses Systems sicher. Die folgenden Schritte können nun einfach wie im Regressionsfall durchgeführt werden, insbesondere ergibt sich die auf Y diskretisierte Rekonstruktion erneut als

$$f_Y^\gamma = (\psi_{X,Y}^\gamma)^T g_X. \tag{8.29}$$

Durch Einsetzen von (8.27) erhält man die alternative Darstellung

$$f_Y^\gamma = N_{A,e,X,Y}(M_{A,\Phi,X} + \gamma I_n)^{-1} g_X, \tag{8.30}$$

wobei die Symmetrie der Kollokationsmatrix $M_{A,\Phi,X}$ eingeht.

Bemerkung 8.2. *Für die Wahl $e = \Phi$ ist die Approximation in (8.29) identisch mit der auf die Menge Y diskretisierten TP-Lösung aus Algorithmus 3.1. Dies lässt sich einerseits an der Charakterisierung in (8.30) ablesen und kann andererseits über die SWZ von A_X gezeigt werden. Die Lösungen von (8.26) sind nämlich in der Notation aus Kapitel 3 durch*

$$\psi_{y_k}^\gamma = \sum_{i=1}^n \frac{\sigma_i}{\sigma_i^2 + \gamma} \langle e(\cdot, y_k), v_i \rangle_H u_i, \quad k = 1, \ldots, m$$

gegeben, was sich durch Einsetzen des speziellen Urbildkerns $e = \Phi$ in der Form

$$\psi_{y_k}^\gamma = \sum_{i=1}^n \frac{\sigma_i}{\sigma_i^2 + \gamma} v_i(y_k) u_i, \quad k = 1, \ldots, m$$

schreiben lässt. Somit hat die Rekonstruktion aus (8.29) die Gestalt

$$f_Y^\gamma = \left(\langle \psi_{y_k}^\gamma, g_X \rangle_{\ell_2} \right)_{k=1}^m = \sum_{i=1}^n \frac{\sigma_i}{\sigma_i^2 + \gamma} \langle g_X, u_i \rangle_{\ell_2} (v_i)_Y,$$

stimmt also wie behauptet auf der Menge Y mit der TP-Lösung überein.

Offensichtlich überträgt sich die Vorgehensweise auch bei Verwendung eines beliebigen Filterverfahrens zur Durchführung des ersten Präkalkulationsschritts. Wir umgehen also im vorgestellten semi-diskreten Verfahren der Approximativen Inversen zwar die direkte Einbeziehung der Daten durch Vorberechnung einer Rekonstruktionskernmatrix, jedoch wirken sich Datenfehler auf die Rekonstruktion wie bisher aus. Daher sollte der Regularisierungsparameter γ analog zum TP-Verfahren abhängig von der gesuchten Funktion f^* angesetzt werden. Das Verfahren der Approximativen Inversen ist also zur Anwendung auf unterschiedliche Datensätze nur sinnvoll, wenn die zu rekonstruierenden Funktionen strukturell ähnlich sind.

Zur Bestimmung eines kontinuierlichen Rekonstruktionskerns können wie im Regressionsfall die Abschnitte 8.1.2 und 8.1.3 herangezogen werden, d.h. es ist erneut (8.12) bzw. (8.19) zu lösen. Die kontinuierliche Rekonstruktion ermittelt man ebenfalls wie bisher als

$$f^{\gamma,\mu,\eta} = \sum_{k=1}^{m} \left(M_{\psi,X,Y}^{\gamma,\mu,\eta} g_X\right)_k \Phi(\cdot, y_k).$$

Da sich am zweiten Präkalkulationsschritt nichts geändert hat, bleibt auch die Abschätzung (8.22) der ℓ_2-Norm des Koeffizientenvektors erhalten. Wir bemerken weiter, dass für den natürlichen Urbildkern $e = \Phi$ keine zusätzlichen Berechnungen nötig sind, da die Matrix aus (8.28) in diesem Fall gerade die asymmetrische Kollokationsmatrix aus (3.14) ist. Für allgemeine Urbildkerne ergibt sich die folgende Lösungsprozedur.

Algorithmus 8.2. *(Semi-diskrete Approximative Inverse für Integralgleichungen)*

Gegeben: $X = \{x_1, \ldots, x_n\} \subset \Omega$, *diskrete Daten* g_X^δ.

Gesucht: *Lösung* $f^* \in H$ *von* $Af = g$, *wobei* H *ein RKHS mit Kern* Φ *ist.*

1. *Wähle* $Y = \{y_1, \ldots, y_m\} \subset \Omega$, $\gamma, \mu, \eta > 0$ *und eine Funktion* $e \approx \Phi$ *bzw.* $e = \Phi$.

2. *Berechne die Kollokationsmatrizen*

$$\begin{aligned}
(\Phi_Y)_{kl} &= \Phi(y_k, y_l), \quad k,l = 1, \ldots, m, \\
G_{\Phi,Y} &= \Phi_Y^2, \\
(N_{A,e,X,Y})_{kj} &= \int_\Omega k(x_j, t)\, e(y_k, t)\, dt, \quad j = 1, \ldots, n, \ k = 1, \ldots, m, \\
(M_{A,\Phi,X})_{ij} &= \int_\Omega \int_\Omega k(x_i, s)\, k(x_j, t)\, \Phi(s, t)\, ds\, dt, \quad i,j = 1, \ldots, n.
\end{aligned}$$

3. *Bestimme den diskreten Rekonstruktionskern durch Lösung des LGS*

$$(M_{A,\Phi,X} + \gamma I_n) \psi_{X,Y}^\gamma = N_{A,e,X,Y}^T.$$

4. *Bestimme die Matrix der Koeffizientenvektoren der Rekonstruktionskerne in der Basis* $\{\Phi(\cdot, y_k) \mid k = 1, \ldots, m\}$ *durch Lösung des LGS*

$$(G_{\Phi,Y} + \mu \Phi_Y + \eta I_m)\, M_{\psi,X,Y}^{\gamma,\mu,\eta} = \Phi_Y (\psi_{X,Y}^\gamma)^T.$$

Ergebnis: $f^{\gamma,\mu,\eta,\delta} = \sum_{k=1}^{m} \left(M_{\psi,X,Y}^{\gamma,\mu,\eta} g_X^\delta\right)_k \Phi(\cdot, y_k)$ ist eine Approximation an f^*.

Für den Inversionsprozess im ersten Schritt kann gemäß Satz 3.20 für gestörte Daten $\gamma = \left(\frac{\delta}{2c\rho}\right)^2 n$ als Regularisierungsparameter gewählt werden, wobei c in der Nähe von Eins angesetzt werden sollte und ρ die Norm einer strukturell repräsentativen Lösung bezeichnet. Eine a-priori-Information über die zu rekonstruierenden Funktionen muss also nach wie vor zur optimalen Parameterwahl verfügbar sein. Der im zweiten Schritt vorkommende Parameter μ dient lediglich der Sicherstellung numerischer Stabilität, da die Daten $(\psi_j^\gamma)_Y$ als exakt angesehen werden können. Durch den ersten Präkalkulationsschritt ist der Einfluss der Datenstörung δ bereits so weit wie nötig beseitigt. Natürlich kann μ auch zur Beschränkung der Koeffizientenvektoren der Rekonstruktionskerne verwendet werden, allerdings eignet sich der zusätzliche Parameter η dazu besser. Eine Erhöhung von μ erzwingt nämlich stärker Glattheit als eine entsprechende Erhöhung von η und wirkt sich somit in diesem Fall negativ aus, da die gewünschte Glattheit bereits im ersten Schritt erzeugt wurde.

8.3 Diskussion der hergeleiteten Methode

Wir vergleichen in diesem Abschnitt das in Algorithmus 8.2 beschriebene Verfahren der Approximativen Inversen mit der Standardmethode zur Lösung von Gleichungssystemen mit mehreren Datensätzen. Der gängige Ansatz zur schnellen Inversion mit unterschiedlichen rechten Seiten ist die Speicherung der LR-Zerlegung der zu invertierenden Matrix, welche im Fall symmetrischer Kollokation durch $M_{A,\Phi,X} + \gamma I_n$ gegeben ist. Dies ist naheliegend, weil die Zerlegung bei Inversion für eine rechte Seite ohnehin berechnet werden muss. Da die regularisierte Kollokationsmatrix symmetrisch und positiv definit ist, kann natürlich auch die Cholesky-Zerlegung verwendet werden. Nach deren Vorberechnung ergibt sich der Aufwand zur Inversion für eine rechte Seite zu $\mathcal{O}(n^2)$, da nur noch zwei Dreieckssysteme gelöst werden müssen. Diese Komplexität resultiert auch im Verfahren der Approximativen Inversen, bei dem die Koeffizientenmatrix der Rekonstruktionskerne mit dem Datenvektor zu multiplizieren ist.

Allerdings kann für Integraloperatoren, bei denen die Punktauswertungen $\lambda_j^y \Phi(\cdot, y)$ nicht analytisch berechenbar sind, mit symmetrischer Kollokation nur eine diskrete Version f_Y^γ der Lösung angegeben werden, wohingegen im Verfahren der Approximativen Inversen durch den zweiten Präkalkulationsschritt eine kontinuierliche Rekonstruktion in der Darstellung $\{\Phi(\cdot, y_k) \mid k = 1, \ldots, m\}$ bestimmt wird. Der zweite Schritt stellt außerdem keinen großen Zusatzaufwand dar, da lediglich Regressionsprobleme für die Rekonstruktionskerne gelöst werden müssen und dies operatorunabhängig durchgeführt werden kann. Einen Vorteil der schnellen Berechnung kontinuierlicher Rekonstruktionen werden wir im nächsten Kapitel ausnutzen. Bei der Übertragung iterativer Methoden zur Lösung des semi-diskreten Ausgangsproblems zeigt sich nämlich, dass die Approximative Inverse für Regressionsprobleme zur Beschleunigung der einzelnen Iterationsschritte verwendet werden kann.

In Kapitel 10 werden wir uns eingehend mit der Situation befassen, dass neben der Lösung f^* der Gleichung $Af = g$ auch lineare Transformationen Lf^* von Interesse sind. Diese können durch Transformation des Koeffizientenvektors näherungsweise berechnet werden. In einer Darstellung mittels translatierter Kerne ist dies natürlich einfacher als über eine Entwicklung der Form $\sum_{j=1}^n \alpha_j \lambda_j^y \Phi(\cdot, y)$. Die von Algorithmus 8.2 gelieferte kontinuierliche Approximation gestattet nämlich trotz Verwendung des symmetrischen Kollokationsansatzes eine vom Operator A unabhängige Berechnung von Transformationen der Lösung. Zudem wird im vorgestellten Verfahren der Approximativen Inversen der Koeffizientenvektor der Rekonstruktion mitbeschränkt, was sich bei einer Berechnung von linearen Transformationen mittels dieses Koeffizientenvektors als stabilisierend erweist.

Eine Beschränkung des Koeffizientenvektors kann man allerdings auch direkt in das symmetrische TP-Verfahren integrieren. Dies wirkt sich jedoch nachteilig auf die numerische Stabilität aus, wie eine Betrachtung des Problems

$$\min_{f \in H} \left\{ \|A_X f - g_X\|^2_{\ell_2(\mathbb{R}^n)} + \mu \|f\|^2_H + \eta \|\alpha\|^2_{\ell_2(\mathbb{R}^n)} \;\Big|\; f = \sum_{j=1}^{n} \alpha_j \lambda_j^y \Phi(\cdot, y) \right\} \tag{8.31}$$

zeigt. Gehen wir analog zu (8.16) vor, so benötigen wir diesmal die Gram-Matrix $G_{M,A,\Phi,X}$ zur symmetrischen Kollokationsmatrix, um den Lösungsvektor über das Gleichungssystem

$$(G_{M,A,\Phi,X} + \mu M_{A,\Phi,X} + \eta I_n)\alpha = M_{A,\Phi,X}\, g_X \tag{8.32}$$

charakterisieren zu können. Im Spezialfall $\eta = 0$ kann man dies für invertierbare Matrizen $M_{A,\Phi,X}$ zum bekannten System (3.7) vereinfachen. Jedoch tritt für $\eta > 0$ die extrem schlecht konditionierte Gram-Matrix zur symmetrischen Kollokationsmatrix auf, so dass dieses System große numerische Schwierigkeiten in sich birgt. Auch eine Beschränkung auf den asymmetrischen Kollokationsansatz aus (8.16), der auf das Gleichungssystem (8.17) führt, bereitet numerisch größere Probleme als das Verfahren der Approximativen Inversen. Denn die in diesem Fall benötigte Gram-Matrix zur asymmetrischen Kollokationsmatrix ist gewöhnlich ebenfalls schlechter konditioniert als die in Algorithmus 8.2 verwendete symmetrische Kollokationsmatrix und die auf Y diskretisierte Kernmatrix.

Schließlich kann man möglicherweise zur Berechnung der Rekonstruktionskerne Invarianzen des betrachteten Operators ausnutzen, um den Vorberechnungsaufwand und den Speicherbedarf für die Auswertung des Rekonstruktionskerns zu reduzieren. Allerdings übertragen sich Invarianzen im Allgemeinen nicht vom kontinuierlichen Operator A auf den semi-diskreten Operator A_X. Bei Kenntnis des Adjungierten $A^* : L_2(\Omega) \to L_2(\Omega)$ wird dieses Problem in [76, 82] durch die direkte Lösung der Mollifiergleichung $A^*\psi = e$ aus (8.1) bzw. durch die approximative Lösung dieser Gleichung umgangen, allerdings ist dann e als Approximation der δ-Distribution zu wählen, und das hier vorgestellte Verfahren ist nicht anwendbar. Stattdessen ist eine Beschleunigung mit einhergehender Speicherreduktion durch Verwendung der in Kapitel 7 vorgestellten Methode der Zerlegung der Eins im betrachteten Modell möglich.

8.4 Numerische Beispiele

Um das vorgestellte Verfahren der Approximativen Inversen zu veranschaulichen, greifen wir erneut Beispiel 3.22 auf.

Beispiel 8.3. *Wir betrachten wieder* $\Omega = [0,2]$, *den Stammfunktions-Operator aus (3.25) sowie die Lösungsfunktion* $f^*(x) = \Phi_{1,0}(x,0) = (1-x)_+$. *Weiter gehen wir von* $n = 100$ *äquidistanten Datenpunkten und einer punktweisen Datenstörung von* $\delta = 0.03$ *aus, setzen* $X = Y$ *und verwenden den natürlichen Urbildkern* $e = \Phi$. *Als Parameter wählen wir*

$$\gamma = \left(\frac{\delta}{2}\right)^2 n, \quad \mu = 10^{-3}, \quad \eta = 1.$$

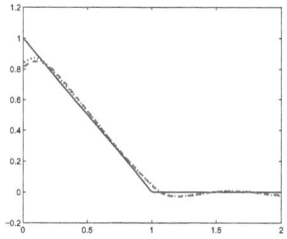
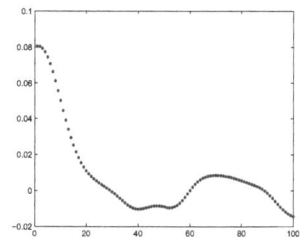

8.1,a: Diskrete (gepunktet) und kontinuierliche Rekonstruktion (gestrichelt).

8.1,b: Koeffizientenvektor der kont. Rekonstruktion bzgl. $\{\Phi(\cdot, x_j) \mid j = 1, \ldots, 100\}$.

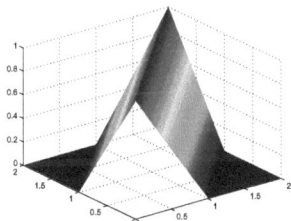
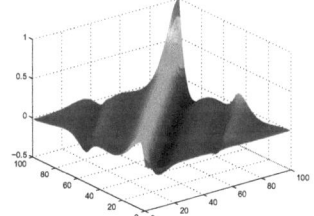

8.1,c: Natürlicher Urbildkern $\Phi_{1,0}$.

8.1,d: Rekonstruktionskernmatrix ψ_X^γ.

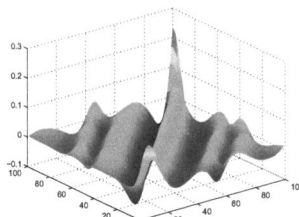
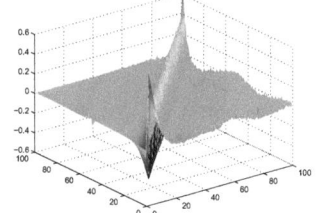

8.1,e: Koeffizientenmatrix $M_{\psi,X}^{\gamma,\mu,\eta}$.

8.1,f: Koeffizientenmatrix $M_{\psi,X}^{\gamma}$ ohne Regularisierung im zweiten Schritt.

Abbildung 8.1: Approximative Inverse zur Operatorinversion in Beispiel 8.3.

In Abb. 8.1,a erkennt man, dass die Rekonstruktion ganz ähnlich wie in Beispiel 3.22 ausfällt. Dies ist natürlich wünschenswert, da somit die Qualität des TP-Verfahrens auch im Verfahren der Approximativen Inversen mit zwei Präkalkulationsschritten erhalten bleibt. In Abb. 8.1,b lässt sich weiterhin ablesen, dass trotz gestörter Daten die Koeffizienten der translatierten

Kerne $\Phi(\cdot, x)$ in der Nähe von $x = 0$ dominieren. Es liegt also in der Tat eine gewisse Stabilität bezüglich des Koeffizientenvektors vor. Numerische Tests zeigen, dass diese wie vermutet durch den Parameter η am effektivsten erzeugt wird.

Die Abbildungen 8.1,c - 8.1,e illustrieren den natürlichen Urbildkern $\Phi_{1,0}$, den zugehörigen diskreten Rekonstruktionskern sowie die Koeffizientenmatrix des Rekonstruktionskerns. Führt man den zweiten Präkalkulationsschritt ohne Regularisierung durch, so ergibt sich die in Abb. 8.1,f dargestellte Koeffizientenmatrix. Diese ist natürlich nur in diesem einfachen Beispiel einigermaßen stabil ohne Regularisierung bestimmbar, da die Kondition der diskreten Kernmatrix auf Grund des relativ unglatten Kerns und der Verwendung von lediglich 100 Datenpunkten noch recht klein ist.

Zum Vergleich betrachten wir den Spezialfall der reinen Regression. Die Abbildungen 8.2,a - 8.2,b zeigen die diskrete Rekonstruktionskernmatrix sowie die Koeffizientenmatrix zur Regression gestörter Daten mit dem Kern $\Phi_{1,0}$. Dabei wurden die Parameter wie in Beispiel 8.3 gewählt.

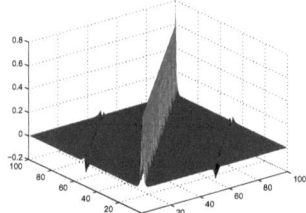

8.2,a: Rekonstruktionskernmatrix ψ_X^γ zur Regression mit $\Phi_{1,0}$.

8.2,b: Koeffizientenmatrix $M_{\psi,X}^{\gamma,\mu,\eta}$ zur Regression mit $\Phi_{1,0}$.

Abbildung 8.2: Approximative Inverse zur Regression mit Parametern aus Beispiel 8.3.

Um den Einfluss des zusätzlichen Parameters η zu untersuchen, kommen wir auf Beispiel 4.24 zurück.

Beispiel 8.4. *Wir betrachten den Operator aus Beispiel 4.24 und wählen Daten, Lösungsfunktion und Hilbertraumkern entsprechend. Als Parameter für den ersten Schritt verwenden wir $\gamma = 10^{-3}$, zur Bestimmung der Koeffizientenmatrix setzen wir $\mu = 10^{-3}$ und $\eta = 1$. Alternativ führen wir den zweiten Präkalkulationsschritt ohne Mitbeschränkung der Koeffizienten durch direkte Lösung von (8.12) mit dem Parameter $\mu = 1$ aus.*

Der Datenvektor, die Rekonstruktionen sowie die entsprechenden Koeffizientenvektoren sind in Abb. 8.3,a - 8.3,c veranschaulicht. Man erkennt, dass die ohne den Parameter η berechnete Approximation leicht überglättet, gleichzeitig jedoch der Koeffizientenvektor eine instabilere Gestalt als beim Approximant mit zusätzlicher Koeffizientenbeschränkung hat.

Die diskrete Rekonstruktionskernmatrix ist in Abb. 8.3,d dargestellt. Durch Vergleich der Abbildungen 8.3,e und 8.3,f sieht man deutlich, dass durch die Einbeziehung des Koeffizientenvektors mittels η eine stabilere Koeffizientenmatrix ermittelt wird. Wie bereits erwähnt, könnte die in Abb. 8.3,f ablesbare leichte Instabilität auch durch Erhöhung des Parameters μ vermieden werden, allerdings würde dann die in Abb. 8.3,b schwarz dargestellte Rekonstruktion schnell gegen Null gedrückt, was nicht erwünscht ist. Somit ist die Verwendung des zusätzlichen Regularisierungsparameters in der Tat sinnvoll.

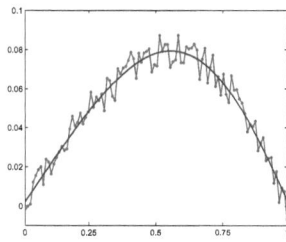

8.3,a: Exakte und gestörte Daten.

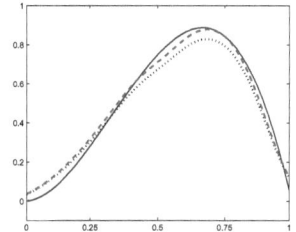

8.3,b: Kontinuierliche Rekonstruktionen mit $\mu = 10^{-3}$ und $\eta = 1$ (gestrichelt) bzw. $\mu = 1$ (gepunktet).

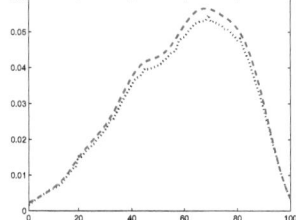

8.3,c: Koeffizienten der kontinuierlichen Rekonstruktionen für $\mu = 10^{-3}$ und $\eta = 1$ (gestrichelt) bzw. $\mu = 1$ (gepunktet).

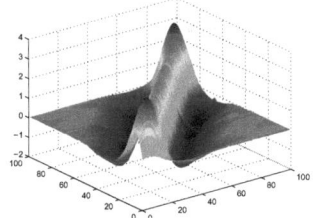

8.3,d: Rekonstruktionskern ψ_X^γ.

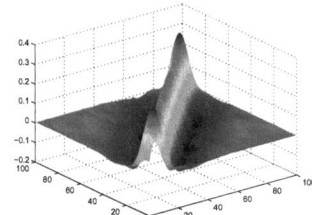

8.3,e: Koeffizientenmatrix $M_{\psi,X}^{\gamma,\mu,\eta}$ für $\mu = 10^{-3}$ und $\eta = 1$.

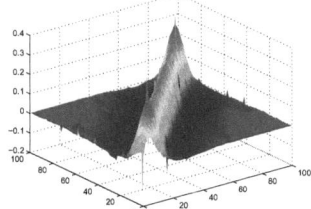

8.3,f: Koeffizientenmatrix $M_{\psi,X}^{\gamma,\mu}$ für $\mu = 1$.

Abbildung 8.3: Koeffizientenbeschränkung in Beispiel 8.4.

Zum Abschluss des Kapitels gehen wir nochmals auf Beispiel 7.3 ein.

Beispiel 8.5. *Zunächst verwischen wir das Testbild mit einem Faltungsoperator mit Kern $e^{-r/s}$ und Skalierungsfaktor $s = \frac{1}{128}$. Zur Rekonstruktion verwenden wir den gleichen Kern mit den Skalierungen $s = \frac{1}{256}, \frac{1}{128}, \frac{3}{256}$. Den Hilbertraumkern $\phi_{3,1}$ skalieren wir jeweils mit dem gleichen Faktor wie den Rekonstruktionsoperator, und als Regularisierungsparameter wählen wir $\gamma = 10^{-6}$, $\mu = 10^{-6}$, $\eta = 10^{-5}$. Das Ergebnis ist in Abb. 8.4 zu sehen und zeigt, dass die richtige Skalierung, welche dem Verwischen des Ausgangsbildes entspricht, die besten Ergebnisse liefert. Für die alternativen Skalierungen ist erwartungsgemäß eine Unter- bzw. Überschärfung zu erkennen.*

8.4,a: Verwischte Daten mit $s = \frac{1}{128}$. 8.4,b: Rekonstruktion mit $s = \frac{1}{256}$.

8.4,c: Rekonstruktion mit $s = \frac{1}{128}$. 8.4,d: Rekonstruktion mit $s = \frac{3}{256}$.

Abbildung 8.4: Inversion des Faltungsoperators mit Kern $e^{-r/s}$ und $s = \frac{1}{128}$ mit dem strukturell richtigen Kern zu unterschiedlichen Skalierungen in Beispiel 8.5. Dabei Verwendung einer Zerlegung der Eins mit lokaler Approximativer Inverser.

Zum Vergleich verwischen wir nun das Ausgangsbild mit dem Gaußkern $e^{-\frac{1}{2}(r/s)^2}$ zur Skalierung $s = \frac{1}{128}$, behalten jedoch die Rekonstruktionsoperatoren mit Kern $e^{-r/s}$ zu den Skalierungen $s = \frac{1}{256}, \frac{1}{128}, \frac{3}{256}$ bei. Auch den Hilbertraumkern und die Regularisierungsparameter belassen wir wie bisher. Die Ergebnisse sind in Abb. 8.5 zu sehen. Natürlich ist die Qualität schlechter als im ersten Fall, da die Gestalt des Rekonstruktionsoperators nicht derjenigen des Vorwärtsoperators entspricht, allerdings ist die Form der Ergebnisse in Abhängigkeit der Skalierung des Rekonstruktionsoperators ähnlich.

8 Semi-diskrete Approximative Inverse 147

8.5,a: Verwischte Daten mit dem Gaußkern $e^{-\frac{1}{2}(r/s)^2}$, $s = \frac{1}{128}$. 8.5,b: Rekonstruktion mit $e^{-r/s}$, $s = \frac{1}{256}$.

8.5,c: Rekonstruktion mit $e^{-r/s}$, $s = \frac{1}{128}$. 8.5,d: Rekonstruktion mit $e^{-r/s}$, $s = \frac{3}{256}$.

Abbildung 8.5: Inversion des Faltungsoperators mit Kern $e^{-\frac{1}{2}(r/s)^2}$ und $s = \frac{1}{128}$ mit Operatoren zum Kern $e^{-r/s}$ und unterschiedlichen Skalierungen in Beispiel 8.5.

9 Semi-diskrete iterative Verfahren

In diesem Kapitel skizzieren wir, wie iterative Verfahren zur Lösung der semi-diskreten Gleichung $A_X f = g_X$ verwendet werden können. Diese Methoden haben den Vorteil, dass ein Iterationsschritt im Wesentlichen nur die Vorwärtsanwendung des betrachteten Operators erfordert. Wir adaptieren zunächst das wohlbekannte Landweber-Verfahren, das sich direkt durch Überführung der Normalgleichung in eine Fixpunktgleichung ergibt. Wir zeigen insbesondere, wie die Approximative Inverse zur reinen Regression integriert werden kann, um die Iteration zu beschleunigen. Danach leiten wir her, wie auch das sehr viel schnellere CG-Verfahren unter Einbeziehung der Approximativen Inversen auf die semi-diskrete Ausgangsgleichung angepasst werden kann.

9.1 Landweber-Verfahren

Wir wenden in diesem Abschnitt das Landweber-Verfahren auf den Operator

$$A_X : H \to \mathbb{R}^n, \quad A_X f = (Af(x_j))_{j=1}^n = (\lambda_j(f))_{j=1}^n$$

aus (3.6) an. Zunächst bemerken wir, dass jede Lösung der Normalgleichung $A_X^* A_X f = A_X^* g_X$ offensichtlich auch die Fixpunktgleichung

$$f = f + r A_X^* (g_X - A_X f)$$

löst, wobei $r > 0$ einen Dämpfungsparameter bezeichnet. Daraus kann man sofort die Iterationsvorschrift

$$f^{t+1} = f^t + r(A_X^* g_X - A_X^* A_X f^t) \qquad (9.1)$$

ableiten, wodurch bereits die grundlegende Gestalt des semi-diskreten Landweber-Verfahrens gegeben ist (siehe z.B. [52] für eine allgemeine Einführung). Durch Einsetzen der in Lemma 3.1 berechneten Operatoren A_X^* und $A_X^* A_X$ ergibt sich

$$f^{t+1} = f^t + r \left(\sum_{j=1}^n g_j \lambda_j^y \Phi(\cdot, y) - \sum_{j=1}^n \lambda_j(f^t) \lambda_j^y \Phi(\cdot, y) \right).$$

Betrachten wir die Iterierten auf einer Auswertmenge $Y = \{y_1, \ldots, y_m\}$, so ergibt sich durch Einsetzen eines Punktes

$$f^{t+1}(y_k) = f^t(y_k) + r\left(\sum_{j=1}^{n} g_j \lambda_j^y \Phi(y_k, y) - \sum_{j=1}^{n} Af^t(x_j) \lambda_j^y \Phi(y_k, y)\right). \qquad (9.2)$$

Somit ist f_Y^{t+1} bestimmbar, falls die Funktion $f^t \in H$ bekannt ist. Allerdings muss davon ausgegangen werden, dass im vorherigen Schritt lediglich f_Y^t berechnet wurde, so dass zunächst eine Approximation an f^t durch Regression mit den Daten f_Y^t ermittelt werden muss, bevor die diskrete Iterierte f_Y^{t+1} mittels (9.2) bestimmt werden kann. Die Kenntnis eines kontinuierlichen Approximanten von f^t ist nötig, da zur Verwendung von (9.2) die Vorwärtsanwendung von A erforderlich ist.

Der Regressionsschritt kann prinzipiell mit einer beliebigen Methode durchgeführt werden. Wir formulieren das resultierende Verfahren zum einen unter Verwendung des TP-Ansatzes und zum anderen mit Hilfe der im vorherigen Kapitel vorgestellten Approximativen Inversen zur Regression. In jedem Fall ist klar, dass der optimale Unterraum von H zur Konstruktion eines Approximanten H_Y ist, da die Daten f_Y^t des Regressionsproblems auf Y vorliegen.

Die Anwendung des Operators lässt sich durch Heranziehen der asymmetrischen Kollokationsmatrix $N_{A,\Phi}$ aus (3.14) und der zugehörigen Gram-Matrix $G_{N,A,\Phi} = N_{A,\Phi} N_{A,\Phi}^T$ aus (4.2) formalisieren. Zur besseren Übersicht verzichten wir hier auf die Kennzeichnung der Abhängigkeit von den Mengen X und Y. Die in der Iterationsvorschrift (9.1) auftretenden Terme können wie folgt geschrieben werden.

Lemma 9.1. *Es gilt:*

1. $(A_X^* g_X)_Y = N_{A,\Phi}\, g_X$.

2. Für $f = \sum_{l=1}^{m} \alpha_l \Phi(y_l, \cdot)$ gilt: $\quad (A_X^* A_X f)_Y = G_{N,A,\Phi}\, \alpha$.

Beweis. Die erste Behauptung folgt sofort durch Einsetzen:

$$(A_X^* g_X)(y_k) = \sum_{j=1}^{n} g_j \lambda_j^y \Phi(y_k, y) = \sum_{j=1}^{n}(N_{A,\Phi})_{kj} g_j = (N_{A,\Phi}\, g_X)_k.$$

Die zweite Gleichung rechnet man ebenfalls direkt nach:

$$\begin{aligned}
(A_X^* A_X f)(y_k) &= \left((A_X^* A_X)\left(\sum_{l=1}^{m} \alpha_l \Phi(y_l, \cdot)\right)\right)(y_k) \\
&= \sum_{j=1}^{n} \lambda_j \left(\sum_{l=1}^{m} \alpha_l \Phi(y_l, \cdot)\right) \lambda_j^y \Phi(y_k, y) \\
&= \sum_{l=1}^{m} \alpha_l \sum_{j=1}^{n} \lambda_j^y \Phi(y_l, y) \lambda_j^y \Phi(y_k, y) \\
&= \sum_{l=1}^{m} (G_{N,A,\Phi})_{kl} \alpha_l = (G_{N,A,\Phi}\, \alpha)_k.
\end{aligned}$$

$\square$

9 Semi-diskrete iterative Verfahren   151

Durch Einsetzen in die Iterationsgleichung (9.1) erhält man damit folgende Darstellung für eine Landweber-Iteration.

Algorithmus 9.1. *(Illustration einer Iteration des Landweber-Verfahrens)*

1. *Bestimme* $f^t = \sum_{l=1}^{m} \alpha_l^t \Phi(y_l, \cdot)$ *durch Regression mit den Daten* f_Y^t.
2. *Berechne* $f_Y^{t+1} = f_Y^t + r \left(N_{A,\Phi} \, g_X - G_{N,A,\Phi} \, \alpha^t \right)$.

Natürlich muss der Approximant f^t in Schritt 1 nicht mehr explizit berechnet werden, da wir in Schritt 2 allein mit dem Koeffizientenvektor α^t die neue diskrete Iterierte bestimmen können. Die Iteration ist also vollständig aus dem Funktionenraum H in den $\mathbb{R}^m$ ausgelagert worden. Wir verwenden bei der Formulierung des Verfahrens zunächst das TP-Verfahren zur Regression. Zu beachten ist noch, dass sich aus einem Startkoeffizientenvektor $\alpha^0 \in \mathbb{R}^m$ der Anfangswert

$$f_Y^0 = \left(\sum_{l=1}^{m} \Phi(y_l, y_k) \alpha_k^0 \right)_{k=1}^{m} = \Phi_Y \alpha^0$$

ermitteln lässt. Damit nimmt das Landweber-Verfahren folgende Gestalt an.

Algorithmus 9.2. *(Semi-diskretes Landweber-Verfahren mit TP-Regression)*

Gegeben: $X = \{x_1, \ldots, x_n\} \subset \Omega$, *diskrete Daten* g_X^δ.

Gesucht: *Lösung* $f^* \in H$ *von* $Af = g$, *wobei* H *ein RKHS mit Kern* Φ *ist.*

1. *Initialisierung:*

   a) *Wähle* $Y = \{y_1, \ldots, y_m\} \subset \Omega$, $\gamma, r > 0$, $\alpha^0 \in \mathbb{R}^m$, *setze* $f_Y^0 = \Phi_Y \alpha^0$,

   b) *berechne die Kollokationsmatrizen wie in Algorithmus 4.1.*

2. *Iteration: für* $t \in \mathbb{N}$:

   a) *Löse* $(\Phi_Y + \gamma I_m) \alpha^t = f_Y^t$,

   b) *setze* $f_Y^{t+1} = f_Y^t + r \left(N_{A,\Phi} \, g_X^\delta - G_{N,A,\Phi} \, \alpha^t \right)$.

Ergebnis: Die Iterierten $f^{t,\gamma,\delta} := \sum_{l=1}^{m} \alpha_l^t \Phi(y_l, \cdot)$ sind Approximationen an f^*.

Zur Anwendung des Verfahrens benötigt man zusätzlich ein geeignetes Abbruchkriterium, welches die Zahl der Iterationsschritte steuert [52]. Es ist wohlbekannt, dass die Landweber-Methode ein Regularisierungsverfahren ist und der Kehrwert des Iterationsindex als Regularisierungsparameter fungiert. Für kleine t dominiert der Approximationsfehler, für große t wird der Datenfehler ausschlaggebend. An dieser Stelle gehen wir jedoch nicht weiter ins Detail, sondern untersuchen stattdessen, wie sich die Verwendung der Approximativen Inversen zur Regression in jedem Iterationsschritt auswirkt.

In Abschnitt 8.1 wurde beschrieben, wie nach Vorberechnung einer Rekonstruktionskernmatrix $\psi_{X,Y}$ und anschließender Durchführung eines weiteren Präkalkulationsschritts die Koeffizientenmatrix $M_{\psi,X,Y}$ der translatierten Rekonstruktionskerne ermittelt werden kann. Diese erlaubt den Übergang von diskreten Daten zu einem Koeffizientenvektor in einer Linearkombination translatierter Kerne, da für $f \in H$ aus lediglich diskreten Daten f_X^δ die Approximation

$$f \approx \sum_{k=1}^m \alpha_k \Phi(\cdot, y_k)$$

mit $\alpha := M_{\psi,X,Y} f_X^\delta$ abgeleitet wurde. In Schritt 1 des vorgestellten Landweber-Verfahrens sind die Daten f_Y^t gemäß Algorithmus 9.1 in den Raum H_Y zu transformieren. Daher ist für den Regressionsschritt mit der Approximativen Inversen $X = Y$ zu setzen, der Übersicht halber verzichten wir wieder auf die Kennzeichnung der Mengen. Der zweite Schritt des Landweber-Verfahrens nimmt nun die Gestalt

$$\begin{aligned} f_Y^{t+1} &= f_Y^t + r\left(N_{A,\Phi} g_X - G_{N,A,\Phi} M_\psi f_Y^t\right) \\ &= (I_m - r G_{N,A,\Phi} M_\psi) f_Y^t + r N_{A,\Phi} g_X \end{aligned}$$

an. Zum Update ist also lediglich eine Matrix-Vektor-Multiplikation nötig, d.h. durch die Verwendung der Approximativen Inversen (AI) erübrigt sich die Lösung eines Gleichungssystems pro Iterationsschritt. Somit schreibt sich die resultierende Methode folgendermaßen.

Algorithmus 9.3. *(Semi-diskretes Landweber-Verfahren mit AI zur Regression)*

Gegeben: $X = \{x_1, \ldots, x_n\} \subset \Omega$, *diskrete Daten g_X^δ.*

Gesucht: *Lösung $f^* \in H$ von $Af = g$, wobei H ein RKHS mit Kern Φ ist.*

1. *Initialisierung:*

   a) *Wähle $Y = \{y_1, \ldots, y_m\} \subset \Omega$, $r > 0$, $\alpha^0 \in \mathbb{R}^m$, setze $f_Y^0 = \Phi_Y \alpha^0$,*

   b) *berechne die Kollokationsmatrizen wie in Algorithmus 4.1,*

   c) *berechne eine Koeffizientenmatrix M_ψ zur Regression mit Algorithmus 8.1.*

2. *Iteration: für $t \in \mathbb{N}$:*
$$f_Y^{t+1} = (I_m - r G_{N,A,\Phi} M_\psi) f_Y^t + r N_{A,\Phi} g_X^\delta.$$

Ergebnis: Die Iterierten $f_\psi^{t,\delta} := \sum_{l=1}^m (M_\psi f_Y^t)_l \, \Phi(y_l, \cdot)$ sind Approximationen an f^*.

Jeder Iterationsschritt des vorgestellten Landweber-Verfahrens mit Approximativer Inverser zur Regression erfordert somit einen Aufwand von $\mathcal{O}(M^2)$. Man kann die Rekursion auch auflösen und die Iterierten explizit angeben. Induktiv ergibt sich

$$f_Y^t = (I_m - r G_{N,A,\Phi} M_\psi)^t f_Y^0 + r \sum_{j=0}^{t-1} (I_m - r G_{N,A,\Phi} M_\psi)^j N_{A,\Phi} g_X. \tag{9.3}$$

An dieser Darstellung lässt sich auch im Fall exakter Daten das Konvergenzverhalten für die auf Y diskretisierten Iterierten ermitteln [75].

Satz 9.2. *Seien* $(\sigma_k)_{k=1}^m$ *die absteigend sortierten Singulärwerte von* $G_{N,A,\Phi}M_\psi$. *Wählt man in Algorithmus 9.3*

$$0 < r < \frac{2}{\sigma_1},$$

so konvergiert die Iteration und es gilt:

$$\lim_{t\to\infty} f_Y^t = (G_{N,A,\Phi}M_\psi)^{-1} N_{A,\Phi}\, g_X.$$

Beweis. Die Potenzen $(I_m - rG_{N,A,\Phi}M_\psi)^t$ konvergieren genau dann für $t \to \infty$ gegen Null, wenn der Spektralradius von $I_m - rG_{N,A,\Phi}M_\psi$ kleiner als Eins ist. Dies ist äquivalent dazu, dass für die Singulärwerte von $G_{A,\Phi}M_\psi$ die Ungleichung

$$|1 - r\sigma_k| < 1 \quad \forall\, k = 1, \dots, m$$

gilt. Daraus ergibt sich die Bedingung $0 < r < \frac{2}{\sigma_1}$, welche die Konvergenz des Verfahrens sicherstellt. Desweiteren gilt für jede invertierbare Matrix $C \in \mathbb{R}^{m \times m}$

$$\sum_{j=0}^{t-1}(I_m - C)^j = C^{-1}\left(I_m - (I_m - C)^t\right),$$

woraus mit $C := rG_{N,A,\Phi}M_\psi$ und der Darstellung der Iterierten aus (9.3)

$$f_Y^t = (I_m - rG_{N,A,\Phi}M_\psi)^t f_Y^0 + (G_{N,A,\Phi}M_\psi)^{-1}\left(I_m - (I_m - rG_{N,A,\Phi}M_\psi)^t\right) N_{A,\Phi}\, g_X$$

folgt. Für $0 < r < \frac{2}{\sigma_1}$ erhält man somit die behauptete Konvergenz. $\square$

Für hinreichend kleine Parameter r ist damit stets Konvergenz gesichert. Zum Vergleich bemerken wir, dass die diskrete Iterierte bei direkter Anwendung des Landweber-Verfahrens auf A_X ohne zusätzliche Regression gegen

$$(A_X^* A_X)^{-1} A_X^* g_X = M_{A,\Phi}^{-1} N_{A,\Phi}\, g_X$$

konvergiert. Allerdings ist dieses Verfahren nur von theoretischem Interesse, da in der Praxis nicht ohne die Lösung eines Regressionsproblems zur nächsten diskreten Iterierten gelangt werden kann. Dies wird durch die Notwendigkeit der Vorwärtsanwendung des Operators A bedingt. Mit dem Verfahren der Approximativen Inversen zur Regression wird in jedem Iterationsschritt eine kontinuierliche Approximation aus den aktuellen diskreten Daten in H_Y berechnet. Entsprechend kann man den Grenzwert $(G_{N,A,\Phi}M_\psi)^{-1} N_{A,\Phi}\, g_X$ als diskrete Version einer Glättung der Bestapproximation zum Ausgangsproblem $A_X f = g_X$ in H_Y interpretieren. Einen tieferen Einblick liefert das folgende Lemma.

Lemma 9.3. *Seien* $(\sigma_k)_{k=1}^m$ *die absteigend sortierten Singulärwerte von* $G_{N,A,\Phi}M_\psi$. *Wählt man in Algorithmus 9.3 den Residualparameter* $0 < r < \frac{2}{\sigma_1}$, *so lösen die kontinuierlichen Iterierten* f_ψ^t *für große* t *approximativ die auf* Y *diskretisierte Normalgleichung zum Ausgangsproblem* $A_X f = g_X$, *d.h. es gilt*

$$\lim_{t\to\infty} (A_X^* A_X f_\psi^t)_Y = (A_X^* g_X)_Y.$$

Beweis. Die Darstellung von f_Y^t aus dem Beweis von Satz 9.2 liefert durch Multiplikation mit $G_{N,A,\Phi}M_\psi$ die Gleichung

$$\begin{aligned}
G_{N,A,\Phi}M_\psi f_Y^t &= G_{N,A,\Phi}M_\psi(I_m - rG_{N,A,\Phi}M_\psi)^t f_Y^0 \\
&\quad + \left(I_m - (I_m - rG_{N,A,\Phi}M_\psi)^t\right) N_{A,\Phi}\, g_X.
\end{aligned} \quad (9.4)$$

Die linke Seite hat nun die Gestalt

$$G_{N,A,\Phi}\left(M_\psi f_Y^t\right) = G_{N,A,\Phi}\,\alpha^t, \quad (9.5)$$

wobei α^t der Koeffizientenvektor der im t-ten Iterationsschritt mit dem Verfahren der Approximativen Inversen bestimmten kontinuierlichen Iterierten $f_\psi^t = \sum_{l=1}^m \alpha_l^t \Phi(y_l, \cdot)$ aus den Daten f_Y^t ist. Da f_ψ^t nach Konstruktion in H_Y liegt, folgt aus Lemma 9.1

$$G_{N,A,\Phi}\,\alpha^t = (A_X^* A_X f_\psi^t)_Y,$$

und somit erhält man mit (9.4) und (9.5) die Darstellung

$$(A_X^* A_X f_\psi^t)_Y = G_{N,A,\Phi}M_\psi(I_m - rG_{N,A,\Phi}M_\psi)^t f_Y^0 + \left(I_m - (I_m - rG_{N,A,\Phi}M_\psi)^t\right) N_{A,\Phi}\, g_X.$$

Für $t \to \infty$ konvergiert die rechte Seite gegen $N_{A,\Phi}\, g_X = (A_X^* g_X)_Y$. Die berechenbare kontinuierliche Iterierte f_ψ^t löst also approximativ die auf Y diskretisierte Normalgleichung zum Ausgangsproblem $A_X f = g_X$. □

9.2 CG-Verfahren

Das CG-Verfahren ist im Gegensatz zum Landweber-Verfahren nichtlinear, wodurch sich eine Fehlertheorie wesentlich komplexer gestaltet. Dafür liefert es eine weitaus schnellere Konvergenz bei Vorliegen exakter Daten. Zur Einführung betrachten wir das kontinuierliche Problem $Af = g$. Die grundlegende Idee des Verfahrens ist, den zur Optimierung verwendeten Unterraum sukzessive zu vergrößern. Nach Wahl eines Startwertes f^0 und Berechnung des Bildfehlers $R^0 := Af^0 - g$ wird die aktuelle Iterierte f^t stets als optimale Approximation im verwendeten Unterraum U^t bestimmt. Die Wahl A^*A-konjugierter Suchrichtungen führt auf die Unterräume

$$U^t := \{A^* R^0, (A^*A)A^* R^0, \ldots, (A^*A)^{t-1} A^* R^0\},$$

die eine effiziente Berechnung der Iterierten gestatten. Dabei heißt U^t Krylov-Unterraum t-ter Ordnung bezüglich A^*A und $A^* R^0$. Mit der Notation $r^t := A^* R^t$ nimmt das Verfahren schließlich folgende Gestalt an [52].

Algorithmus 9.4. *(Allgemeine Form des CG-Verfahrens)*

1. *Initialisierung:* $t = 0$, f^0, $r^0 = A^*(Af^0 - g)$, $d^0 = -r^0$.

2. *Iteration:* $t \to t+1$:

   a) $\alpha^t = \frac{\|r^t\|^2}{\|Ad^t\|^2}$,

   b) $f^{t+1} = f^t + \alpha^t d^t$,

   c) $r^{t+1} = A^*(Af^{t+1} - g)$,

   d) $\gamma^t = \frac{\|r^{t+1}\|^2}{\|r^t\|^2}$,

   e) $d^{t+1} = -r^{t+1} + \gamma^t d^t$.

Ergebnis: *Die Iterierten f^t sind Approximationen der Lösung f^* von $Af = g$.*

Im Folgenden wenden wir das CG-Verfahren auf den semi-diskreten Operator A_X aus (3.6) an, um die Gleichung $A_X f = g_X$ approximativ zu lösen. Analog zur Vorgehensweise beim Landweber-Verfahren verlagern wir die Iteration nach $\mathbb{R}^m$, indem wir anstelle der Iterierten f^t nur deren Koeffizientenvektor β^t in der Basis $\{\Phi(\cdot, y_l) \mid l = 1, \ldots, m\}$ von H_Y benutzen. Dieser liefert unmittelbar eine diskrete Version $f_Y^t = \Phi_Y \beta^t$ der t-ten Iterierten. In Schritt 2b) lässt sich damit f_Y^{t+1} berechnen. Implizit kann dann f^{t+1} durch Regression auf der Menge Y bestimmt werden, wobei es wieder genügt, β^{t+1} zu speichern. Wir zeigen nun, wie alle weiteren benötigten Größen mit Hilfe des Koeffizientenvektors ermittelt werden können.

Die Darstellung des Residuums haben wir schon im Zuge des Landweber-Verfahrens hergeleitet. So lässt sich bei gegebenem Koeffizientenvektor $\beta^0 \in \mathbb{R}^m$ der Startfunktion $f^0 = \sum_{l=1}^{m} \beta_l^0 \Phi(y_l, \cdot)$ das diskrete Residuum mit Lemma 9.1 durch

$$r_Y^0 = \left(A_X^* A_X f^0 - A_X^* g_X \right)_Y = G_{N,A,\Phi} \beta^0 - N_{A,\Phi} g_X$$

berechnen, wobei $N_{A,\Phi} \in \mathbb{R}^{n \times m}$ die asymmetrische Kollokationsmatrix bezeichnet und $G_{N,A,\Phi} \in \mathbb{R}^{m \times m}$ die zugehörige Gram-Matrix ist. Mit $d_Y^0 = -r_Y^0$ ist die Initialisierung in Algorithmus 9.4 abgeschlossen.

In Schritt 2a) ist zunächst der Zähler $\|r^t\|_H^2$ von α^t zu ermitteln. Es gilt:

$$\begin{aligned} \|r^t\|_H^2 &= \|A_X^* A_X f^t - A_X^* g_X\|_H^2 \\ &= \|A_X^* A_X f^t\|_H^2 - 2 \left\langle A_X^* A_X f^t, A_X^* g_X \right\rangle_H + \|A_X^* g_X\|_H^2. \end{aligned} \quad (9.6)$$

Die Definition der Matrizen $C_{A,\Phi} \in \mathbb{R}^{m \times m}$ und $D_{A,\Phi} \in \mathbb{R}^{m \times n}$ gemäß

$$C_{A,\Phi} = N_{A,\Phi} M_{A,\Phi} N_{A,\Phi}^T, \quad (9.7)$$

$$D_{A,\Phi} = N_{A,\Phi} M_{A,\Phi} \quad (9.8)$$

mittels der symmetrischen Kollokationsmatrix $M_{A,\Phi} = \left(\lambda_j^x \lambda_k^y \Phi(x,y) \right)_{j,k=1}^n$ erlaubt eine weitere Vereinfachung. Dabei verzichten wir wieder zu Gunsten der Übersicht auf eine Kennzeichnung der Abhängigkeit von den Mengen X und Y.

Lemma 9.4. *Es gilt:*

1. $\|A_X^* A_X f^t\|_H^2 = (\beta^t)^T C_{A,\Phi} \beta^t$,
2. $\langle A_X^* A_X f^t, A_X^* g_X \rangle_H = (\beta^t)^T D_{A,\Phi} g_X$,
3. $\|A_X^* g_X\|_H^2 = g_X^T M_{A,\Phi} g_X$.

Beweis. Für $f^t = \sum\limits_{i=1}^{m} \beta_i^t \Phi(y_i, \cdot)$ gilt mit

$$A_X^* A_X f^t = \sum_{j=1}^{n} \lambda_j(f^t) \lambda_j^y \Phi(\cdot, y) = \sum_{i=1}^{m} \beta_i^t \sum_{j=1}^{n} \lambda_j^y \Phi(y_i, y) \lambda_j^y \Phi(\cdot, y)$$

und der Bezeichnung aus (9.7):

$$\begin{aligned}
\|A_X^* A_X f^t\|_H^2 &= \left\langle \sum_{i=1}^{m} \beta_i^t \sum_{j=1}^{n} \lambda_j^y \Phi(y_i, y) \lambda_j^y \Phi(\cdot, y), \sum_{l=1}^{m} \beta_l^t \sum_{k=1}^{n} \lambda_k^y \Phi(y_l, y) \lambda_k^y \Phi(\cdot, y) \right\rangle_H \\
&= \sum_{i,l=1}^{m} \beta_i^t \beta_l^t \sum_{j,k=1}^{n} \lambda_j^y \Phi(y_i, y) \lambda_k^y \Phi(y_l, y) \underbrace{\left\langle \lambda_j^y \Phi(\cdot, y), \lambda_k^y \Phi(\cdot, y) \right\rangle_H}_{\lambda_j^x \lambda_k^y \Phi(x,y)} \\
&= \sum_{i,l=1}^{m} \beta_i^t \beta_l^t \sum_{j,k=1}^{n} (N_{A,\Phi})_{ij} (M_{A,\Phi})_{jk} (N_{A,\Phi}^T)_{kl} \\
&= \sum_{i,l=1}^{m} \beta_i^t \beta_l^t (N_{A,\Phi} M_{A,\Phi} N_{A,\Phi}^T)_{il} = (\beta^t)^T C_{A,\Phi} \beta^t.
\end{aligned}$$

Die zweite Identität rechnet man mit der Definition aus (9.8) analog nach:

$$\begin{aligned}
\langle A_X^* A_X f^t, A_X^* g_X \rangle_H &= \left\langle \sum_{i=1}^{m} \beta_i^t \sum_{j=1}^{n} \lambda_j^y \Phi(y_i, y) \lambda_j^y \Phi(\cdot, y), \sum_{k=1}^{n} g_k \lambda_k^y \Phi(\cdot, y) \right\rangle_H \\
&= \sum_{i=1}^{m} \beta_i^t \sum_{j,k=1}^{n} \lambda_j^y \Phi(y_i, y) \left\langle \lambda_j^y \Phi(\cdot, y), \lambda_k^y \Phi(\cdot, y) \right\rangle_H g_k \\
&= \sum_{i=1}^{m} \beta_i^t \sum_{j=1}^{n} (N_{A,\Phi})_{ij} \sum_{k=1}^{n} (M_{A,\Phi})_{jk} g_k \\
&= \sum_{i=1}^{m} \beta_i^t \sum_{j=1}^{n} (N_{A,\Phi})_{ij} (M_{A,\Phi} g_X)_j \\
&= \sum_{i=1}^{m} \beta_i^t (N_{A,\Phi} M_{A,\Phi} g_X)_i = \sum_{i=1}^{m} \beta_i^t (D_{A,\Phi} g_X)_i \\
&= (\beta^t)^T D_{A,\Phi} g_X.
\end{aligned}$$

Die dritte Gleichung folgt unmittelbar aus

$$\begin{aligned}
\|A_X^* g_X\|_H^2 &= \left\langle \sum_{j=1}^{n} g_j \lambda_j^y \Phi(\cdot, y), \sum_{k=1}^{n} g_k \lambda_k^y \Phi(\cdot, y) \right\rangle_H \\
&= \sum_{j,k=1}^{n} g_j g_k \lambda_j^x \lambda_k^y \Phi(x, y) = g_X^T M_{A,\Phi} g_X.
\end{aligned}$$

□

Mit (9.6) lässt sich damit die Norm des Residuums im t-ten Iterationsschritt durch

$$\|r^t\|_H^2 = (\beta^t)^T C_{A,\Phi} \beta^t - 2(\beta^t)^T D_{A,\Phi}\, g_X + g_X^T M_{A,\Phi}\, g_X \tag{9.9}$$

mittels des Koeffizientenvektors β^t ausdrücken. Der Nenner von α^t aus Schritt 2a) lässt sich ebenfalls durch direktes Nachrechnen vereinfachen, so dass wir folgende Darstellungen erhalten.

Lemma 9.5. *Es gilt:*

1. $A_X d^t = M_{A,\Phi}\, g_X - D_{A,\Phi}^T \beta^t$,
2. $\alpha^t = \dfrac{\|r^t\|_H^2}{\|A_X d^t\|_{\ell_2(\mathbb{R}^n)}^2} = \dfrac{(\beta^t)^T C_{A,\Phi}\beta^t - 2(\beta^t)^T D_{A,\Phi}\, g_X + g_X^T M_{A,\Phi}\, g_X}{\|M_{A,\Phi}\, g_X - D_{A,\Phi}^T \beta^t\|_{\ell_2(\mathbb{R}^n)}^2}.$

Beweis. Wie im vorherigen Lemma setzt man $f^t = \sum_{i=1}^m \beta_i^t \Phi(y_i,\cdot)$ ein und erhält

$$\begin{aligned}
A_X d^t &= A_X(-r^t) = A_X(A_X^* g_X - A_X^* A_X f^t) \\
&= A_X \left(\sum_{j=1}^n g_j \lambda_j^y \Phi(\cdot, y) - \sum_{i=1}^m \beta_i^t \sum_{j=1}^n \lambda_j^y \Phi(y_i, y) \lambda_j^y \Phi(\cdot, y) \right) \\
&= \left(\sum_{j=1}^n g_j \lambda_k^x \lambda_j^y \Phi(x,y) - \sum_{i=1}^m \beta_i^t \sum_{j=1}^n \lambda_j^y \Phi(y_i,y) \lambda_k^x \lambda_j^y \Phi(x,y) \right)_{k=1}^n \\
&= \left((M_{A,\Phi})_k^T g_X - \sum_{i=1}^m \beta_i^t (N_{A,\Phi} M_{A,\Phi})_{ik} \right)_{k=1}^n \\
&= M_{A,\Phi}\, g_X - D_{A,\Phi}^T \beta^t.
\end{aligned}$$

Die zweite Behauptung folgt sofort aus der Darstellung (9.9) und dem ersten Teil des Lemmas. $\square$

Mit diesen Vorbereitungen können wir nun ein CG-Verfahren zur näherungsweisen Lösung von $A_X f = g_X$ aufstellen. Allerdings ist wie bereits erwähnt die Wahl einer Regressionsmethode erforderlich, um in Schritt 2b) von f_Y^{t+1} zu einer Approximation an f^{t+1} zu gelangen. Zur Weiterführung des Verfahrens genügt es wieder, den Koeffizientenvektor β^{t+1} von

$$f^{t+1} = \sum_{l=1}^m \beta_l^{t+1} \Phi(y_l, \cdot)$$

zu speichern. Ermitteln wir diesen durch das TP-Verfahren, so ist wegen $f_Y^t = \Phi_Y \beta^t$ das Gleichungssystem

$$(\Phi_Y + \gamma I_m)\beta^{t+1} = \Phi_Y \beta^t + \alpha^t d_Y^t$$

zu lösen. Bei Verwendung des Verfahrens der Approximativen Inversen zur Regression vereinfacht sich dies zu

$$\beta^{t+1} = M_\psi(\Phi_Y \beta^t + \alpha^t d_Y^t),$$

wodurch wir insgesamt nachfolgende Lösungsprozedur erhalten.

Algorithmus 9.5. *(Semi-diskretes CG-Verfahren mit AI zur Regression)*

Gegeben: $X = \{x_1, \ldots, x_n\} \subset \Omega$, *diskrete Daten* g_X^δ.

Gesucht: *Lösung* $f^* \in H$ *von* $Af = g$, *wobei* H *ein RKHS mit Kern* Φ *ist.*

1. *Initialisierung:*

   a) *Wähle* $Y = \{y_1, \ldots, y_m\} \subset \Omega$, $\beta^0 \in \mathbb{R}^m$, *setze* $t = 0$,

   b) *berechne die Matrizen* Φ_Y, $N_{A,\Phi}$, $G_{N,A,\Phi}$ *wie in Algorithmus 4.1 sowie*

   $$\begin{aligned} M_{A,\Phi} &= \left(\int_\Omega \int_\Omega k(x_i,s)\, k(x_j,t)\, \Phi(s,t)\, ds\, dt\right)_{i,j=1}^n, \\ C_{A,\Phi} &= N_{A,\Phi} M_{A,\Phi} N_{A,\Phi}^T, \\ D_{A,\Phi} &= N_{A,\Phi} M_{A,\Phi}, \\ r_Y^0 &= G_{A,\Phi} \beta^0 - N_{A,\Phi} g_X^\delta, \quad d_Y^0 = -r_Y^0, \\ \|r^0\|_H^2 &= (\beta^0)^T C_{A,\Phi} \beta^0 - 2(\beta^0)^T D_{A,\Phi} g_X^\delta + \left(g_X^\delta\right)^T M_{A,\Phi} g_X^\delta, \end{aligned}$$

   c) *berechne eine Koeffizientenmatrix* M_ψ *zur Regression mit Algorithmus 8.1.*

2. *Iteration:* $t \to t+1$:

   a) $\alpha^t = \dfrac{\|r^t\|_H^2}{\|M_{A,\Phi} g_X^\delta - D_{A,\Phi}^T \beta^t\|_{\ell_2(\mathbb{R}^n)}^2}$,

   b) $\beta^{t+1} = M_\psi(\Phi_Y \beta^t + \alpha^t d_Y^t)$,

   c) $r_Y^{t+1} = G_{N,A,\Phi} \beta^{t+1} - N_{A,\Phi} g_X^\delta$,

   d) $\|r^{t+1}\|_H^2 = (\beta^{t+1})^T C_{A,\Phi} \beta^{t+1} - 2(\beta^t)^T D_{A,\Phi} g_X^\delta + \left(g_X^\delta\right)^T M_{A,\Phi} g_X^\delta$,

   $\gamma^t = \dfrac{\|r^{t+1}\|_H^2}{\|r^t\|_H^2}$,

   e) $d_Y^{t+1} = -r_Y^{t+1} + \gamma^t d_Y^t$.

Ergebnis: *Die Iterierten* $f_\psi^{t,\delta} = \sum_{l=1}^m \beta_l \Phi(y_l, \cdot)$ *sind Approximationen an* f^*.

9.3 Numerische Beispiele

Zur Illustration des Landweber-Verfahrens greifen wir das bereits für die TP-Methode gewählte Beispiel 3.22 auf, das auch in Kapitel 8 im Kontext des Verfahrens der Approximativen Inversen betrachtet wurde.

Beispiel 9.6. *Wir verwenden dieselben Werte wie in Beispiel 8.3, wählen also*

$$\gamma = \left(\frac{\delta}{2}\right)^2 n, \quad \mu = 10^{-3}, \quad \eta = 1$$

für die in jedem Iterationsschritt benötigte Approximative Inverse zur Regression. Der diskrete Rekonstruktionskern sowie die entsprechende Koeffizientenmatrix wurden bereits in den Abbildungen 8.2,a - 8.2,b illustriert. Als Initialisierung für die Iteration wählen wir die Nullfunktion. In diesem übersichtlichen Beispiel kann der größte Singulärwert σ_1 von $G_{A,\Phi}M_\psi$ explizit bestimmt werden, die konvergenzentscheidende Größe ermittelt man als $\frac{2}{\sigma_1} \approx 0.0302$. Um Konvergenz gemäß Satz 9.2 zu sichern, wählen wir $r = 0.02$. Die Ergebnisse für $t = 50, 500, 5000$ Iterationen sind in Abb. 9.1 zu sehen. Die Rolle von $\frac{1}{t}$ als Regularisierungsparameter wird anhand der Grafiken deutlich.

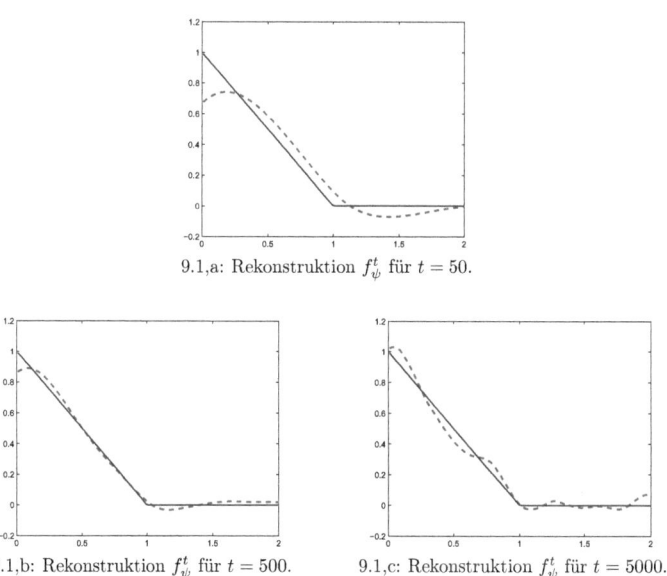

9.1,a: Rekonstruktion f_ψ^t für $t = 50$.

9.1,b: Rekonstruktion f_ψ^t für $t = 500$.   9.1,c: Rekonstruktion f_ψ^t für $t = 5000$.

Abbildung 9.1: Rekonstruktionen in Beispiel 9.6 unter Verwendung von Algorithmus 9.3 in Abhängigkeit vom Iterationsindex t.

Weitere Testrechnungen zeigen, dass der ermittelte Wert $\frac{2}{\sigma_1}$ in der Tat ausschlaggebend für die Konvergenz des Verfahrens ist. Erwartungsgemäß zeigt sich auch, dass für exakte Daten wesentlich länger iteriert werden kann als im Fall von Datenstörungen. Dies ist insofern klar, als gemäß Lemma 9.3 eine approximative Lösung der auf Y diskretisierten Normalgleichungen berechnet wird, und die Iteration für exakte Daten nur auf Grund der schlechten Kondition der Iterationsmatrix nicht beliebig weit ohne Qualitätsverlust fortgeführt werden kann.

Außerdem bemerken wir, dass sich das Verhalten der hergeleiteten iterativen Methoden über die Wahl der mit dem Verfahren der Approximativen Inversen berechneten Rekonstruktionskernmatrix steuern lässt. Setzt man die für den Vorberechnungsschritt benötigten Regularisierungsparameter klein an, so hängt die Rekonstruktion stark vom Iterationsindex ab und für zu große t wird das Ergebnis schnell unbrauchbar. Glättet man jedoch zusätzlich durch die Wahl höherer Regularisierungsparameter, so muss zwar länger iteriert werden, allerdings wird das Ergebnis sehr robust bezüglich des Iterationsindex. Ausgleichen kann man diesen unerwünschten Effekt durch geschickte Startpunktwahl, wie wir im Folgenden für das CG-Verfahren demonstrieren.

Beispiel 9.7. *Wir betrachten wieder die Situation aus Beispiel 8.3, wählen nun jedoch für die Approximative Inverse $\gamma = \mu = \eta = 10^{-2}$. In Abb. 9.2,a ist zu erkennen, dass für $t = 500$ Iterationen ein gutes Ergebnis resultiert, allerdings kann die Rekonstruktion trotz der gestörten Ausgangsdaten durch weiteres Iterieren stetig verbessert werden. Für $t = 5000$ ergibt sich die in Abb. 9.2,b dargestellte Approximation, und erst für $t > 13000$ wird das Ergebnis qualitativ schlechter.*

Die Iterationszahl kann jedoch durch gute Startwertwahl stark reduziert werden. Verwendet man den Koeffizientenvektor einer unterregularisierten Näherungslösung zur Initialisierung, so erhält man bereits für sehr kleine t ausgezeichnete Ergebnisse. Beispielsweise durch Berechnung des Startwertes mit dem TP-Verfahren zum Parameter $\gamma = 10^{-3}$ ergibt sich die in Abb. 9.2,c abgebildete Startfunktion, und mit lediglich 20 Iterationen resultiert die in Abb. 9.2,d dargestellte CG-Approximation.

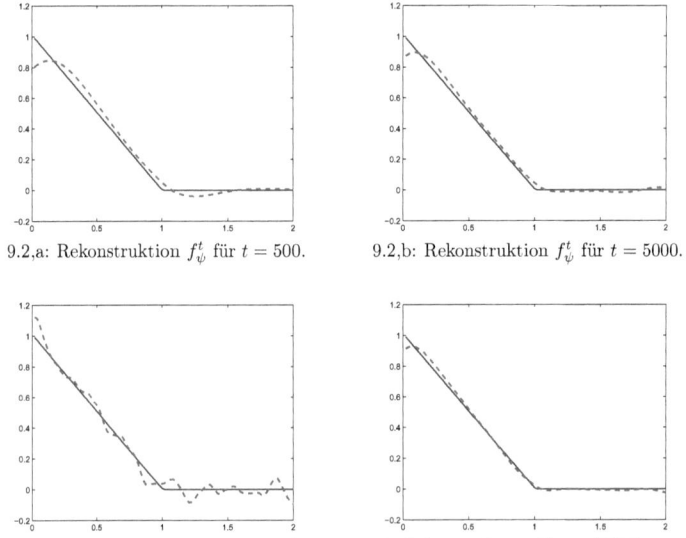

9.2,a: Rekonstruktion f_ψ^t für $t = 500$.

9.2,b: Rekonstruktion f_ψ^t für $t = 5000$.

9.2,c: Unterregularisierte TP-Lösung, deren Koeffizientenvektor als Initialisierung dient.

9.2,d: Rekonstruktion f_ψ^t mit TP-Startwert für $t = 20$.

Abbildung 9.2: Rekonstruktionen in Beispiel 9.7 unter Verwendung von Algorithmus 9.5 in Abhängigkeit vom Iterationsindex t und dem Startvektor.

10 Semi-diskrete Feature-Rekonstruktion

In vielen Anwendungen ist neben der gesuchten Funktion f^* eine Transformation bzw. eine Eigenschaft (engl: Feature) von f^* von Interesse. Bei Bilddaten können beispielsweise Richtungsableitungen zur Darstellung von Kanten verwendet werden. Für die Radon-Transformation wurde in [57] gezeigt, wie mit dem Verfahren der Approximativen Inversen direkt Richtungsableitungen aus den diskreten Daten berechnet werden können. Der Rekonstruktionsprozess für die gesuchte Funktion wurde dort effizient mit dem Auswertoperator in Beziehung gebracht.

Wir gehen in diesem Kapitel darauf ein, wie die vorgestellten Verfahren auf solche verallgemeinerte Rekonstruktionsprobleme übertragen werden können. Dabei setzen wir stets voraus, dass es sich bei dem Auswertoperator um einen Differentialoperator handelt. Zunächst beschreiben wir kurz die neue Ausgangssituation. Wie bisher gehen wir von einem Integraloperator $A : H^\tau(\Omega) \to H^{\tau+\alpha}(\Omega)$ der Ordnung α und der Gestalt (1.2) aus, und betrachten zusätzlich einen linearen Differentialoperator $L : H^\tau(\Omega) \to H^{\tau-\beta}(\Omega)$ der Ordnung β, wobei wieder $\tau > \frac{d}{2}$ gelte. Wir untersuchen erneut die Gleichung $Af = g$, interessieren uns aber nicht mehr vorwiegend für die Lösung f^*, sondern stattdessen für die Transformation Lf^*. Dabei setzen wir wie bisher voraus, dass nur diskrete Daten g_X bzw. g_X^δ vorliegen. Die Beschränkung auf Sobolevräume ist lediglich zur Übertragung der Fehlertheorie aus Kapitel 3 notwendig.

Der direkte Weg von Af zu Lf entspricht offenbar einer Entglättung um $\alpha+\beta$ auf der Sobolev-Skala. Für invertierbares L kann die Ausgangsgleichung in der Form $AL^{-1}(Lf) = g$ als Gleichung für das gesuchte Feature geschrieben werden. Bei Kenntnis des Operators AL^{-1} kann also Lf^* ohne Berechnung von f^* näherungsweise ermittelt werden. Auf ähnliche Weise kann man Lf^* direkt approximieren, falls ein geeigneter Adjungierter zu L verfügbar ist. Alternativ bietet sich eine implizite Bestimmung von f^* an, falls dadurch Lf^* stabil berechnet werden kann. Die in dieser Arbeit beschriebenen Methoden eignen sich dank der Erzeugung kontinuierlicher Approximanten unter Kontrolle der Glattheit für diese Vorgehensweise.

Da die Verwendung der $H^\tau(\Omega)$-Norm als Regularisierungsterm für die Beschränkung aller Ableitungen des Approximanten bis zur Ordnung τ sorgt, ist die Anwendung eines Differentialoperators auf die Rekonstruktion stabil möglich, falls die Aufrauhung durch L nicht zu stark ist. Ein entsprechendes Ergebnis liefern wir in Abschnitt 10.2 für die in dieser Arbeit behandelten TP-Methoden. Danach übertragen wir in Abschnitt 10.3 das Verfahren der Approximativen Inversen auf die Situation der Feature-Rekonstruktion. Schließlich erläutern wir, wie auch eine direkte Berechnung von Lf durch Einbeziehung des Auswertoperators in den Rekonstruktionskern oder eine Umformulierung der Ausgangsgleichung erreicht werden kann.

10.1 Adaption der TP-Verfahren

Wir diskutieren als Erstes folgende naheliegende Vorgehensweise, welche eine direkte Anwendung der Methoden aus den vorherigen Kapiteln gestattet:

a) Bestimme den Koeffizientenvektor α^γ einer Approximation f^γ von f^* in einem geeigneten Unterraum von $H^\tau(\Omega)$.

b) Bestimme eine diskrete Version von Lf^γ unter Verwendung des in a) berechneten Koeffizientenvektors.

c) Bestimme eine Approximation an Lf^* durch Regression in $H^{\tau-\beta}(\Omega)$ mit den in b) ermittelten diskreten Daten.

Im ersten und dritten Schritt, in denen Approximationen zu berechnen sind, stehen alle in den vorherigen Kapiteln diskutierten Verfahren zur Verfügung. Der Einfachheit halber beschränken wir uns auf die Formulierung mittels des TP-Verfahrens. Der zweite Schritt enspricht der Anwendung des Differentialoperators und wird unabhängig von der Wahl des Approximationsverfahrens durchgeführt. Wir betrachten wieder die semi-diskrete Ausgangsgleichung $A_X f = g_X$, um die drei skizzierten Schritte explizit ausführen zu können.

Im Folgenden bezeichnet Φ^τ den verwendeten reproduzierenden Kern von $H^\tau(\Omega)$. Zunächst wissen wir aus Kapitel 3, dass die Lösung der Normalgleichung $A_X^* A_X f = A_X^* g_X$ im Unterraum $H^*(A,X) = \text{span}\{\lambda_j^y \Phi^\tau(\cdot,y) \mid j = 1,\ldots,n\}$ von $H^\tau(\Omega)$ liegt. Bestimmt man eine Näherung der Bestapproximation in $H^*(A,X)$ durch Tikhonov-Regularisierung, so ergibt sich das symmetrische TP-Verfahren. Die Lösung der regularisierten Normalgleichung ist gegeben durch

$$f^\gamma = \sum_{j=1}^n \alpha_j^\gamma \lambda_j^y \Phi^\tau(\cdot,y),$$

wobei der Koeffizientenvektor als Lösung des Systems

$$(M_{A,\Phi^\tau,X} + \gamma I_n)\alpha^\gamma = g_X \qquad (10.1)$$

hervorgeht und $M_{A,\Phi^\tau,X}$ die symmetrische Kollokationsmatrix bezeichnet. Eine explizite Berechnung von f^γ ist jedoch nicht nötig, stattdessen ist lediglich der Koeffizientenvektor α^γ mittels (10.1) zu ermitteln.

Für den zweiten Schritt betrachten wir eine Menge $Y = \{y_1,\ldots,y_m\} \subset \Omega$ und bestimmen eine auf Y diskretisierte Version von Lf^γ. Nach Definition der Funktionale $\bar{\lambda}_i(f) := Lf(y_i)$ für $i = 1,\ldots,m$ gilt offenbar

$$(Lf^\gamma)_Y = \left(\sum_{j=1}^{n} \alpha_j^\gamma \left(L\lambda_j^y \Phi^\tau(\cdot, y)\right)(y_i)\right)_{i=1}^{m} = \left(\sum_{j=1}^{n} \alpha_j^\gamma \bar{\lambda}_i^x \lambda_j^y \Phi^\tau(x, y)\right)_{i=1}^{m}$$
$$= N_{A,L,\Phi^\tau,X,Y}\, \alpha^\gamma, \tag{10.2}$$

wobei die Matrix $N_{A,L,\Phi^\tau,X,Y} \in \mathbb{R}^{m \times n}$ durch

$$(N_{A,L,\Phi^\tau,X,Y})_{ij} := \bar{\lambda}_i^x \lambda_j^y \Phi^\tau(x, y), \quad i = 1, \ldots, m, \; j = 1, \ldots, n \tag{10.3}$$

definiert wird. Wir bezeichnen $N_{A,L,\Phi^\tau,X,Y}$ als *Kreuzkollokationsmatrix*, da sowohl die Anwendung von Punktauswertungen von A als auch von L zu deren Berechnung erforderlich ist.

Da nun eine diskrete Approximation von Lf^* ermittelt ist, muss lediglich mit den Daten $(Lf^\gamma)_Y = N_{A,L,\Phi^\tau,X,Y}\, \alpha^\gamma \in \mathbb{R}^m$ im dritten Schritt eine Regression in $H^{\tau-\beta}(\Omega)$ durchgeführt werden, um eine kontinuierliche Approximation an Lf^* zu erhalten. Die Verwendung des TP-Verfahrens zur Regression führt zu der Näherung

$$(Lf^\gamma)^\mu = \sum_{i=1}^{m} \overline{\alpha}_i \Phi^{\tau-\beta}(\cdot, y_i),$$

wobei der Koeffizientenvektor durch Lösen des Gleichungssystems

$$(\Phi_Y^{\tau-\beta} + \mu I_m)\overline{\alpha} = (Lf^\gamma)_Y \tag{10.4}$$

bestimmt wird und die auf Y diskretisierte Kernmatrix $\Phi_Y^{\tau-\beta} \in \mathbb{R}^{m \times m}$ durch

$$(\Phi_Y^{\tau-\beta})_{il} = \Phi^{\tau-\beta}(y_i, y_l), \quad i, l = 1, \ldots, m \tag{10.5}$$

gegeben ist. Zusammengefasst resultiert nach Vorberechnung der zu A gehörigen symmetrischen Kollokationsmatrix, der Kreuzkollokationsmatrix $N_{A,L,\Phi^\tau,X,Y}$ zu A und L sowie der symmetrischen Kernmatrix gemäß den Definitionen in Lemma 3.1, (10.3) und (10.5) folgendes Lösungsverfahren.

Algorithmus 10.1. *(Feature-Rekonstruktion mit symmetrischer TP-Methode)*

Gegeben: $X = \{x_1, \ldots, x_n\} \subset \Omega$, diskrete Daten g_X^δ.

Gesucht: Lf^*, wobei $f^* \in H$ Lsg. von $Af = g$ und $H = H^\tau(\Omega)$ mit Kern Φ^τ ist.

1. Wähle $Y = \{y_1, \ldots, y_m\} \subset \Omega$ und $\gamma, \mu > 0$.

2. a) Bestimme die Lösung $\alpha^{\gamma,\delta}$ des LGS

$$(M_{A,\Phi^\tau,X} + \gamma I_n)\alpha = g_X^\delta.$$

b) Berechne $(Lf^{\gamma,\delta})_Y = N_{A,L,\Phi^\tau,X,Y}\, \alpha^{\gamma,\delta}$.

c) Bestimme die Lösung $\overline{\alpha}^{\gamma,\delta,Y,\mu}$ des LGS

$$(\Phi_Y^{\tau-\beta} + \mu I_m)\overline{\alpha} = (Lf^{\gamma,\delta})_Y.$$

Ergebnis: $(Lf^{\gamma,\delta})^{Y,\mu} = \sum_{i=1}^{m} \overline{\alpha}_i^{\gamma,\delta,Y,\mu} \Phi^{\tau-\beta}(\cdot, y_i)$ *ist eine Approximation an* Lf^*.

Ein alternatives Verfahren erhält man bei Anwendung des asymmetrischen Kollokationsansatzes aus Abschnitt 4.1. In diesem Fall haben der Approximant und seine Transformation mittels L die Gestalt

$$f^\gamma = \sum_{i=1}^m \alpha_i \Phi^\tau(\cdot, y_i) \quad \text{und} \quad Lf^\gamma = \sum_{i=1}^m \alpha_i L\Phi^\tau(\cdot, y_i).$$

Nach Definition der zu L gehörigen und von A unabhängigen Kollokationsmatrix

$$(N_{L,\Phi^\tau,Y})_{il} := (L\Phi^\tau(\cdot, y_i))(y_l), \quad i, l = 1, \ldots, m \tag{10.6}$$

ergibt sich analog zu oben mit Tikhonov-Regularisierung folgende Lösungsmethode.

Algorithmus 10.2. *(Feature-Rekonstruktion mit asymmetrischer TP-Methode)*

Gegeben: $X = \{x_1, \ldots, x_n\} \subset \Omega$, diskrete Daten g_X^δ.

Gesucht: Lf^*, wobei $f^* \in H$ Lsg. von $Af = g$ und $H = H^\tau(\Omega)$ mit Kern Φ^τ ist.

1. Wähle $Y = \{y_1, \ldots, y_m\} \subset \Omega$ und $\gamma, \mu > 0$.

2. a) Bestimme die Lösung $\alpha^{\gamma,\delta,Y}$ des LGS

$$(G_{N,A,\Phi^\tau,X,Y} + \gamma \Phi_Y)\alpha = N_{A,\Phi^\tau,X,Y} \, g_X^\delta.$$

  b) Berechne $(Lf^{\gamma,\delta,Y})_Y = N_{L,\Phi^\tau,Y} \, \alpha^{\gamma,\delta,Y}$.

  c) Bestimme die Lösung $\overline{\alpha}^{\gamma,\delta,Y,\mu}$ des LGS

$$(\Phi_Y^{\tau-\beta} + \mu I_m)\overline{\alpha} = (Lf^{\gamma,\delta,Y})_Y.$$

Ergebnis: $(Lf^{\gamma,\delta,Y})^\mu = \sum_{i=1}^{m} \overline{\alpha}_i^{\gamma,\delta,Y,\mu} \Phi^{\tau-\beta}(\cdot, y_i)$ *ist eine Approximation an* Lf^*.

Dieses Verfahren ist insofern besser zu kontrollieren, als lediglich die Anwendung von L auf den Kern Φ erforderlich ist, wodurch numerische Instabilität durch gezielte Kernwahl vermieden werden kann. Die Kreuzkollokationsmatrix aus (10.3) wird hier nicht benötigt.

Eine effektive Parameterstrategie für die Wahl von γ und μ wurde bereits in Kapitel 3 hergeleitet. Wir werden im folgenden Abschnitt nachweisen, dass Algorithmus 10.1 für $h := \max\{h_X, h_Y\}$ unter Verwendung der optimalen Parameter die Konvergenzordnung $\tau - \beta$ hat, falls $\tau - \beta > \frac{d}{2}$ ist, d.h. falls der Differentialoperator von der Lösung f^* noch mindestens $\frac{d}{2}$ an Sobolev-Glattheit erhält. Wie in Kapitel 4 gesehen, überträgt sich diese Konvergenz auf Algorithmus 10.2, falls f^* mit zunehmender Anzahl von Datenpunkten im Ansatzraum H_Y liegt. Gemäß Kapitel 5 erübrigt sich diese Einschränkung wieder, wenn zusätzlich der Operator A durch eine geeignete Quadraturformel diskretisiert wird.

10.2 Konvergenz und Saturation der TP-Verfahren

Wir analysieren in diesem Abschnitt das Fehlerverhalten für die Rekonstruktion aus Algorithmus 10.1 und beginnen mit der Situation exakter Daten. In den Schritten 2a) und 2b) wird die Berechnung von $(Lf^\gamma)_Y$ aus $(Af^*)_X$ bewerkstelligt. In Schritt 2c) wird nur noch Regression von $(Lf^\gamma)_Y$ zu $(Lf^\gamma)^{Y,\mu}$ durchgeführt, wobei wir ab jetzt auf die Kennzeichnung der Abhängigkeit von Y verzichten. Wir spalten daher den Rekonstruktionsfehler wie folgt auf:

$$\|Lf^* - (Lf^\gamma)^\mu\|_{H^{\tau-\beta}(\Omega)} \leq \|Lf^* - Lf^\gamma\|_{H^{\tau-\beta}(\Omega)} + \|Lf^\gamma - (Lf^\gamma)^\mu\|_{H^{\tau-\beta}(\Omega)}. \qquad (10.7)$$

Die Glättungsannahmen an die Operatoren gestatten folgende Abschätzungen:

$$c_1^{A,t}\|f\|_{H^t(\Omega)} \leq \|Af\|_{H^{t+\alpha}(\Omega)} \leq c_2^{A,t}\|f\|_{H^t(\Omega)}, \qquad (10.8)$$

$$\|Lf\|_{H^{t-\beta}(\Omega)} \leq c^{L,t}\|f\|_{H^t(\Omega)}. \qquad (10.9)$$

Schritt 2a) ermöglicht nach Korollar 3.9 für beliebiges $\gamma > 0$ die Fehlerabschätzung

$$\|f^* - f^\gamma\|_{H^\tau(\Omega)} \leq 2\|f^*\|_{H^\tau(\Omega)}. \qquad (10.10)$$

Mit (10.9) folgt daraus

$$\|Lf^* - Lf^\gamma\|_{H^{\tau-\beta}(\Omega)} \leq 2c^{L,\tau}\|f^*\|_{H^\tau(\Omega)}. \qquad (10.11)$$

Den Fehler in Schritt 2c) kann man ebenso unabhängig von μ abschätzen, da $(Lf^\gamma)_Y$ als exakter Datenvektor des Regressionsproblems aufgefasst werden kann. Mit Korollar 3.9, (10.9) und Lemma 3.10 erhalten wir

$$\begin{aligned}\|Lf^\gamma - (Lf^\gamma)^\mu\|_{H^{\tau-\beta}(\Omega)} &\leq 2\|Lf^\gamma\|_{H^{\tau-\beta}(\Omega)} \leq 2c^{L,\tau}\|f^\gamma\|_{H^\tau(\Omega)} \\ &\leq 2c^{L,\tau}\|f^*\|_{H^\tau(\Omega)}. \end{aligned} \qquad (10.12)$$

Die Ungleichungen (10.7), (10.11) und (10.12) ergeben zusammen

$$\|Lf^* - (Lf^\gamma)^\mu\|_{H^{\tau-\beta}(\Omega)} \leq 4c^{L,\tau}\|f^*\|_{H^\tau(\Omega)}. \qquad (10.13)$$

Den L_2-Fehler schätzen wir nun analog unter Verwendung der Sampling-Ungleichung aus Satz 2.11 ab und erhalten folgendes Resultat.

Satz 10.1. *(Konvergenz für exakte Daten)*
Es seien $h := \min\{h_X, h_Y\}$ hinreichend klein und $\tau > \beta + \frac{d}{2}$, $\alpha + \beta \leq \lfloor \alpha + \tau \rfloor$. Wählt man in Algorithmus 10.1

$$\gamma \simeq h_X^{2(\tau+\alpha)-d}, \quad \mu \simeq h_Y^{2(\tau-\beta)-d},$$

so erfüllt die Rekonstruktion $(Lf^\gamma)^\mu$ von Lf^* für exakte Daten g_X die Abschätzung

$$\|Lf^* - (Lf^\gamma)^\mu\|_{L_2(\Omega)} \leq Ch^{\tau-\beta}\|f^*\|_{H^\tau(\Omega)}.$$

Es liegt also Konvergenz der Ordnung $\tau - \beta$ vor.

Beweis. Wir beginnen mit einer Aufspaltung des L_2-Fehlers analog zu (10.7):

$$\|Lf^* - (Lf^\gamma)^\mu\|_{L_2(\Omega)} \leq \|Lf^* - Lf^\gamma\|_{L_2(\Omega)} + \|Lf^\gamma - (Lf^\gamma)^\mu\|_{L_2(\Omega)}. \tag{10.14}$$

Den ersten Summanden kann man mit (10.9) und anschließender Anwendung von (10.8) und Satz 2.11 wie folgt abschätzen:

$$\|Lf^* - Lf^\gamma\|_{L_2(\Omega)}$$
$$\leq c^{L,\beta}\|f^* - f^\gamma\|_{H^\beta(\Omega)} \leq \frac{c^{L,\beta}}{c_1^{A,\beta}}\|Af^* - Af^\gamma\|_{H^{\alpha+\beta}(\Omega)}$$
$$\leq C\left(h_X^{\theta-(\alpha+\beta)}\|Af^* - Af^\gamma\|_{H^\theta(\Omega)} + h_X^{\frac{d}{2}-(\alpha+\beta)}\|Af^* - Af^\gamma\|_{\ell_2(X)}\right).$$

Dabei haben wir in der Notation von Satz 2.11 $\sigma := \alpha + \beta$ gewählt und benötigen die Voraussetzungen $\theta > \frac{d}{2}$, $A(f^* - f^\gamma) \in H^\theta(\Omega)$ und $\sigma \in [0, \lfloor\theta\rfloor]$, die wir nach Wahl von θ nachprüfen werden. Mit der Glättungseigenschaft von A aus (10.8) und der Abschätzung des diskreten Bildfehlers aus Lemma 3.11 schließen wir zunächst

$$\|Lf^* - Lf^\gamma\|_{L_2(\Omega)} \leq C\left(h_X^{\theta-(\alpha+\beta)}c_2^{A,\theta}\|f^* - f^\gamma\|_{H^{\theta-\alpha}(\Omega)} + h_X^{\frac{d}{2}-(\alpha+\beta)}\frac{\sqrt{\gamma}}{2}\|f^*\|_{H^\tau(\Omega)}\right).$$

Wir setzen nun $\theta := \tau + \alpha$ und erhalten

$$\|Lf^* - Lf^\gamma\|_{L_2(\Omega)} \leq C\left(h_X^{\tau-\beta}c_2^{A,\tau+\alpha}\|f^* - f^\gamma\|_{H^\tau(\Omega)} + h_X^{\frac{d}{2}-(\alpha+\beta)}\frac{\sqrt{\gamma}}{2}\|f^*\|_{H^\tau(\Omega)}\right).$$

Die Voraussetzung $\theta = \tau + \alpha > \frac{d}{2}$ ist wegen $\tau > \frac{d}{2}$ automatisch erfüllt. Wegen $f^*, f^\gamma \in H^\tau(\Omega)$ liegt auch $A(f^* - f^\gamma)$ in $H^\theta(\Omega)$. Die letzte Bedingung

$$\sigma = \alpha + \beta \stackrel{!}{\in} [0, \lfloor\theta\rfloor] = [0, \lfloor\tau+\alpha\rfloor]$$

vereinfacht sich zu $\alpha + \beta \leq \lfloor\alpha + \tau\rfloor$. Wenden wir nun nochmals die Abschätzung des Urbildfehlers aus Korollar 3.9 an, und wählen wir $\gamma \simeq h_X^{2(\tau+\alpha)-d}$, so folgt für den ersten Summanden in (10.14)

$$\|Lf^* - Lf^\gamma\|_{L_2(\Omega)} \leq Ch_X^{\tau-\beta}\|f^*\|_{H^\tau(\Omega)}. \tag{10.15}$$

Zur Beschränkung des zweiten Summanden wenden wir Satz 2.11 mit $\sigma = 0$ an und erhalten für $\theta > \frac{d}{2}$ mit $Lf^\gamma - (Lf^\gamma)^\mu \in H^\theta(\Omega)$:

$$\|Lf^\gamma - (Lf^\gamma)^\mu\|_{L_2(\Omega)} \leq C\left(h_Y^\theta\|Lf^\gamma - (Lf^\gamma)^\mu\|_{H^\theta(\Omega)} + h_Y^{\frac{d}{2}}\|Lf^\gamma - (Lf^\gamma)^\mu\|_{\ell_2(X)}\right).$$

Nun setzen wir $\theta := \tau - \beta$, wodurch sich die Voraussetzungen zu $\tau > \beta + \frac{d}{2}$ vereinfachen. Der erste Term kann nun mit (10.12) abgeschätzt werden, für den zweiten Term steht wieder Korollar 3.9 zur Verfügung. Wir setzen ein und erhalten

$$\|Lf^\gamma - (Lf^\gamma)^\mu\|_{L_2(\Omega)} \leq C\left(h_Y^{\tau-\beta}2c^{L,\tau}\|f^*\|_{H^\tau(\Omega)} + h_Y^{\frac{d}{2}}\frac{\sqrt{\mu}}{2}\|Lf^\gamma\|_{H^{\tau-\beta}(\Omega)}\right).$$

Mit (10.9) und der Stabilitätsaussage aus Lemma 3.10 folgt

$$\|Lf^\gamma - (Lf^\gamma)^\mu\|_{L_2(\Omega)} \leq C\left(h_Y^{\tau-\beta} 2c^{L,\tau}\|f^*\|_{H^\tau(\Omega)} + h_Y^{\frac{d}{2}}\frac{\sqrt{\mu}}{2}c^{L,\tau}\|f^*\|_{H^\tau(\Omega)}\right).$$

Für $\mu \simeq h_Y^{2(\tau-\beta)-d}$ erhält man somit

$$\|Lf^\gamma - (Lf^\gamma)^\mu\|_{L_2(\Omega)} \leq Ch_Y^{\tau-\beta}\|f^*\|_{H^\tau(\Omega)}.$$

Insgesamt folgt für $\tau > \beta + \frac{d}{2}$, $\alpha + \beta \leq \lfloor \alpha + \tau \rfloor$ und $h := \min\{h_X, h_Y\}$ die Behauptung. □

Bemerkung 10.2. *Die Voraussetzung $\alpha + \beta \leq \lfloor \alpha + \tau \rfloor$ kann durch die stärkere Anforderung $\lfloor \tau \rfloor \geq \beta + 1$ ersetzt werden. Somit ist in den Voraussetzungen von Satz 10.1 zumeist die Forderung $\tau > \beta + \frac{d}{2}$ dominierend.*

Mit derselben Vorgehensweise wie in Satz 10.1 können wir auch eine L_2-Abschätzung für die Situation gestörter Daten herleiten. Wir werden im Folgenden zeigen, dass sich die zu erwartende Fehlerordnung $-(\alpha + \beta)$ ergibt, wenn die Daten aus X quasi-uniform sind. Dabei kann der Füllabstand der Daten aus Y beliebig klein sein, ohne dass dies die Fehlerordnung erhöht. Dies erklärt sich dadurch, dass $(Lf^\gamma)_Y$ als exakter Datenvektor des Regressionsproblems in Schritt 2c) von Algorithmus 10.1 angesehen werden kann. Selbstverständlich führt jedoch die Wahl sehr vieler Berechnungspunkte zu numerischen Problemen.

Satz 10.3. *(L_2-Fehlerabschätzung für gestörte Daten)*
Es seien $h := \min\{h_X, h_Y\}$ hinreichend klein und

$$\tau > \beta + \frac{d}{2}, \quad \alpha + \beta \leq \lfloor \alpha + \tau \rfloor.$$

Wählt man in Algorithmus 10.1

$$\gamma_c := \left(\frac{\delta}{2c\|f^*\|_{H^\tau(\Omega)}}\right)^2 n, \quad \mu \simeq h_Y^{2(\tau-\beta)-d}$$

mit $c > 0$, so erfüllt die Rekonstruktion $(Lf^{\gamma,\delta})^\mu$ von Lf^* für gestörte Daten g_X^δ bei quasi-uniformer Verteilung der Datenpunkte aus X die Abschätzung

$$\|Lf^* - (Lf^{\gamma,\delta})^\mu\|_{L_2(\Omega)} = \left(1 + \frac{1}{4c}\right)\delta\,\mathcal{O}\left(h_X^{-(\alpha+\beta)}\right).$$

Beweis. Wir gehen analog zum Fall exakter Daten vor. Zunächst garantiert die Parameterwahl für γ gemäß Korollar 3.9 die Urbildabschätzung

$$\|f^* - f^{\gamma,\delta}\|_{H^\tau(\Omega)} \leq (2+c)\|f^*\|_{H^\tau(\Omega)}, \tag{10.16}$$

was unter Verwendung von (10.9) auf die Abschätzung

$$\|Lf^* - Lf^{\gamma,\delta}\|_{H^{\tau-\beta}(\Omega)} \leq (2+c)c^{L,\tau}\|f^*\|_{H^\tau(\Omega)} \tag{10.17}$$

führt. Somit ist der in den Schritten 2a) und 2b) verursachte Fehler abgeschätzt. Für den Fehler in Schritt 2c) lässt sich wie im Fall exakter Daten die Ungleichung (10.12) verwenden, da $(Lf^{\gamma,\delta})_Y$ als exakter Datenvektor für das Regressionsproblem dient. Zusammen mit (10.17) ergibt sich in Analogie zu (10.13)

$$\|Lf^* - (Lf^{\gamma,\delta})^\mu\|_{H^{\tau-\beta}(\Omega)} \leq (4+c)c^{L,\tau}\|f^*\|_{H^\tau(\Omega)}. \tag{10.18}$$

Für die Herleitung einer L_2-Fehlerabschätzung betrachten wir wieder die beiden Einzelfehler gemäß (10.14), wobei in der Notation f^γ durch $f^{\gamma,\delta}$ zu ersetzen ist. Den ersten Term beschränken wir wie im Fall exakter Daten durch

$$\|Lf^* - Lf^{\gamma,\delta}\|_{L_2(\Omega)}$$
$$\leq C\left(h_X^{\theta-(\alpha+\beta)}\|Af^* - Af^{\gamma,\delta}\|_{H^\theta(\Omega)} + h_X^{\frac{d}{2}-(\alpha+\beta)}\|Af^* - Af^{\gamma,\delta}\|_{\ell_2(X)}\right).$$

Mit (10.8) und der Bildfehlerabschätzung für gestörte Daten aus Lemma 3.11 ergibt sich für die oben angegebene Parameterwahl von γ

$$\|Lf^* - Lf^{\gamma,\delta}\|_{L_2(\Omega)}$$
$$\leq C\left(h_X^{\theta-(\alpha+\beta)}c_2^{A,\theta}\|f^* - f^{\gamma,\delta}\|_{H^{\theta-\alpha}(\Omega)} + h_X^{\frac{d}{2}-(\alpha+\beta)}\left(1+\frac{1}{4c}\right)\delta\sqrt{n}\right).$$

Mit $\theta := \tau + \alpha$ und (10.16) vereinfacht sich dies zu

$$\|Lf^* - Lf^{\gamma,\delta}\|_{L_2(\Omega)}$$
$$\leq C\left(h_X^{\tau-\beta}c_2^{A,\tau+\alpha}(2+c)\|f^*\|_{H^\tau(\Omega)} + h_X^{\frac{d}{2}-(\alpha+\beta)}\left(1+\frac{1}{4c}\right)\delta\sqrt{n}\right). \tag{10.19}$$

Für den zweiten Term aus (10.14) gilt analog zum Fall exakter Daten

$$\|Lf^{\gamma,\delta} - (Lf^{\gamma,\delta})^\mu\|_{L_2(\Omega)}$$
$$\leq C\left(h_Y^{\tau-\beta}\|Lf^{\gamma,\delta} - (Lf^{\gamma,\delta})^\mu\|_{H^{\tau-\beta}(\Omega)} + h_Y^{\frac{d}{2}}\|Lf^{\gamma,\delta} - (Lf^{\gamma,\delta})^\mu\|_{\ell_2(X)}\right).$$

Für den ersten Summanden können wir wieder Korollar 3.9, (10.9) und die Stabilitätsaussage aus Lemma 3.10 benutzen, woraus

$$\|Lf^{\gamma,\delta} - (Lf^{\gamma,\delta})^\mu\|_{L_2(\Omega)}$$
$$\leq C\left(h_Y^{\tau-\beta}2(1+c)c^{L,\tau}\|f^*\|_{H^\tau(\Omega)} + h_Y^{\frac{d}{2}}\|Lf^{\gamma,\delta} - (Lf^{\gamma,\delta})^\mu\|_{\ell_2(X)}\right)$$

folgt. Den zweiten Summanden vereinfachen wir mit der Bildfehlerabschätzung für exakte Daten aus Lemma 3.11 sowie erneut (10.9) und Lemma 3.10, so dass wir

$$\|Lf^{\gamma,\delta} - (Lf^{\gamma,\delta})^\mu\|_{L_2(\Omega)}$$
$$\leq C\left(h_Y^{\tau-\beta}2(1+c)c^{L,\tau}\|f^*\|_{H^\tau(\Omega)} + h_Y^{\frac{d}{2}}c^{L,\tau}(1+c)\frac{\sqrt{\mu}}{2}\|f^*\|_{H^\tau(\Omega)}\right)$$

erhalten. Für $\mu \simeq h_Y^{2(\tau-\beta)-d}$ gilt also wie im Fall exakter Daten

$$\|Lf^{\gamma,\delta} - (Lf^{\gamma,\delta})^\mu\|_{L_2(\Omega)} \leq \tilde{C}h_Y^{\tau-\beta}\|f^*\|_{H^\tau(\Omega)}, \tag{10.20}$$

wobei sich nur die Konstante durch die abgeschwächte Form der Urbildstabilität geändert hat. Insgesamt folgt durch Zusammensetzen der beiden Einzelfehler gemäß (10.14) mit (10.19) und (10.20) für quasi-uniforme Daten die Behauptung. □

10.3 Approximative Inverse und Feature-Rekonstruktion

In diesem Abschnitt zeigen wir verschiedene Ansätze auf, um das Verfahren der Approximativen Inversen aus Kapitel 8 zur Feature-Rekonstruktion einsetzen zu können. Wir gehen zunächst wieder den Weg über eine implizite Lösung der Ausgangsgleichung, bevor wir uns mit der Möglichkeit einer direkten Einbeziehung des Operators L in den Rekonstruktionsprozess beschäftigen.

Verfolgen wir die erstgenannte Vorgehensweise, so muss wie in Kapitel 8 für das Ausgangsproblem $Af = g$ die diskrete Rekonstruktionskernmatrix $\psi_{X,Y}^{\gamma}$ und daraufhin im zweiten Schritt die Koeffizientenmatrix $M_{\psi,X,Y}^{\gamma,\mu,\eta}$ der Rekonstruktionskerne vorberechnet werden. Danach steht der Koeffizientenvektor $M_{\psi,X,Y}^{\gamma,\mu,\eta} g_X$ der Approximation an f^* in der Darstellung $\{\Phi^\tau(\cdot, y_k) \mid k = 1, \ldots, m\}$ zur Verfügung. Dieser kann nun wie in Algorithmus 10.2 mittels der asymmetrischen Kollokationsmatrix zu L transformiert werden, um eine auf Y diskretisierte Approximation an Lf^* zu berechnen. Damit ergibt sich direkt das folgende Verfahren zur Bestimmung einer diskreten Näherung des gesuchten Features.

Algorithmus 10.3. *(Approximative Inverse zur Feature-Rekonstruktion I)*

Gegeben: $X = \{x_1, \ldots, x_n\} \subset \Omega$, diskrete Daten g_X^δ.

Gesucht: Lf^*, wobei $f^* \in H$ Lsg. von $Af = g$ und $H = H^\tau(\Omega)$ mit Kern Φ^τ ist.

1. *Wähle $Y = \{y_1, \ldots, y_m\} \subset \Omega$, $\gamma, \mu, \eta > 0$ und $e \approx \Phi^\tau$ bzw. $e = \Phi^\tau$, berechne die Kollokationsmatrizen wie in Algorithmus 8.2.*

2. *Bestimme den diskreten Rekonstruktionskern durch Lösung des LGS*

$$(M_{A,\Phi^\tau,X} + \gamma I_n)\psi_{X,Y}^{\gamma} = N_{A,e,X,Y}^T.$$

3. *Bestimme die Matrix der Koeffizientenvektoren der Rekonstruktionskerne in der Basis $\{\Phi^\tau(\cdot, y_k) \mid k = 1, \ldots, m\}$ durch Lösung des LGS*

$$(G_{\Phi^\tau,Y} + \mu \Phi_Y^\tau + \eta I_m) M_{\psi,X,Y}^{\gamma,\mu,\eta} = \Phi_Y^\tau \left(\psi_{X,Y}^{\gamma}\right)^T.$$

Ergebnis: $(Lf^{\gamma,\mu,\eta})_Y = N_{L,\Phi^\tau,X,Y} M_{\psi,X,Y}^{\gamma,\mu,\eta} g_X^\delta$ *ist eine Approximation an* $(Lf^*)_Y$.

Eine kontinuierliche Approximation an Lf^* kann man durch zusätzliche Regression mit den ermittelten Werten $(Lf^{\gamma,\mu,\eta})_Y$ unter Verwendung des Kerns $\Phi^{\tau-\beta}$ berechnen. Zieht man dazu wieder das Verfahren der Approximativen Inversen heran, so sind zwei weitere Vorberechnungsschritte notwendig. Der Einfachheit halber wählen wir im Folgenden die zusätzlich frei wählbare Auswertdatenmenge wieder als Y. Die Vorberechnung der vom Operator A unabhängigen, zusätzlichen Rekonstruktionskernmatrix und der entsprechenden Koeffizientenmatrix erlaubt dann nach Abschluss aller Präkalkulationsschritte eine direkte Berechnung des Koeffizientenvektors des kontinuierlichen Approximanten an Lf^* mit einem Aufwand von $(n^2 + m^2)$. Das zusammengesetzte Verfahren schreibt sich wie folgt.

Algorithmus 10.4. *(Approximative Inverse zur Feature-Rekonstruktion II)*

Gegeben: $X = \{x_1, \ldots, x_n\} \subset \Omega$, diskrete Daten g_X^δ.

Gesucht: Lf^*, wobei $f^* \in H$ Lsg. von $Af = g$ und $H = H^\tau(\Omega)$ mit Kern Φ^τ ist.

1. Wähle $Y = \{y_1, \ldots, y_m\} \subset \Omega$, $\gamma_1, \mu_1, \eta_1, \gamma_2, \mu_2, \eta_2 > 0$ und $e \approx \Phi^\tau$ bzw. $e = \Phi^\tau$, berechne die Kollokationsmatrizen wie in Algorithmus 8.2.

2. Bestimme den diskreten Rekonstruktionskern durch Lösung des LGS
$$(M_{A,\Phi^\tau,X} + \gamma_1 I_n)\psi_{X,Y}^{\gamma_1} = N_{A,e,X,Y}^T.$$

3. Bestimme die Matrix der Koeffizientenvektoren der Rekonstruktionskerne in der Basis $\{\Phi^\tau(\cdot, y_k) \mid k = 1, \ldots, m\}$ durch Lösung des LGS
$$(G_{\Phi^\tau,Y} + \mu_1 \Phi_Y^\tau + \eta_1 I_m) M_{\psi,X,Y}^{\gamma_1,\mu_1,\eta_1} = \Phi_Y^\tau \left(\psi_{X,Y}^{\gamma_1}\right)^T.$$

4. Bestimme den zweiten diskreten Rekonstruktionskern durch Lösung des LGS
$$(\Phi_Y^{\tau-\beta} + \gamma_2 I_m)\Psi_Y^{\gamma_2} = \Phi_Y^{\tau-\beta}.$$

5. Bestimme die zweite Koeffizientenmatrix durch Lösung des LGS
$$(G_{\Phi^{\tau-\beta},Y} + \mu_2 \Phi_Y^{\tau-\beta} + \eta_2 I_m) M_{\Psi,Y}^{\gamma_2,\mu_2,\eta_2} = \Phi_Y^{\tau-\beta}\Psi_Y^{\gamma_2}.$$

Ergebnis: $(Lf^{\gamma_1,\mu_1,\eta_1})^{\gamma_2,\mu_2,\eta_2} = \sum_{k=1}^{m} (M_{\Psi,Y}^{\gamma_2,\mu_2,\eta_2} N_{L,\Phi^\tau,X,Y} M_{\psi,X,Y}^{\gamma_1,\mu_1,\eta_1} g_X^\delta)_k \Phi^{\tau-\beta}(\cdot, y_k) \approx Lf^*$.

Am Ergebnis sieht man, dass sich die Matrix zur direkten Berechnung der Koeffizienten einer Approximation an Lf^* in der Darstellung $\{\Phi^{\tau-\beta}(\cdot, y_k) \mid k = 1, \ldots, m\}$ durch Multiplikation an den Datenvektor als $M_{\Psi,Y}^{\gamma_2,\mu_2,\eta_2} N_{L,\Phi^\tau,X,Y} M_{\psi,X,Y}^{\gamma_1,\mu_1,\eta_1}$ ergibt. Obwohl also nur diskrete Daten von Af^* zur Verfügung stehen, kann nach Abschluss der vier Präkalkulationsschritte in Algorithmus 10.4 eine kontinuierliche Approximation an Lf^* schnell berechnet werden.

Nachdem wir nun die Vorgehensweise zur Feature-Rekonstruktion durch implizite Lösung der Ausgangsgleichung für das in dieser Arbeit eingeführte Verfahren der Approximativen Inversen übertragen haben, gehen wir noch auf die Möglichkeit ein, den Auswertoperator direkt in den Rekonstruktionsprozess zu integrieren. In [57] wurde von Louis im allgemeinen Hilbertraumfall gezeigt, wie der Operator L zur Ermittlung eines angepassten Rekonstruktionskerns einbezogen werden kann. Als Grundlage dient die Modifikation der zur Inversion von A mittels Approximativer Inverser verwendeten Gleichung $A^*\psi^\gamma(\cdot, x) = e^\gamma(\cdot, x)$ aus (2.14) zu

$$A^*\psi^\gamma(\cdot, x) = L^* e^\gamma(\cdot, x). \tag{10.21}$$

Wir adaptieren im Folgenden die dort angewandte Strategie. Statt den Gleichungen (8.25) betrachten wir nun das für den Urbildkern $e = \Phi^{\tau-\beta}$ unter Beschränkung auf eine Auswertmenge Y aus (10.21) resultierende System

$$A_X^* \psi(\cdot, y_k) = L^* \Phi^{\tau-\beta}(\cdot, y_k), \quad k = 1, \ldots, m, \tag{10.22}$$

wobei der adjungierte Operator $L^* : H^{\tau-\beta}(\Omega) \to H^\tau(\Omega)$ im Vorfeld bestimmt werden muss. Für $k = 1, \ldots, m$ folgt dann

$$\begin{aligned}(Lf)(y_k) &= \left\langle Lf, \Phi^{\tau-\beta}(\cdot, y_k)\right\rangle_{H^{\tau-\beta}(\Omega)} = \left\langle f, L^*\Phi^{\tau-\beta}(\cdot, y_k)\right\rangle_{H^\tau(\Omega)} \\ &= \left\langle f, A_X^* \psi(\cdot, y_k)\right\rangle_{H^\tau(\Omega)} = \left\langle A_X f, \psi_{y_k}\right\rangle_{\ell_2(\mathbb{R}^n)} \\ &= \left\langle g_X, \psi_{y_k}\right\rangle_{\ell_2(\mathbb{R}^n)},\end{aligned}$$

woraus sich durch Zusammenfassen der Gleichungen

$$(Lf)_Y = \psi_{X,Y}^T \, g_X \tag{10.23}$$

ergibt. Bei Kenntnis des kontinuierlichen Operators $L^* : H^{\tau-\beta}(\Omega) \to H^\tau(\Omega)$ kann also nach einem Präkalkulationsschritt eine diskrete Version des gesuchten Features ermittelt werden. Eine Approximative Inverse zur Regression in $H^{\tau-\beta}(\Omega)$ liefert dann eine kontinuierliche Approximation an Lf^*.

Eine weitere Möglichkeit bietet sich bei speziellen Integralgleichungen. Da L als Differentialoperator vorausgesetzt wurde, kann die Ausgangsgleichung für geeignete Integralkerne mit partieller Integration umgeschrieben werden, um eine neue Gleichung für das gesuchte Feature Lf aufzustellen. Wir verdeutlichen dies am Beispiel $\Omega = [a,b]$ und $Lf = f'$. Nehmen wir an, dass alle betrachteten Funktionen die Nullrandbedingungen $f(a) = f(b) = 0$ erfüllen und der Kern das Abklingverhalten $\lim_{t \to -\infty} k(x,t) = 0$ besitzt, so kann man den Operator in die Form

$$Af(x) = \int_a^b k(x,t)\, f(t)\, dt = \int_a^b \tilde{k}(x,t)\, f'(t)\, dt =: \tilde{A}f'(x) \tag{10.24}$$

bringen, wobei

$$\tilde{k}(x,t) := -\int_{-\infty}^t k(x,s)\, ds \tag{10.25}$$

ist. Somit lässt sich die Ausgangsgleichung $Af = g$ in eine Gleichung für f' mit unveränderter rechter Seite g transformieren. Betrachtet man den normierten Kern

$$k(x,t) = \frac{1}{2} e^{-|x-t|}, \tag{10.26}$$

so ergibt sich

$$\tilde{k}(x,t) = \begin{cases} \frac{1}{2} e^{x-t} - 1 & , x < t \\ -\frac{1}{2} e^{-x+t} & , x \geq t \end{cases}. \tag{10.27}$$

Für den normierten Gaußkern

$$k(x,t) = \frac{1}{\sqrt{2\pi}} e^{-\frac{1}{2}(x-t)^2} \tag{10.28}$$

erhält man hingegen

$$\tilde{k}(x,t) = -F_{0,1}(t-x) = -\frac{1}{2} + \frac{1}{2}\operatorname{erf}\left(\frac{x-t}{\sqrt{2}}\right), \tag{10.29}$$

wobei F_{μ,σ^2} die Verteilungsfunktion der Gauß'schen Normalverteilung mit Erwartungswert μ und Varianz σ^2 ist, und die Error-Funktion wie gewohnt definiert ist:

$$\operatorname{erf}(x) = \frac{2}{\sqrt{\pi}} \int_0^x e^{-t^2}\, dt.$$

10.4 Numerische Beispiele

Beispiel 10.4. *Wir wählen* $\Omega = [0, 2]$ *und betrachten den Integraloperator*

$$Af(x) = \int_\Omega k(x,t)\, f(t)\, dt,$$

wobei k der normierte Gaußkern aus (10.28) ist. Wir interessieren uns für die Ableitung der Lösung $f^*(x) = x^3(2-x)^4$ aus gestörten diskreten Daten, und wählen demzufolge $Lf = f'$. Weiter gehen wir von $n = 400$ äquidistanten Datenpunkten aus und stören die Funktionswerte durch gleichverteiltes Rauschen mit $\delta = 0.003$. Wir verwenden den mittels Simpson-Regel approximierten Operator A^w und benutzen als Lösungsverfahren die TP-Methode mit zusätzlicher Beschränkung des Koeffizientenvektors aus (8.17) mit der Auswertmenge $Y = X$.

Als Erstes betrachten wir das Verfahren für die Ausgangsgleichung, in dem das LGS

$$\left(G_{N,A^w,\Phi,X} + \gamma \Phi_X + \eta I_n\right) \alpha = N_{A^w,\Phi,X}\, g_X$$

zu lösen ist, und aus dem der Approximant $f^{\gamma,\eta} = \sum_{i=1}^n \alpha_i^{\gamma,\eta} \Phi(\cdot, x_i)$ resultiert. Die Kollokationsmatrix zu L aus (10.6) ergibt sich als

$$(N_{L,\Phi,X})_{ij} = \left(\frac{\partial \Phi}{\partial x}\right)(x_i, x_j), \quad i,j = 1,\ldots, n,$$

wobei wir vom Wendlandkern $\phi_{1,2}$ Gebrauch machen. Die diskretisierte Ableitung der Rekonstruktion kann dann durch $(Lf^{\gamma,\eta})_X = N_{L,\Phi,X}\, \alpha^{\gamma,\eta}$ berechnet werden.

Die modifizierte Integralgleichung $\widetilde{A}f' = g$ erhält man mit dem Operator $\widetilde{A}$ aus (10.24) und der Kernfunktion $\widetilde{k}$ aus (10.29). Da im vorherigen Verfahren durch Ableiten des Kerns eine Differenzierbarkeitsordnung verloren geht, ziehen wir für die modifizierte Gleichung den Wendlandkern $\widetilde{\phi} = \phi_{1,1}$ heran. Entsprechend ergibt sich das LGS

$$\left(G_{N,\widetilde{A}^w,\widetilde{\Phi},X} + \gamma \widetilde{\Phi}_X + \eta I_n\right) \widetilde{\alpha} = N_{\widetilde{A}^w,\widetilde{\Phi},X}\, g_X^\delta$$

für den Koeffizientenvektor, wodurch die Approximation

$$(f')^{\gamma,\eta} = \sum_{i=1}^n \widetilde{\alpha}_i^{\gamma,\eta} \widetilde{\Phi}(\cdot, x_i).$$

an die Ableitung von f^* resultiert. Bei Lösung der Ausgangsgleichung erweisen sich $\gamma = 10^{-5}$ und $\eta = 10^{-3}$ als gute Wahl, für die modifizierte Gleichung genügen bereits die Parameter $\gamma = 10^{-7}$ und $\eta = 10^{-5}$.

Die diskreten Daten und die Rekonstruktionen sind in Abb. 10.1,a - 10.1,c dargestellt. Man sieht, dass durch die Modifikation der Ausgangsgleichung eine leicht bessere Approximation als durch das direkte Verfahren erreicht wurde. Ein Grund dafür könnte darin liegen, dass die Stabilität bezüglich der Basisdarstellung von der jeweils zu rekonstruierenden Funktion abhängt. Wie Abb. 10.1,d deutlich macht, reflektiert der Koeffizientenvektor im direkten Verfahren mit nachträglichem Ableiten die Gestalt von f^*, wogegen im modifizierten Verfahren die Form von Lf^* erkennbar ist. Nichtsdestotrotz liefert auch das in allgemeineren Situationen einsetzbare Verfahren mit impliziter Lösung der Ausgangsgleichung ein gutes Ergebnis.

In den Abbildungen 10.1,e - 10.1,f sind die Kollokationsmatrix zu L sowie der modifizierte Integralkern veranschaulicht. Insbesondere ist erwähnenswert, dass die Radialität des Ursprungskerns durch das Abändern der Ausgangsgleichung verloren geht. Zusammen mit der Tatsache, dass die Kollokationsmatrizen zu L bei asymmetrischer Kollokation unabhängig vom Operator A vorberechnet werden können, legt dies bei komplexeren Problemen die Verwendung des direkten Verfahrens nahe.

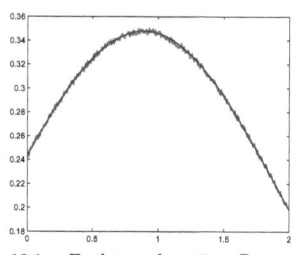

10.1,a: Exakte und gestörte Daten.

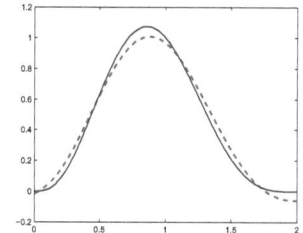

10.1,b: Rekonstruktion von f^* mit direktem TP-Verfahren (gestrichelt).

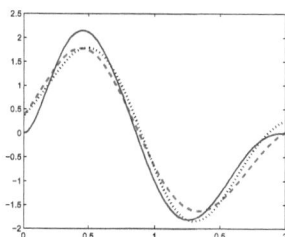

10.1,c: Rekonstruktion von Lf^* mit TP-Verfahren bei direktem Ansatz (gestrichelt) und über die mod. Gleichung (gepunktet).

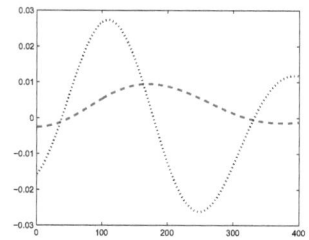

10.1,d: Koeffizienten im TP-Verfahren bei direktem Ansatz (gestrichelt) und über die modifizierte Gleichung (gepunktet).

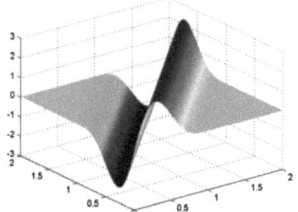

10.1,e: Kollokationsmatrix $N_{L,\Phi,X}$.

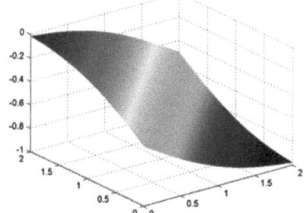

10.1,f: Modifizierter Integralkern $\widetilde{k}$.

Abbildung 10.1: Feature-Rekonstruktion in Beispiel 10.4.

Abschließend greifen wir Beispiel 7.3 wieder auf, um aus verwischten Daten des Cameraman-Testbildes direkt partielle Ableitungen zu rekonstruieren. Als reproduzierenden Kern wählen wir eine Gaußfunktion, was verdeutlicht, dass die Anwendbarkeit der hergeleiteten Verfahren nicht auf Soboleväume beschränkt ist.

Beispiel 10.5. *Wir benutzen die in Beispiel 7.3 eingeführte Zerlegung der Eins zur Aufspaltung des (256×256)-Ausgangsbildes in überlappende Teilbilder der Größe (32×32), die eine Aufteilung der Datenpunkte in $X_1, \ldots, X_{225}$ induziert. Zur Lösung der lokalen Probleme verwenden wir Algorithmus 10.3. Die Approximative Inverse wird also für das Ausgangsproblem vorberechnet, und die interessierenden Ableitungen werden durch Anwendung auf den Ansatzkern bestimmt.*

Wir betrachten erneut die mit dem Kern $k_s(r) = \frac{1}{2\pi} s^{-2} e^{-r/s}$ verwischten Daten zum Skalierungsparameter $s = \frac{1}{128}$, benutzen diesmal jedoch als Ansatzfunktion den mit $s = \frac{1}{768}$ skalierten Gaußkern

$$\Phi_s(x, y) = e^{-\frac{1}{2s^2}((x_1-y_1)^2 + (x_2-y_2)^2)}.$$

Wir interessieren uns für die Auswertoperatoren

$$L_1 := \frac{\partial}{\partial x_1}, \quad L_2 := \frac{\partial}{\partial x_2} \quad \text{und} \quad L_3 := \Delta = \frac{\partial^2}{\partial x_1^2} + \frac{\partial^2}{\partial x_2^2}.$$

Die benötigten Ableitungen von Φ_s werden ermittelt als

$$\begin{aligned}
\frac{\partial \Phi_s}{\partial x_1} &= s^{-2}(y_1 - x_1)\Phi_s(x,y), \\
\frac{\partial \Phi_s}{\partial x_2} &= s^{-2}(y_2 - x_2)\Phi_s(x,y), \\
\frac{\partial^2 \Phi_s}{\partial x_1^2} &= s^{-2}\left[(y_1 - x_1)\frac{\partial \Phi_s}{\partial x_1}(x,y) - \Phi_s(x,y)\right], \\
\frac{\partial^2 \Phi_s}{\partial x_2^2} &= s^{-2}\left[(y_2 - x_2)\frac{\partial \Phi_s}{\partial x_2}(x,y) - \Phi_s(x,y)\right].
\end{aligned}$$

Da der Faktor s^{-2} sowohl in den ersten als auch in den zweiten partiellen Ableitungen auftaucht, ist es numerisch vorteilhaft, $s^2 \left(\frac{\partial^2}{\partial x_1^2} + \frac{\partial^2}{\partial x_2^2} \right)$ statt des Laplace-Operators zu rekonstruieren. Die lokalen asymmetrischen Kollokationsmatrizen zu L können nun gemäß (10.6) für die interessierenden Operatoren auf der ersten Partitionsmenge $Y := X_1$ bestimmt werden.

Zur Vorberechnung der Koeffizientenmatrix $M_{\psi,X_1}^{\gamma,\mu,\eta}$ der lokalen Approximativen Inversen auf der ersten Partitionsmenge wählen wir wie in Beispiel 8.5 die Parameter $\gamma = 10^{-6}$, $\mu = 10^{-6}$, $\eta = 10^{-5}$. Für die Auswertoperatoren L_i, $i = 1, 2, 3$ sind dann alle lokalen Approximanten durch

$$(L_i f^{\gamma,\mu,\eta})_{X_j} = N_{L_i,\Phi,X_1} M_{\psi,X_1}^{\gamma,\mu,\eta} g_{X_j}, \quad j = 1, \ldots, 225$$

gegeben. Diese werden nun mit der Zerlegung der Eins zu globalen Approximationen der jeweiligen Transformation des unbekannten Ausgangsbildes zusammengesetzt, und wir erhalten die in Abb. 10.2 dargestellten Ergebnisse. Im Fall gestörter Daten ist natürlich eine stärkere Regularisierung zur Berechnung der lokalen Approximativen Inversen notwendig. Für gleichverteiltes Rauschen der Größe $\delta = 0.01$ bzw. $\delta = 0.02$ erhält man mit den Parametern $\gamma = 0.01$, $\mu = 0.01$ und $\eta = 0.1$ die in Abb. 10.3 veranschaulichten Rekonstruktionen.

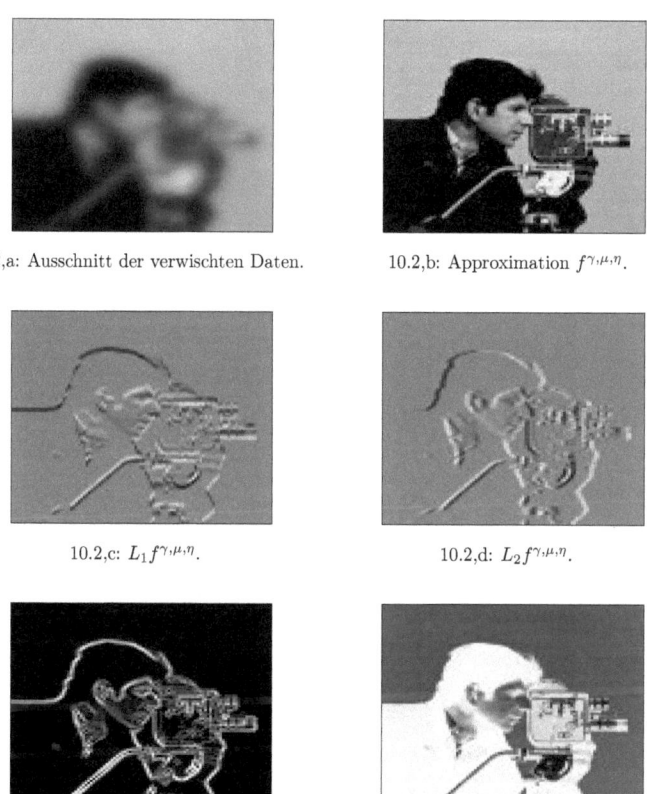

10.2,a: Ausschnitt der verwischten Daten. 10.2,b: Approximation $f^{\gamma,\mu,\eta}$.

10.2,c: $L_1 f^{\gamma,\mu,\eta}$. 10.2,d: $L_2 f^{\gamma,\mu,\eta}$.

10.2,e: $|L_1 f^{\gamma,\mu,\eta}| + |L_2 f^{\gamma,\mu,\eta}|$. 10.2,f: $\Delta f^{\gamma,\mu,\eta}$.

Abbildung 10.2: Feature-Rekonstruktion für das mit $e^{-r/s}$ und $s = \frac{1}{128}$ verwischte Cameraman-Testbild mittels Zerlegung der Eins und lokaler AI in Beispiel 10.5.

10.3,a: Ausschnitt der verwischten und mit $\delta = 0.01$ gestörten Daten.

10.3,b: Approximation $f^{\gamma,\mu,\eta}$ für $\delta = 0.01$.

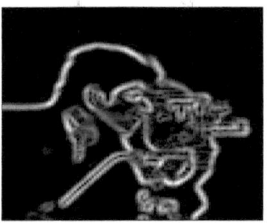 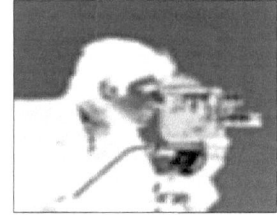

10.3,c: $|L_1 f^{\gamma,\mu,\eta}| + |L_2 f^{\gamma,\mu,\eta}|$ für $\delta = 0.01$.

10.3,d: $\Delta f^{\gamma,\mu,\eta}$ für $\delta = 0.01$.

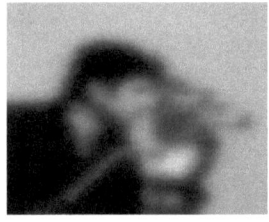 

10.3,e: Ausschnitt der verwischten und mit $\delta = 0.02$ gestörten Daten.

10.3,f: Approximation $f^{\gamma,\mu,\eta}$ für $\delta = 0.02$.

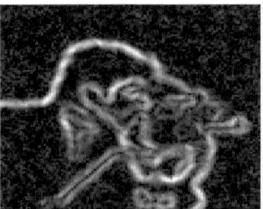 

10.3,g: $|L_1 f^{\gamma,\mu,\eta}| + |L_2 f^{\gamma,\mu,\eta}|$ für $\delta = 0.02$.

10.3,h: $\Delta f^{\gamma,\mu,\eta}$ für $\delta = 0.02$.

Abbildung 10.3: Feature-Rekonstruktion für das mit $e^{-r/s}$ und $s = \frac{1}{128}$ verwischte und durch gleichverteiltes Rauschen mit $\delta = 0.01$ bzw. $\delta = 0.02$ gestörte Cameraman-Testbild mittels Zerlegung der Eins und lokaler AI in Beispiel 10.5.

Fazit und Ausblick

In dieser Arbeit wurden unterschiedliche Verfahren zur numerischen Lösung von Integralgleichungen hergeleitet und miteinander in Verbindung gebracht. Diese verwenden ein semidiskretes Modell und nutzen die spezielle Struktur von Hilberträumen mit reproduzierendem Kern aus.

Nach Einführung in die Thematik und Bereitstellung der Grundlagen wurde in Kapitel 3 eingehend ein TP-Verfahren behandelt. Mittels expliziter Sobolev-Fehlerabschätzungen konnte Konvergenz im Fall exakter Daten sichergestellt werden. Im Fall gestörter Daten gelang es, geeignete Parameterwahlen für unterschiedliche Fehlermodelle anzugeben. Desweiteren wurde die Einbeziehung von Randinformationen erörtert.

Anschließend wurden in Kapitel 4 SVR-Methoden zur Lösung von Integralgleichungen adaptiert. Die Vernachlässigung kleiner Datenfehler durch einen zusätzlichen Abschneideparameter in der Zielfunktion führte in Kombination mit der Projektion auf einen Unterraum zu quadratischen Programmen. Die Garantie von Stabilität mit Hilfe dieses neuen Parameters stellte sich als vorteilhaft heraus, was sowohl Fehlerabschätzungen mit gekoppelten Parameterstrategien als auch numerische Tests verdeutlichten. In Kapitel 5 wurde die Fehlertheorie durch eine zusätzliche Diskretisierung des Operators vervollständigt, was außerdem den Vorteil der einfachen Berechenbarkeit aller benötigten Matrizen mit sich bringt. Als nachteilig bei den SVR-Verfahren erwies sich lediglich der erhöhte numerische Aufwand zur Lösung quadratischer Programme im Vergleich zu den bei TP-Regularisierung auftretenden Gleichungssystemen.

Vor der Untersuchung weiterer Rekonstruktionsverfahren wurden zwei angrenzende Themengebiete beleuchtet. In Kapitel 6 stand eine Methode zur Datenvorglättung durch Faltung mit approximativen Einheiten im Fokus. Eine optimale Strategie zur Fehlerdämpfung ließ sich für Sobolevkerne durch angepasste Skalierung herleiten. In Kapitel 7 wurde am Beispiel von Blurring-Operatoren demonstriert, dass eine starke Beschleunigung des Rekonstruktionsprozesses durch Zerlegung der Eins erreicht werden kann. Für nichtlokalisierende Integraloperatoren ermöglichte dies zumindest eine Reduktion des numerischen Aufwands, und der globale Approximationsfehler blieb auch in dieser Situation durch die lokalen Fehler beschränkt.

Kapitel 8 beschäftigte sich mit der Adaption des Verfahrens der Approximativen Inversen auf Hilberträume mit reproduzierendem Kern. Es wurde erarbeitet, wie in zwei Schritten ein datenunabhängiger Rekonstruktionskern vorberechnet werden kann, der im Anschluss die schnelle

Approximation gesuchter Funktionen für unterschiedliche diskrete Daten zulässt. Insbesondere in Kombination mit einer Zerlegung der Eins erwies sich dies für Blurring-Operatoren als hilfreich, da ein im Voraus ermittelter Rekonstruktionskern die effiziente Berechnung aller lokalen Approximanten erlaubt. Außerdem wurde anhand der TP-Methode belegt, dass die Qualität des zu Grunde liegenden Approximationsverfahrens erhalten bleibt.

Kapitel 9 erbrachte den Nachweis, dass auch iterative Methoden wie Landweber- und CG-Verfahren im semi-diskreten Modell effizient eingesetzt werden können. Es wurde gezeigt, wie die Einbeziehung einer Approximativen Inversen zur Regression die Erzeugung einer kontinuierlichen Approximation aus diskreten Daten gestattet, obwohl jeder Iterationsschritt nur Matrix-Vektor-Multiplikationen erfordert. Schließlich stand in Kapitel 10 das allgemeinere Problem der Feature-Rekonstruktion im Blickpunkt, bei dem die Verwendung einer Approximativen Inversen untersucht und unterschiedliche Wege zur expliziten bzw. impliziten Integration des Auswertoperators in den Rekonstruktionsprozess erläutert wurden. Wie auch in allen vorhergehenden Kapiteln bestätigten numerische Experimente die theoretischen Überlegungen.

Das zu Grunde gelegte semi-diskrete Modell bewährte sich in vielerlei Hinsicht. So konnten trotz der realistischen Annahme diskreter Messwerte unterschiedliche Datenfehlertypen leicht berücksichtigt werden. Durch die Beschränkung auf Hilberträume mit reproduzierendem Kern kommen zudem alle resultierenden Verfahren mit der Vorwärtsanwendung des betrachteten Operators aus, insbesondere erübrigt sich also die Berechnung des kontinuierlichen Adjungierten. Ebenso konnten Normierungsbedingungen dank des Funktionalansatzes direkt einbezogen werden. Die Einarbeitung von Positivitätsrestriktionen ist dagegen verfahrensabhängig, jedoch in quadratischen Programmen ohne Schwierigkeiten möglich. Dies unterstreicht die Flexibilität der SVR-Methoden und legt die Ausnutzung dieses Freiraums durch weitere Modifikationen der Zielfunktion nahe. Beispielsweise ist eine Verwendung der ℓ_1-Norm des Koeffizientenvektors und des Gradienten ∇f im Regularisierungsterm, wie in der Bildverarbeitung üblich, umsetzbar.

Auch die Entwicklung spezieller Löser für die eingeführten quadratischen Programme zur Verbesserung der praktischen Anwendbarkeit ist von Interesse. Ein großer Geschwindigkeitsgewinn kann allerdings bereits durch geschickte Startpunktwahl analog zu Beispiel 9.7 zustande gebracht werden. So bietet sich die Vorberechnung einer Approximativen Inversen zur Bestimmung eines Startkoeffizientenvektors an, um die SVR-Algorithmen nur noch zur Nachiteration zu gebrauchen.

Ein weiterer Anknüpfungspunkt ist die Adaption der hergeleiteten Verfahren auf andere Problemfelder. So können beispielsweise die SVR-Verfahren zur Lösung partieller Differentialgleichungen abgewandelt werden. Dank der Lokalisierungseigenschaft von Differentialoperatoren kommen auch in dieser Situation die Vorteile einer Aufspaltung mittels Zerlegung der Eins voll zum Tragen. Desweiteren ist die Anwendung der SVR-Methoden auf nichtlineare Probleme ein spannendes Thema zukünftiger Forschung.

Neben den Ansätzen, die auf quadratischer Programmierung basieren, verdient eine Reihe weiterer Aspekte eine genauere Untersuchung. Zum einen beschränkte sich diese Arbeit auf positiv definite radiale Basisfunktionen. Eine Erweiterung auf positiv semidefinite Funktionen wie die Multiquadric-Kerne ist zum Beispiel für das TP-Verfahren ohne Weiteres durchführbar. Zum anderen stellt sich die Frage einer optimalen Kernskalierung, die jedoch bereits im Regressionsfall nicht zufriedenstellend geklärt ist. Die Umsetzung von Multiskalenverfahren ist vom numerischen Standpunkt aus einfach zu bewerkstelligen, allerdings erschwert dies die Fehlertheorie enorm.

Weiterhin wurden in dieser Arbeit stets mäßig schlecht gestellte Probleme behandelt. Eine offene Frage ist daher, ob die zur Verfügung gestellte L_2-Theorie auf exponentiell schlecht gestellte Probleme übertragen werden kann. Zudem setzen die hergeleiteten a-priori-Parameterwahlen die Kenntnis einer Information über die Glattheit der gesuchten Funktion voraus. Eine Anpassung von a-posteriori-Strategien auf das semi-diskrete Modell könnte sich insofern als hilfreich erweisen. Auch die in Abschnitt 3.5 vorgestellte Idee zur Einbeziehung von Randinformationen verdient weitere Aufmerksamkeit. Eine Übertragung auf Fredholm-Operatoren ist auf verschiedene Arten denkbar und sollte im Hinblick auf höhere Raumdimensionen analysiert werden, da dort der Interpolationsschritt näher zu spezifizieren ist.

Ein anderer interessanter Aspekt ist die Verteilung der Datenpunkte. Zwar ist die Verwendung aller betrachteten Verfahren für beliebig verstreute Daten möglich, jedoch bereiten sowohl Fehlerabschätzungen als auch numerische Tests bei nicht quasi-uniformer Verteilung Probleme. Daher könnten in dieser Situation Punktauswahlverfahren herangezogen werden, um Punkte mit „nützlicher" Information zu identifizieren und Redundanz zu vermeiden. Typische Vertreter dieser Verfahren sind sogenannte Greedy-Methoden, deren Anwendung sich im Bildbereich des Operators anbietet. Auch die Kopplung eines Regressionsschritts mit einer für Netzdaten vorberechneten Approximativen Inversen zur Operatorinversion ist zu erwägen.

Schließlich sind in der konkreten Anwendung eventuell weitere Vorberechnungen sinnvoll. Beispielsweise bei der Feature-Rekonstruktion in Kapitel 10 könnte geprüft werden, ob man von der Kenntnis des kontinuierlichen Adjungierten des Auswertoperators zwischen Sobolevräumen profitieren kann.

Zusammenfassend wurde eine Reihe praxisrelevanter Algorithmen zur numerischen Lösung von Integralgleichungen eingeführt und studiert. Insbesondere die SVR-Methoden und das Verfahren der semi-diskreten Approximativen Inversen erwiesen sich als vielseitig einsetzbar. Durch genaue Fehleranalysen wurden außerdem zahlreiche Zusammenhänge aufgezeigt, die für zukünftige Forschung im Bereich der inversen Probleme relevant sind.

Abbildungsverzeichnis

3.1 Diskrete Daten und TP-Rekonstruktionen in Beispiel 3.22. 40
3.2 Erweiterte Daten und TP-Rekonstruktionen in Beispiel 3.28. 52

4.1 ϵ-Abstandsfunktionen $|\cdot|_\epsilon$ und $|\cdot|_\epsilon^2$. 62
4.2 Gestörte Daten und Rekonstruktionen mit den TP- und SVR-Verfahren in Beispiel 4.20 (Regression). 83
4.3 Gestörte Daten und Rekonstruktionen mit den TP- und SVR-Verfahren in Beispiel 4.21 (Standardnormalverteilung). 85
4.4 Gestörte Daten und Rekonstruktionen mit den TP- und SVR-Verfahren in Beispiel 4.22 (t-Verteilung). 86
4.5 Gestörte Daten und Rekonstruktionen mit den TP- und SVR-Verfahren in Beispiel 4.23 (Nuklearspektroskopie). 87
4.6 Gestörte Daten und Rekonstruktionen mit den TP- und SVR-Verfahren in Beispiel 4.24 (hängendes Kabel). 89

5.1 Konvergenzgeschwindigkeit des TP-Verfahrens in Beispiel 5.13 bei Operatordiskretisierung mittels Trapezregel. 104
5.2 Gestörte Daten und Rekonstruktionen des TP- und der SVR-Verfahren in Beispiel 5.14 bei Operatordiskretisierung mittels Simpson-Regel. 104

6.1 Fehlerdämpfung mittels des Faltungsoperators aus Beispiel 6.14: gestörte Daten (rot) und geglättete Daten (grün). 117
6.2 Fehlerdämpfung mittels des Faltungsoperators aus Beispiel 6.15: gestörte Daten (rot) und geglättete Daten (grün). 118
6.3 Fehlerdämpfung mittels des Faltungsoperators aus Beispiel 6.16. 118

7.1 Ausschnitt der ersten vier Gewichtsfunktionen in Beispiel 7.3. 124
7.2 Durch Zerlegung der Eins beschleunigtes TP-Verfahren aus Beispiel 7.3 zum Deblurring des mit Faltungskernen der Form $e^{-r/s}$ verwischten, 256×256 Pixel großen Cameraman-Testbildes (Courtesy of Massachusetts Institute of Technology). 126
7.3 Inversion des Faltungsoperators mit Kern $e^{-r/s}$ und $s = \frac{1}{128}$ mit dem strukturell richtigen Kern zu unterschiedlichen Skalierungen in Beispiel 7.4. Dabei Verwendung einer Zerlegung der Eins mit lokaler TP-Methode. 127

7.4 Inversion des Faltungsoperators mit Kern $e^{-r/s}$ und $s = \frac{1}{128}$ aus Beispiel 7.3 bei Datenstörung mit Zerlegung der Eins und lokaler TP-Methode. 128

7.5 Faltungskernschätzung und Rekonstruktion des Cameraman-Testbildes mit Zerlegung der Eins und lokaler TP-Methode in Beispiel 7.5. 130

8.1 Approximative Inverse zur Operatorinversion in Beispiel 8.3. 143

8.2 Approximative Inverse zur Regression mit Parametern aus Beispiel 8.3. 144

8.3 Koeffizientenbeschränkung in Beispiel 8.4. 145

8.4 Inversion des Faltungsoperators mit Kern $e^{-r/s}$ und $s = \frac{1}{128}$ mit dem strukturell richtigen Kern zu unterschiedlichen Skalierungen in Beispiel 8.5. Dabei Verwendung einer Zerlegung der Eins mit lokaler Approximativer Inverser. . . 146

8.5 Inversion des Faltungsoperators mit Kern $e^{-\frac{1}{2}(r/s)^2}$ und $s = \frac{1}{128}$ mit Operatoren zum Kern $e^{-r/s}$ und unterschiedlichen Skalierungen in Beispiel 8.5. 147

9.1 Rekonstruktionen in Beispiel 9.6 unter Verwendung von Algorithmus 9.3 in Abhängigkeit vom Iterationsindex t. 159

9.2 Rekonstruktionen in Beispiel 9.7 unter Verwendung von Algorithmus 9.5 in Abhängigkeit vom Iterationsindex t und dem Startvektor. 160

10.1 Feature-Rekonstruktion in Beispiel 10.4. 173

10.2 Feature-Rekonstruktion für das mit $e^{-r/s}$ und $s = \frac{1}{128}$ verwischte Cameraman-Testbild mittels Zerlegung der Eins und lokaler AI in Beispiel 10.5. 175

10.3 Feature-Rekonstruktion für das mit $e^{-r/s}$ und $s = \frac{1}{128}$ verwischte und durch gleichverteiltes Rauschen mit $\delta = 0.01$ bzw. $\delta = 0.02$ gestörte Cameraman-Testbild mittels Zerlegung der Eins und lokaler AI in Beispiel 10.5. 176

Algorithmenverzeichnis

3.1 Semi-diskretes Tikhonov-Phillips-Verfahren 28

4.1 Semi-diskretes TP-Verfahren mit Projektion 58

4.2 SVR mit stückweise linearem Bildfehlerterm 66

4.3 SVR mit stückweise quadratischem Bildfehlerterm 68

5.1 TP-Verfahren mit Operatordiskretisierung 95

5.2 SVR mit stückw. lin. Bildfehler und Operatordiskretisierung 99

5.3 SVR mit stückw. quad. Bildfehler und Operatordiskretisierung 101

8.1 Semi-diskrete Approximative Inverse zur Regression 137

8.2 Semi-diskrete Approximative Inverse für Integralgleichungen 140

9.1 Illustration einer Iteration des Landweber-Verfahrens 151

9.2 Semi-diskretes Landweber-Verfahren mit TP-Regression 151

9.3 Semi-diskretes Landweber-Verfahren mit AI zur Regression 152

9.4 Allgemeine Form des CG-Verfahrens 155

9.5 Semi-diskretes CG-Verfahren mit AI zur Regression 158

10.1 Feature-Rekonstruktion mit symmetrischer TP-Methode 163

10.2 Feature-Rekonstruktion mit asymmetrischer TP-Methode 164

10.3 Approximative Inverse zur Feature-Rekonstruktion I 169

10.4 Approximative Inverse zur Feature-Rekonstruktion II 170

Literaturverzeichnis

[1] R. A. Adams. *Sobolev Spaces*. Academic Press, New York, 1975.

[2] R. Arcangéli, M. C. L. de Silanes and J. J. Torrens. An extension of a bound for functions in Sobolev spaces, with applications to (m,s)-spline interpolation and smoothing. *Numerische Mathematik* 107(2): 181–211, 2007.

[3] N. Aronszajn. Theory of reproducing kernels. *Transactions of the American Mathematical Society* 68: 337–404, 1950.

[4] I. Babuska and J. M. Melenk. The partition of unity method. *International Journal for Numerical Methods in Engineering* 40(4): 727–758, 1997.

[5] G. E. Backus and F. Gilbert. Numerical applications of a formalism for geophysical inverse problems. *Geophysical Journal of the Royal Astronomical Society* 13: 247–276, 1967.

[6] F. Bauer, S. Pereverzev and L. Rosasco. On regularization algorithms in learning theory. *Journal of complexity* 23(1): 52–72, 2007.

[7] R. K. Beatson, W. A. Light and S. Billings. Fast solution of the radial basis function interpolation equations: Domain decomposition methods. *SIAM Journal on Scientific Computing* 22(5): 1717–1740, 2000.

[8] R. K. Beatson and H.-Q. Bui. Mollification formulas and implicit smoothing. *Advances in Computational Mathematics* 27(2): 125–149, 2007.

[9] M. Bertero, P. Boccacci, G. Desidera and G. Vicidomini. Image deblurring with Poisson data: from cells to galaxies. *Inverse Problems* 25(12): 123006 (26pp), 2009.

[10] M. Bertero, C. De Mol and E. Pike. Linear inverse problems with discrete data. I: General formulation and singular system analysis. *Inverse Problems* 1(4): 301–330, 1985.

[11] M. Bertero, C. De Mol and E. Pike. Linear inverse problems with discrete data. II: Stability and regularization. *Inverse Problems* 4(3): 573–594, 1988.

[12] B. E. Boser, I. M. Guyon and V. N. Vapnik. A training algorithm for optimal mar-

gin classifiers. In D. Haussler (ed.), *Proceedings of the 5th Annual CAM Workshop on Computational Learning Theory*. ACM Press, 144–152, 1992.

[13] S. Brenner and L. Scott. *The Mathematical Theory of Finite Element Methods*, 3rd edition. Springer, New York, 2008.

[14] Z. Chen, Y. Xu and H. Yang. Fast collocation methods for solving ill-posed integral equations of the first kind. *Inverse Problems* 24: 065007 (21pp), 2008.

[15] N. Christianini and J. Shawe-Taylor. *Support Vector Machines and other kernel-based learning methods*. Cambridge University Press, Cambridge, UK, 2000.

[16] C. Cortes and V. Vapnik. Support-vector networks. *Machine Learning* 20(3), 1995.

[17] P. Craven and G. Wahba. Smoothing noisy data with spline functions: Estimating the correct degree of smoothing by the method of generalized cross-validation. *Numerische Mathematik* 31(4): 377–403, 1978.

[18] F. Cucker and S. Smale. On the mathematical foundation of learning. *Bulletin of the Mathematical American Society* 39(1): 1–49, 2001.

[19] E. De Vito, A. Caponnetto and L. Rosasco. Discretization error analysis for Tikhonov regularization in learning theory. *Analysis and Applications* 4(1): 81–99, 2006.

[20] E. De Vito, L. Rosasco, A. Caponnetto, U. D. Giovannini and F. Odone. Learning from examples as an inverse problem. *Journal of Machine Learning Research* 6(5): 883–904, 2005.

[21] M. Dobrowolski. *Angewandte Funktionalanalysis: Funktionalanalysis, Sobolev-Räume und elliptische Differentialgleichungen*. Springer, Berlin-Heidelberg, 2006.

[22] J. Elstrodt. *Maß- und Integrationstheorie*, 6. Auflage. Springer, Berlin-Heidelberg, 2009.

[23] B. Eicke. *Konvex-restringierte schlecht gestellte Probleme und ihre Regularisierung durch Iterationsverfahren*. Dissertation, TU Berlin, 1991.

[24] H. Engl, M. Hanke and A. Neubauer. *Regularization of Inverse Problems*. Kluwer, Dordrecht-Boston-London, 1996, 2000 (Paperback-Ausgabe).

[25] G. E. Fasshauer. Solving partial differential equations by collocation with radial basis functions. In A. L. Méhauté, C. Rabut, and L. L. Schumaker (ed.), *Surface Fitting and Multiresolution Methods*. Vanderbilt University Press, Nashville, 131–138, 1997.

[26] O. Forster. *Analysis 3*, 5. Auflage. Vieweg-Teubner, Wiesbaden, 2009.

[27] R. Franke. Locally determined smooth interpolation at irregularly spaced points in several variables. *Journal of Applied Mathematics* 19(4): 471–482, 1977.

[28] C. Franke and R. Schaback. Solving partial differential equations by collocation using radial basis functions. *Applied Mathematics and Computation* 93(1): 73–82, 1998.

[29] P. Giesl and H. Wendland. Meshless collocation: Error estimates with application to dynamical systems. *SIAM Journal on Numerical Analysis* 45(4): 1723–1741, 2007.

[30] P. E. Gill, W. Murray and M. H. Wright. *Numerical Linear Algebra and Optimization Vol. 1*. Addison-Wesley, Redwood City, 1991.

[31] M. Griebel and M. A. Schweitzer. A particle-partition of unity method for the solution of elliptic, parabolic and hyperbolic PDE. *SIAM Journal on Scientific Computing* 22(3): 853–890, 2000.

[32] M. Griebel and M. A. Schweitzer. A particle-partition of unity method-part II: efficient cover construction and reliable integration. *SIAM Journal on Scientific Computing* 23(5): 1655–1682, 2002.

[33] M. Griebel and M. A. Schweitzer. A particle-partition of unity method-part III: a multi-level solver. *SIAM Journal on Scientific Computing* 24(2): 377–409, 2002.

[34] C. W. Groetsch. Convergence analysis of a regularized degenerate kernel method for Fredholm integral equations of the first kind. *Integral Equations and Operator Theory*, 13(1), 1990.

[35] C. W. Groetsch. *Inverse Problems in the Mathematical Sciences*. Vieweg, Braunschweig, 1993.

[36] J. Hadamard. *Lectures on Chauchy's problem in linear partial differential equations*. Yale University Press, New Haven, 1923.

[37] P. R. Halmos. *Measure Theory*. Van Nostrand, New York, 1950.

[38] T. Hastie, R. Tibshirani and J. Friedman. *The Elements of Statistical Learning*, 2nd edition. Springer, New York, 2009.

[39] H. Heuser. *Funktionalanalysis*, 4. Auflage. Teubner, Stuttgart, 2006.

[40] B. Hofmann. *Mathematik inverser Probleme*. Teubner, Stuttgart-Leipzig, 1999.

[41] M. Jiang and G. Wang. Development of blind image deconvolution and its applications. *Journal of X-Ray Science and Technology* 11: 13–19, 2003.

[42] N. Johnson, S. Kotz and N. Balakrishnan. *Continuous Univariate Distributions Vol. 1*, 2nd edition. John Wiley and Sons, New York, 1994.

[43] P. Jonas and A. K. Louis. A Sobolov space analysis of linear regularization methods for ill-posed problems. *Journal of Inverse and Ill-Posed Problems* 9(1): 59–74, 2001.

[44] L. Justen and R. Ramlau. A non-iterative regularization approach to blind deconvolution. *Inverse Problems* 22(3): 771–800, 2006.

[45] E. J. Kansa. Multiquadrics - A scattered data approximation scheme with applications to computational fluid dynamics I. Surface approximations and partial derivative estimates. *Computers and Mathematics with Applications* 19(8-9): 127–145, 1990.

[46] E. J. Kansa. Multiquadrics - A scattered data approximation scheme with applications to computational fluid dynamics II. Solutions to hyperbolic, parabolic, and elliptic partial differential equations. *Computers and Mathematics with Applications* 19(8-9): 147–161, 1990.

[47] J. Krebs, A. K. Louis and H. Wendland. Sobolev error estimates and a priori parameter selection for semi-discrete Tikhonov regularization. *Journal of Inverse and Ill-Posed Problems* 17(9): 845–869, 2009.

[48] U. Krengel. *Einführung in die Wahrscheinlichkeitstheorie und Statistik*, 8. Auflage. Vieweg, Wiesbaden, 2005.

[49] R. Kress. *Linear Integral Equations*, 2nd edition. Springer, New York, 1999.

[50] C. F. Lee, L. Ling and R. Schaback. On convergent numerical algorithms for unsymmetric collocation. *Advances in Computational Mathematics* 30(4): 339–354, 2009.

[51] L. Ling, R. Opfer and R. Schaback. Results on meshless collocation techniques. *Engineering Analysis with Boundary Elements* 30: 247–253, 2006.

[52] A. K. Louis. *Inverse und schlecht gestellte Probleme*. Teubner, Stuttgart, 1989.

[53] A. K. Louis and P. Maaß. A mollifier method for linear operator equations of the first kind. *Inverse Problems* 6(3): 427–440, 1990.

[54] A. K. Louis. Approximate inverse for linear and some nonlinear problems. *Inverse Problems* 12(2): 175–190, 1996.

[55] A. K. Louis, P. Maaß and A. Rieder. *Wavelets: Theory and Applications*. John Wiley and Sons, Chichester, UK, 1997.

[56] A. K. Louis. A unified approach to regularization methods for linear ill-posed problems.

Inverse Problems 15(2): 489–498, 1999.

[57] A. K. Louis. Combining image reconstruction and image analysis with an application to two-dimensional tomography. *SIAM Journal on Imaging Sciences* 1(2): 188–208, 2008.

[58] M. A. Lukas. Comparison of parameter choice methods for regularization with discrete noisy data. *Inverse Problems* 14(1): 161–184, 1998.

[59] S. Mas-Gallic and P. -A. Raviart. A particle method for first-order symmetric systems. *Numerische Mathematik* 51(3): 323–352, 1987.

[60] P. Mathé and S. V. Pereverzev. Regularization of some linear ill-posed problems with discretized random noisy data. *Mathematics of Computation* 75(256): 1913–1929, 2006.

[61] A. D. Maude. Interpolation - mainly for graph plotters. *Computational Journal* 16(1): 64–65, 1973.

[62] T. Mitchell. *Machine Learning*. McGraw-Hill, 1997.

[63] C. Morosi and L. Pizzocchero. On the constants in some inequalities for the Sobolev norms and pointwise product. *Journal of Inequalities and Applications* 7(3): 421–452, 2002.

[64] C. Morosi and L. Pizzocchero. On the constants for multiplication in Sobolev spaces. *Advances in Applied Mathematics* 36: 319–363, 2006.

[65] S. Müller and R. Schaback. A Newton basis for kernel spaces. *Journal of Approximation Theory* 161(2): 645–655, 2009.

[66] F. J. Narcowich, J. D. Ward and H. Wendland. Sobolev bounds on functions with scattered zeros, with applications to radial basis function surface fitting. *Mathematics of Computation* 74(250): 743–763, 2005.

[67] F. J. Narcowich, J. D. Ward and H. Wendland. Sobolev error estimates and a Bernstein inequality for scattered data interpolation via radial basis functions. *Constructive Approximation* 24(2): 175–186, 2006.

[68] F. Natterer. *The Mathematics of Computerized Tomography*. Wiley-Teubner, Chichester-Stuttgart, 1986.

[69] R. Opfer. Tight frame expansions of multiscale reproducing kernels in Sobolev spaces. *Applied and Computational Harmonic Analysis* 20(3): 357–374, 2006.

[70] R. Opfer. Multiscale kernels. *Advances in Computational Mathematics* 25(4): 357–380, 2006.

[71] S. V. Pereverzev and E. Schock. On the adaptive selection of the parameter in regularization of ill-posed problems. *SIAM Journal of Numerical Analysis* 43(5): 2060–2076, 2005.

[72] R. Plato and G. Vainikko. On the regularization of projection methods for solving ill-posed problems. *Numerische Mathematik* 57(1): 63–79, 1990.

[73] T. Poggio and S. Smale. The mathematics of learning: Dealing with data. *Notices of the American Mathematical Society*, 50(5): 537–544, 2003.

[74] P.-A. Raviart. An analysis of particle methods. In F. Brezzi (ed.), *Numerical Methods in Fluid Dynamics, Lecture Notes in Mathematics*, Vol. 1127. Springer, Berlin-New York, 1985.

[75] A. Rieder. *Keine Probleme mit Inversen Problemen*. Vieweg, Wiesbaden, 2003.

[76] A. Rieder and T. Schuster. The approximate inverse in action with an application to computerized tomography. *SIAM Journal on Numerical Analysis* 37(6): 1909–1929, 2000.

[77] C. Rieger and B. Zwicknagel. Deterministic error analysis of support vector regression and related regularized kernel methods. *Journal of Machine Learning Research* 10(9): 2115–2132, 2009.

[78] M. Riplinger. *Lernen als inverses Problem und deterministische Fehlerabschätzung bei Support Vektor Regression*. Diplomarbeit, Saarbrücken, 2007.

[79] A. Savitzky and M. J. E. Golay. Smoothing and differentiation of data by simplified least squares procedures. *Analytical Chemistry* 36(8): 1627–1639, 1964.

[80] R. Schaback. Recovery of functions from weak data using unsymmetric meshless kernel-based methods. *Applied Numerical Mathematics* 58(5): 726–741, 2008.

[81] B. Schölkopf and A. J. Smola. *Learning with Kernels*. MIT Press, Cambridge, MA, 2002.

[82] T. Schuster. *The Method of Approximate Inverse: Theory and Applications*. Vol. 1906 in Lecture Notes in Mathematics. Springer, Berlin-Heidelberg-New York, 2007.

[83] A. J. Smola and B. Schölkopf. A tutorial on support vector regression. *Statistics and Computing* 14(3): 199-222, 2004.

[84] E. M. Stein and G. Weiss. *Fourier analysis in euclidean spaces*. Princeton University Press, Princeton, New Jersey, 1971.

[85] A. Tarantola. *Inverse Problem Theory*. SIAM, Philadelphia, 2004.

[86] M. Thamban Nair and S. V. Pereverzev. Regularized collocation method for Fredholm integral equations of the first kind. *Journal of Complexity* 23(4-6): 454–467, 2007.

[87] A. N. Tikhonov. Solution of incorrectly formulated problems and the regularization method. *Soviet mathematics Doklady* 4: 1035–1038, 1963.

[88] A. N. Tikhonov and V. Y. Arsenin. *Solutions of ill-posed problems.* John Wiley and Sons, New York, 1977.

[89] H. Triebel. *Interpolation Theory, Function Spaces, Differential Operators.* North-Holland Publishing Company, Amsterdam, 1978.

[90] V. Vapnik. *Statistical Learning Theory.* John Wiley and Sons, New York, 1998.

[91] V. Vapnik. *The Nature of Statistical Learning Theory.* Springer, New York, 1995 (2nd edition: 2000).

[92] V. Vapnik. *Estimation of dependences based on empirical data.* Springer, New York, 2006.

[93] G. Wahba. Smoothing noisy data by spline functions. *Numerische Mathematik* 24(5): 383–393, 1975.

[94] G. Wahba. Approximate solutions to linear operator equations when the data are noisy. *SIAM Journal on Numerical Analysis* 14(4): 651–667, 1977.

[95] G. Wahba. *Spline Models for Observational Data.* CBMS-NSF Regional Conference Series in Applied Mathematics 59, SIAM, Philadelphia, 1990.

[96] M. Welk. Robust variational approaches to positivity-constrained image deconvolution. *Preprint 261 der Universität des Saarlandes*, Saarbrücken, 2010.

[97] M. Welk, D. Theis, T. Brox and J. Weickert. PDE-based deconvolution with forward-backward diffusivities and diffusion tensors. In R. Kimmel, N. Sochen, J. Weickert (ed.), *Scale-space and PDE methods in computer vision.* Lecture notes in computer science 3459, 585-Ű597, Springer, Berlin, 2005.

[98] H. Wendland. Piecewise polynomial, positive definite and compactly supported radial functions of minimal degree. *Advances in Computational Mathematics* 4(1): 389–396, 1995.

[99] H. Wendland. Error estimates for interpolation by compactly supported radial basis functions of minimal degree. *Journal of Approximation Theory* 93(2): 258–272, 1998.

[100] H. Wendland. Fast evaluation of radial basis functions: methods based on partition of

unity. In C. K. Chui, L. L. Schumaker and J. Stöckler (ed.), *Approximation Theory X: Wavelets, Splines and Applications*. Vanderbilt University Press, Nashville, 473–483, 2002.

[101] H. Wendland. *Scattered Data Approximation*. Cambridge Monographs on Applied and Computational Mathematics. Cambridge University Press, Cambridge, UK, 2005.

[102] H. Wendland. On the convergence of a general class of finite volume methods. *SIAM Journal on Numerical Analysis* 43(3): 987–1002, 2005.

[103] H. Wendland. Computational Aspects of Radial Basis Function Approximation. In K. Jetter et al. (ed.), *Topics in Multivariate Approximation and Interpolation*. Elsevier B.V., Amsterdam, 231–256, 2005.

[104] H. Wendland and C. Rieger. Approximate interpolation with applications to selecting smoothing parameters. *Numerische Mathematik* 101(4): 729–748, 2005.

[105] D. Werner. *Funktionalanalysis*, 6. Auflage. Springer, Berlin-Heidelberg-New York, 2007.

Die VDM Verlagsservicegesellschaft sucht für wissenschaftliche Verlage abgeschlossene und herausragende

Dissertationen, Habilitationen, Diplomarbeiten, Master Theses, Magisterarbeiten usw.

für die kostenlose Publikation als Fachbuch.

Sie verfügen über eine Arbeit, die hohen inhaltlichen und formalen Ansprüchen genügt, und haben Interesse an einer honorarvergüteten Publikation?

Dann senden Sie bitte erste Informationen über sich und Ihre Arbeit per Email an *info@vdm-vsg.de*.

Sie erhalten kurzfristig unser Feedback!

VDM Verlagsservicegesellschaft mbH
Dudweiler Landstr. 99   Telefon +49 681 3720 174
D - 66123 Saarbrücken   Fax   +49 681 3720 1749
www.vdm-vsg.de

Die VDM Verlagsservicegesellschaft mbH vertritt

Printed by Books on Demand GmbH, Norderstedt / Germany